AF349253

15
METATEMAS

METATEMAS[*]

Libros para pensar la ciencia
Colección dirigida por Jorge Wagensberg

[*] Alef, símbolo de los números transfinitos de Cantor

Eduardo Battaner

FÍSICA DE LAS NOCHES ESTRELLADAS

Astrofísica, Relatividad y Cosmología

1.ª edición: mayo de 1988
2.ª edición: septiembre de 1996
3.ª edición: marzo de 2001
4.ª edición: abril de 2014

Diseño de la colección: Lluís Clotet y Ramón Úbeda
Diseño de la cubierta: Estudio Úbeda
Reservados todos los derechos de esta edición para
Tusquets Editores, S.A. - Avda. Diagonal 604, 1º 1ª - 08021 Barcelona
www.tusquetseditores.com
ISBN: 978-84-7223-461-1
Depósito legal: B. 7.595-2001
Impreso por Book Print Digital, S.L.
Impreso en España

Indice

A mis padres

Prólogo

Muchos libros de divulgación científica no se entienden, son aburridos y están escritos por extranjeros. En éste he procurado evitar estas tres características, aunque sólo estoy seguro de haber evitado la tercera.

Para combatir la segunda, esta obra se presenta como un «diálogo novelado», modalidad infrecuente pero cultivada por grandes maestros de la divulgación científica, entre los que cabe destacar al mismo Galileo. He tratado así de prestar mayor amenidad a la exposición de los problemas científicos a difundir: Astrofísica, Relatividad y Cosmología.

Para evitar la primera, he tenido en mente al escribirla a un hipotético lector sin instrucción científica universitaria. Todos los personajes, menos uno, son habitantes de un pueblo. Es verdad que hay algunas fórmulas, pero su lectura es sencilla.

Por otra parte, he escrito este libro despacio. Así que, por favor, lector, no lo vaya usted a leer alocadamente.

*

A lo largo del libro utilizaré la llamada «notación exponencial», que explico de antemano para los lectores que no la conozcan. Un número tal como el 8 000 000 000 se escribe en esta notación 8×10^9. Un número tal como el 0,000 000 008 se escribe 8×10^{-9}. Se comprende que cuando se manejan números muy grandes, o muy pequeños, esta notación es más adecuada. Por otra parte, al multiplicar $10^9 \times 10^{27}$ resultará 10^{36}. El exponente de 10 se calcula sencillamente sumando los exponentes de 10 de los factores.

Sólo se precisan las operaciones aritméticas básicas: suma, resta, multiplicación, división y potenciación. Cuando se escribe $x^{1/3}$ quiere decirse $\sqrt[3]{x}$, de tal forma que $x^{2/3}$ significará $\sqrt[3]{x^2}$. Además de fraccionadas, las potencias pueden ser negativas. x^{-2} significará $1/x^2$. La multiplicación con potencias resulta muy sencilla, por ejemplo, $x^{3/2} \, x^{1/2} = x^{3/2+1/2} = x^2$.

Hay algunas constantes físicas que se utilizan muy frecuentemente, por lo que ofrecemos esta pequeña tabla, cuyo significado quedará aclarado a lo largo del libro:

Masa del Sol, $M_\odot = 2\times10^{33}$ g
Radio del Sol, $R_\odot = 6{,}96\times10^{10}$ cm
Distancia Tierra-Sol $= 1$ unidad astronómica $= 1{,}5\times10^{13}$ cm
1 año-luz $= 9{,}3\times10^{17}$ cm
Velocidad de la luz, $c = 3\times10^{10}$ cm/s
Constante de Planck, $h = 6{,}63\times10^{-27}$ erg s
Constante de Gravitación, $G = 6{,}67\times10^{-8}$ dyn cm^2 g^{-2}
Carga del electrón, $e = 4{,}8\times10^{-10}$ esu
Constante de Boltzmann, $k = 1{,}38\times10^{-16}$ erg K^{-1}
Constante de Stefan-Boltzmann, $\sigma = 5{,}67\times10^{-5}$ erg s^{-1} cm^{-2} K^{-4}
Masa del electrón, $m_e = 9{,}11\times10^{-28}$ g
Masa del átomo de hidrógeno, $m_H = 1{,}67\times10^{-24}$ g
Radio de la Tierra, $R_\oplus = 6300$ km
Radio de la Luna, $R_L = 1700$ km

Donde g es el símbolo del gramo, cm del centímetro, s del segundo, erg del ergio, dyn de la dina, esu de la unidad electrostática CGS de carga, K del kelvin y km del kilómetro.

1
La invitación

¡Voy a contarles algo extraordinario!

En el pueblo de Astudillo, en la provincia de Palencia, existe... ¡un Instituto de Astrofísica Teórica!

Bueno... me parece que he exagerado un poco. En realidad se trata de un grupo de amigos con un excepcional interés por la Astrofísica. No son lo que suele llamarse «astrónomos aficionados», no tienen telescopio, ni conocen el nombre de cada estrella. Su interés es teórico y buscan la explicación de lo que observan, con escasa formación y sin lenguaje científico, pero con un admirable sentido crítico y una capacidad analítica fuera de lo común.

Bueno... he exagerado otra vez...

Digamos que son un grupo de agricultores —aunque uno de ellos, don Celestino, es el médico del pueblo— que se preocupan por una explicación racional del Cosmos: por su naturaleza, origen, evolución y destino.

Todo empezó cuando recibí la siguiente carta:

Astudillo, 30 de mayo de 1987

«Querido Dr. Goicoechea:

»Soy médico de Astudillo y en una taberna me reúno normalmente con unos amigos que quieren saber lo que es el Universo. Mis contertulios me han pedido que me dirija a Vd. invitándole a que pase con nosotros este verano. Mi casa es grande y fresca. Sabemos que Vd. es amante de nuestro cordero y de nuestro vino. Astudillo es acogedor y sus futuros discípulos no le defraudarán.

»Un respetuoso saludo

»Celestino Perantúnez».

Como astrónomo profesional he recibido muchas invitaciones de institutos de bachillerato, colegios mayores, sociedades de astrónomos aficionados, etc., para hacer divulgación de la Astronomía. Normalmente acepto, pues suele tratarse de charlas breves en lugares cercanos. Esta invitación era descabellada. No sabía cuántos «agricultores» había en la «taberna», ni si su objetivo era conocer la prosperidad de la próxima cosecha con métodos astrológicos.

Aun así fui. Fui con la intención de hacerles una breve y animosa visita. Pero me quedé todo el verano, y volví muchas veces más.

Para mí fue una experiencia científica interesante. Fui como maestro, como «sabio oficial», pero los agudos comentarios de mis amigos, y en especial de Francisco Peñafiel, su «cabecilla», hicieron pronto que nuestras charlas se convirtieran en discusiones auténticas, sin maestros ni alumnos.

Mis amigos habían leído y oído algunos artículos y programas de divulgación científica sobre descubrimientos recientes, pero no les habían llamado excesivamente la atención. Ellos buscaban la explicación del Universo que veían mediante su pensamiento natural. No les interesaban los programas divulgativos porque les obligaban a creer resultados que no eran accesibles ni a su experiencia ni a su reflexión. Tenían fe en el pensamiento espontáneo; pretendían prescindir de todo conocimiento dogmático sobre las pocas noticias científicas que a Astudillo llegaban. Esta era también la postura de don Celestino, a pesar de su mayor cultura. Al principio, juzgando cerril esta actitud, protesté en una ocasión:

—Pero usted, don Celestino, habrá oído miles de veces que la velocidad de la luz es de 300 000 km/s.

—Sí, me lo han dicho, pero no lo sé.

Pronto encontré esta desconexión voluntaria con el saber profesional como un experimento fascinante, y decidí con entusiasmo incorporarme a su misma aventura interior. Ello me obligó a estrujar mi cerebro en busca de razonamientos expresables en un lenguaje cotidiano, y voy a procurar, ahora, contarles a ustedes el contenido de aquellas tertulias en la medida que mi memoria me lo permita.

Bueno... estoy exagerando otra vez. Su ánimo de desconexión con el saber oficial no era tajante; la prueba está en que buscaron mi compañía. Y yo, claro está, teniendo en cuenta mi experiencia profesional, debía encauzar las discusiones hacia conclusiones correctas. Pero les disgustaba si yo decía «esto es así, os lo creáis o no». No despreciaban, sin embargo, mis informaciones sobre algún experimento u observación realizados. Empleamos además mucho tiempo en concluir algunas cuestiones básicas que ustedes lectores conocen bien. No las transcribiré, consciente de que pueden ser reconstruidas en el espíritu de pensamiento natural y espontáneo que animaba los Congresos Astrofísicos de Astudillo...

Perdón... estoy exagerando...

Además de Francisco Peñafiel y de don Celestino, formaban parte del grupo Cristóbal y Jesús. Y, por supuesto, Julia, la tabernera, la hija de Francisco.

Me aceptaron con relativa facilidad (y en eso ciertamente tengo algo que reprocharles) la descripción microscópica de la materia. Fue difícil convencerlos de que, si querían comprender el Universo, antes debían comprender el átomo. Pronto empezamos a hablar con desvergonzada facilidad de protones, electrones y fotones. Probablemente usted, lector, conoce estas partículas elementales y los hechos históricos que condujeron al convencimiento de su existencia, de manera que no voy a repetírselo una vez más. Daré por supuesto que está usted tan familiarizado con estas partículas como si formaran parte de su mismo cuerpo.

Lo que quisiera transmitir es la agudeza y virginidad de los planteamientos de aquella gente, y el espíritu de reflexión natural de sus mentes prodigiosas... ¡Perdón!... He exagerado otra vez.

2
Paralajes estelares

—Julia, un poco de clarete.

Cuando aún las sillas chirriaban buscando su justa colocación, el impaciente Cristóbal empezó a hablar:

—Cuando voy andando por el camino, las estrellas se vienen conmigo...

¡Qué horror! ¡Qué comentario tan nimio! ¿Dónde me había metido yo? ¿Había venido desde tan lejos para hacer comentarios triviales con aquel lunático flaco de ojos saltones y nervios de mosca? Mientras gruñía contrariado por aquel comienzo, dudando entre una respuesta paternal o atrabiliaria, Julia fue llenando los vasos. Tomé el mío para darme tiempo. Un breve trago de aquel entrañable fluido de Astudillo me hizo ver las cosas de otro modo. Cristóbal era un místico amable. No hay preguntas nimias. Vi que sus compañeros estaban también azorados por su comentario y pensé aprovechar la ocasión para hablar de distancias en el Universo.

—Si cuando andas un árbol se queda atrás, es porque está cerca. Al avanzar una cierta distancia, del ángulo que haya que girar la cabeza puede deducirse la distancia a la que se encuentra el árbol. Así que, si para observar una estrella cuando avanzas no precisas girar la cabeza, es porque está muy lejos. Evidentemente, cuanto mayor sea la distancia recorrida, tendremos mayor sensibilidad para medir la distancia de objetos lejanos. Como distancia base, los astrónomos emplean una longitud muy grande, quizá la mayor posible. Miden la posición de una estrella en dos épocas con seis meses de diferencia. De este modo emplean una base igual al diámetro de la órbita de la Tierra alrededor del Sol. Como la distancia Sol-Tierra es de unos 150 millones de kilómetros, la base viene a ser de unos 300 millones de kilómetros. Esto hace que el método sea muy sensible, a pesar de lo cual sólo pueden determinarse las distancias de las estrellas más próximas.

—¿De cuántas?

—De unas 30 000 —dije a boleo—, aunque en la práctica no se

han podido determinar tantas distancias, sobre todo porque no sabemos de antemano si la estrella que observamos está lo suficientemente cerca como para aplicar este método, que, por cierto, se llama de las Paralajes.

—Claro que este método no sirve para calcular la distancia al Sol, y...

—Es verdad que no. Pero el Sol está muy cerca y basta tomar como base el diámetro de la Tierra, es decir, encargando la observación a un astrónomo y a su antípoda. Así se sabe la distancia a la que está el Sol, que es, como dije, de unos 150 millones de kilómetros. Con la Luna podemos hacer también lo mismo, y resulta estar a unos... creo que 380 000 km. Todas estas distancias son tan grandes que resulta incómodo hablar en kilómetros. Es mejor utilizar como unidad una distancia mayor. Por ejemplo, podemos medir la distancia a un astro indicando el tiempo que tarda la luz en recorrerla. Así podemos decir que el Sol está a 8 minutos-luz, porque la luz del Sol tarda 8 minutos en llegar a nosotros. Y podemos decir que la Luna está a 1,3 segundos-luz. Como las estrellas están mucho más lejos, es mejor emplear como unidad el año-luz. En números redondos, 1 año-luz equivale a $9,3 \times 10^{17}$ cm.

—¿Y cuál es el radio de la Luna? —preguntó Francisco.

—Unos 1700 km, creo recordar.

3
Cálculo de Francisco de las distancias estelares

Al día siguiente, por el camino hacia la cantina iba pensando lo que podía contarles.

Desde los tiempos de la Grecia clásica, los astrónomos se han preguntado cómo podían conocer las distancias de las estrellas que vemos. Pero era inútil. Para medir las distancias de las estrellas más próximas hacen falta aparatos de gran precisión. Por fin, en 1838, lo consiguió el astrónomo alemán Friedrich W. Bessel, quien consiguió determinar la paralaje de la estrella 61 del Cisne. Estaba a unos 6 años-luz y es ciertamente una de las más próximas...

Llegué a la cantina con cierta desilusión y con la sensación de estar perdiendo el tiempo. Pero fue aquel mismo día cuando comencé a valorar a mis nuevos toscos amigos y cuando decidí volcar mi atención en aquellas charlas, debido al ingenioso cálculo con que Francisco me sorprendió.

—Don Alberto, he hecho un cálculo para saber más o menos a qué distancia están las estrellas.

Sonreí. La noticia no era muy verosímil.

—¿Y a cuántas leguas están? —pregunté.

—A unos 10 años-luz, unas más cerca y otras más lejos.

El dato era correcto. Le rogué que nos expusiera cómo lo había logrado. Francisco dividió su exposición en dos partes. En la primera demostró algo muy conocido por los físicos: que «la luz se pierde según el inverso del cuadrado de la distancia». De esta forma, comparando flujos podía determinar distancias, lo que aprovechó en la segunda parte.

—El Sol envía su luz en todas las direcciones del espacio —decía Francisco—, por lo que a la Tierra no le llega más que una pequeña parte de toda esa luz. ¿Cuánta luz "le tocará" a la Tierra?

»Nuestro planeta presenta al Sol una superficie de πR^2, siendo R su radio. Imaginemos una esfera cuyo centro sea el Sol y su radio la distancia Tierra-Sol, r. La superficie de esta esfera será $4\pi r^2$. Por lo tanto, de la luz que sale del Sol, a la Tierra sólo «le tocará» una pequeña fracción igual a $\pi R^2/4\pi r^2$, o lo que es igual: $R^2/4r^2$.

»El radio de la Tierra es de unos 6 300 km, y la distancia Tierra-Sol de unos 150 millones de kilómetros, según ayer nos dijo usted... Por tanto, esta fracción es de sólo $4,4\times10^{-10}$. Si la Tierra estuviera más lejos recibiría menos luz, evidentemente. Luego, la luz se pierde conforme al inverso del cuadrado de la distancia.

»Si en lugar del Sol hablamos de una estrella cualquiera, la fracción será también de $R^2/4r_*^2$, siendo ahora r_* la distancia a la estrella, que todavía no conocemos. En la esfera de radio r_* «cabrían más Tierras» —decía mientras pintaba una gran superficie esférica repleta de pequeñas tierras—. Basta comparar entonces el brillo de una estrella y el del Sol. Supongo entonces que las estrellas son todas más o menos igual de brillantes que el Sol. Es decir, supongo que el Sol es una estrella más, que no tiene nada de particular.

Pero claro, el flujo luminoso recibido del Sol y de las estrellas es tan diferente que no puede ser comparado «a ojo» por un aldeano. Esta era la mayor dificultad, que fue eludida por Francisco de la siguiente forma:

—Yo no puedo saber cuánto más brillante es el Sol que una estrella de las que vemos, así que es preciso buscar algo que reduzca la luz solar en un factor conocido. La Luna está iluminada por el Sol, y actúa como un espejo, de tal forma que vemos la luz solar reflejada en la Luna.

»Como la Luna está (más o menos) a la misma distancia del Sol que la Tierra, a ella llegará solamente una fracción $R_L^2/4r^2$. R_L es el radio de la Luna, que equivale a unos 1700 km, según dijo Vd. ayer, luego esta fracción es de unos 3×10^{-11}. La Luna sólo recibe 3×10^{-11} veces la luz del Sol; menos que la Tierra porque es más pequeña.

»Si la Luna fuera un espejo perfecto y reflejara en todas las direcciones del espacio, de esta luz reflejada «le tocaría» a la Tierra solamente la fracción $R^2/4r_L^2$, siendo r_L la distancia Tierra-Luna. Este factor es igual a unos 7×10^{-5}. Pero como la Luna no puede reflejar en todas las direcciones y no es un espejo perfecto, pongamos que lo dejamos en 10^{-5}. Así pues, la luz del Sol que vemos reflejada en la Luna ha disminuido en $3\times10^{-11}\times10^{-5}$, es decir en 3×10^{-16}. En cambio la luz del Sol que nos llega directamente ha disminuido en unos $4,4\times10^{-10}$. Por lo tanto, el Sol es $4,4\times10^{-10}/3\times10^{-16}$ veces más brillante que la Luna. Es decir, el Sol es aproximadamente 10^6 veces más brillante que la Luna.

Según su apreciación «a ojo» (y, como él mismo reconocía, éste era el punto más subjetivo de su razonamiento) la Luna era 10 veces más brillante que todas las estrellas juntas, y suponía que se veían unas 10 000 estrellas.

—Por lo tanto, el Sol es $10 \times 10\ 000 \times 10^6 = 10^{11}$ veces más brillante que una estrella —seguía Francisco—. Como la luz se pierde conforme al inverso del cuadrado de la distancia, una estrella (de las que se ven) debía estar $\sqrt{10^{11}}$ veces más lejos que el Sol, es decir, $3,3 \times 10^5$ veces más lejos. Como el Sol está a 8 minutos-luz, una estrella típica estaría a unos 5 años-luz. Al principio dije 10 años-luz por hablar en números redondos, ya que estas cuentas no pueden servir para obtener un resultado de una gran exactitud.

Quedé vivamente impresionado por este cálculo. En efecto, una distancia típica entre estrellas es del orden de 8,5 años-luz. El valor que dio Francisco era pues algo bajo, pero no he querido modificar sus valores por respeto a tan estimable cálculo. Con las aventuradas hipótesis que había admitido, sólo podía obtenerse un orden de magnitud, y éste sí que era notablemente exacto. Con un valor mucho más erróneo yo me hubiera también conformado.

Podía haber omitido este cálculo, pues después de todo encontraba, aunque ingeniosamente, un valor que ya era conocido con métodos anteriores y mejores. Pero, aparte de su interés en esta historia, explicaba la ley de pérdida del flujo luminoso con el inverso del cuadrado de la distancia, y era un típico cálculo de órdenes de magnitud, muy habituales en Astrofísica. No siempre es conveniente hacer los cálculos lo más detallados posible, y sobre todo no siempre se puede. Los cálculos con órdenes de magnitud, es decir, cuando del valor que queremos encontrar sólo pretendemos conocer el número de cifras que tiene (más que cuáles son éstas), son muy interesantes para saber qué fenómenos van a ser los más influyentes en el sistema físico que estudiamos.

4
Comentarios al método de Francisco

Al día siguiente Jesús empezó la charla.

—A usted, don Alberto, le ha gustado mucho el razonamiento de Francisco. Pero lo he estado pensando y hay dos cosas que no me entran en la cabeza. La primera es que supuso que las estrellas eran como soles situados muy lejos, o en definitiva: que el Sol es una estrella más. De acuerdo, pero las estrellas no serán todas iguales. Habrá unas más luminosas y otras menos. Y puesto que hemos hablado de distancias tan enormes, de igual forma cabría pensar que las estrellas pueden brillar extraordinariamente más o extraordinariamente menos que nuestro Sol. Si todas las estrellas son muy diferentes unas de otras, el cálculo estaría mal.

Ante lo cual el propio Francisco se disculpó:

—Tienes razón, Jesús, pero estaba tan ilusionado por calcular la distancia a la que se encuentran las estrellas que no pude resistir el hacer esta suposición. De todas formas, si el Sol es una estrella ni mucho más luminosa ni mucho menos que las otras, aunque no sean todas iguales, el cálculo (pienso yo) da cierta idea.

—Raro sería que fuéramos a vivir en una estrella excepcional con todas las que hay —añadió Cristóbal.

Jesús continuó:

· —Pero además no sé bien ni siquiera qué es lo que ha calculado Francisco. La distancia, ¿a qué estrella? ¿Un valor medio? Pero si habrá muchas tan lejos que ni siquiera vemos...

Entonces intervine yo:

—Lo que Francisco ha calculado es un valor medio, y muy aproximado, de las distancias de las estrellas que vemos, es decir, de las más cercanas, o por así decirlo: lo ha calculado dando más peso a las muy cercanas. La estrella más próxima está a 4 años-luz. Las otras más lejanas intervienen menos en el valor encontrado, pero hacen que éste sea algo superior. En cierto modo, el valor de Francisco nos da idea de cuál es una distancia característica entre las estrellas.

5
Principios de Newton

—Nació el sabio inglés Isaac Newton en 1642, tan flaco y débil que nadie pensaba que pudiera sobrevivir. Además de otras muchas contribuciones fundamentales a la Física, estableció los principios de lo que hoy se llama la Mecánica de Newton, a partir de los cuales puede describirse el movimiento de cualquier cuerpo.

»El primer principio también se llama Principio de Inercia o Principio de Galileo. Dice que "un cuerpo sobre el que no actúa ninguna fuerza mantiene una trayectoria rectilínea recorrida con velocidad uniforme". Quizá no es tan inmediato, y no podemos recurrir a muchas observaciones a nuestro alcance para verificarlo. En contra de este principio la opinión vulgar supone más bien que un cuerpo sobre el que no actúe ninguna fuerza está quieto.

»Si lanzo un vaso deslizándose sobre esta mesa, acabará parándose. Sin embargo, en este caso ha intervenido una fuerza: la de rozamiento. En el aire, el rozamiento es menor. Si lanzo este vaso al aire, vemos que su trayectoria no es rectilínea sino curva, y acaba chocando contra el suelo. Pero también en este caso decimos que ha intervenido una fuerza: la de la gravedad.

—Parece como si se estuvieran imaginando siempre distintos tipos de fuerza para explicar que no se cumpla el Principio de Galileo —me increpó Cristóbal.

—Entonces, aunque Newton lo adoptara como principio fundamental —preguntó don Celestino—, ¿fue Galileo quien primero lo enunció?

—No exactamente. Galileo tuvo precursores. Quien primero enunció correctamente este principio fue el español Juan de Celaya, a principios del siglo XVI. Todos los países tienen la tendencia a atribuir a algunos de sus pretéritos hijos los grandes descubrimientos. Nosotros parece que no. Menéndez Pelayo nos cuenta que Juan de Celaya era un "escolástico degenerado, recalcitrante y bárbaro". ¡Injustos epítetos para el científico que enunció por primera vez una de las leyes más importantes de la física! Veremos al hablar de la Relatividad la trascendental importancia que esta ley tiene en la Física moderna. Gracias a que enseñó en París, donde gozaba de gran prestigio, conocemos hoy la importante contribución de Juan de Celaya a la Ciencia.

»Vamos entonces con el Segundo Principio de Newton. Dice que "la fuerza aplicada a un cuerpo es igual al producto de su masa por la aceleración que recibe", según la conocida fórmula:

$$F = ma$$

»No fue sencillo llegar al enunciado de este principio. El sabio italiano Leonardo da Vinci, más conocido por sus inventos y su arte, y que descubrió la forma en que las fuerzas se suman cuando no se ejercen en la misma dirección, escribió lo siguiente —y miré al techo buscando en mi cabeza...—:

»"Digo que la fuerza es una virtud espiritual, una potencia invisible que, con una violencia accidental exterior, está causada por el movimiento, introducida e infusa en los cuerpos que se encuentran sacados de sus costumbres naturales; ella les da una vida activa de una potencia maravillosa, obliga a todas las cosas creadas a cambiar de forma y de sitio, corre con furia a su deseada muerte, y se va diversificando según las causas. La lentitud la hace grande y la velocidad la hace débil; nace por violencia y muere por libertad. Cuanto más grande es, antes se consume. Caza con furia lo que se opone a su destrucción, desea vencer y matar la causa que la obstaculiza, y al vencer se mata ella misma. Se hace más potente al encontrar mayores obstáculos... El cuerpo en el que se impone pierde su libertad".

»Pero fue Isaac Newton quien estableció la ley "fuerza igual a masa por aceleración", el segundo de los principios de la Mecánica Clásica —continué en tono más habitual—. Propuso además la fórmula de la Gravitación Universal, fórmula que permite conocer el valor de la fuerza de la gravedad. Un cuerpo de masa M (por ejemplo el Sol) ejerce una fuerza de gravedad sobre otro de masa m (por ejemplo la Tierra), situada a una distancia r, dada por la fórmula

$$F = G\,\frac{Mm}{r^2}$$

siendo G una constante, llamada de Gravitación Universal, cuyo valor es de $6{,}67 \times 10^{-8}$ dyn cm^2 g^{-2}.

»Al conocer la fuerza de Gravitación Universal, podemos ya empezar a pensar cómo se mueve un cuerpo sometido a un tipo particular de fuerza. La gravedad es la fuerza que tenemos más a mano, y es natural que los primeros experimentos relacionados con la fórmula de Newton se refiriesen a la caída de los graves. El experimento más sencillo que podemos hacer es dejar caer este vaso al suelo. Pero mejor dejemos caer una piedra. La piedra cada vez va más deprisa, pero durante siglos y siglos se preguntaron los sabios si la velocidad era proporcional al tiempo transcurrido o a la distancia recorrida. Hoy sabemos que la respuesta correcta es la primera. Quien descubrió esta ley fue...

—... otro español —dijo don Celestino con cierta sorna.

—Así es. Domingo Soto, hijo de un segoviano, y que murió en 1604. Enseñó en Alcalá, París y Salamanca. Domingo Soto es más conocido y respetado por nuestros eruditos, pero sólo por sus reflexiones sobre Teología, Derecho y Filosofía del Derecho. Fue un dominico tomista famoso por sus comentarios a Aristóteles, pero su contribución a la Física es lamentablemente ignorada.

»Pero sigamos. Apliquemos nuestros principios para deducir esta ley de la caída de los graves. Ahora M será la masa de la Tierra, m la de la piedra y r la distancia de la piedra al centro de la Tierra, aproximadamente igual al radio de la Tierra. Vemos que la fórmula anterior puede escribirse

$$F = mg$$

donde g es la llamada constante de «aceleración de la gravedad», y su valor vendrá dado por

$$g = \frac{G\,M_{\oplus}}{R_{\oplus}^2}$$

»Suele escribirse $M_{\oplus}$ y $R_{\oplus}$ para denotar la masa y el radio terrestres.

Mis amigos pronto calcularon el valor de g, igual a 980 cm s^{-2}.

—Con la fórmula de Newton «fuerza igual a masa por aceleración» obtengo entonces la aceleración de la piedra:

$$mg = ma$$

»Vemos que la masa se simplifica y que la aceleración de la piedra es igual a g, es decir, de 980 cm s^{-2}. La aceleración es el aumento de la velocidad al transcurrir el tiempo, y puesto que es constante (a no ser que la estatura del hombre que la suelte sea descomunal), la velocidad será tanto mayor cuanto mayor sea el tiempo transcurrido:

$$v = gt$$

como dijo Domingo Soto.

Entonces invité a mis amigos a salir un momento a la calle. Julia se quedó asomada a la ventana.

—Pero un cuerpo sometido a la gravedad no siempre «cae».

Lancé una piedra hacia arriba para demostrarlo. Luego lancé piedras con distintos ángulos obteniendo trayectorias parabólicas. Fui secundado no sólo por mis amigos, sino también por unos chiquillos, asombrados de ver a su médico realizando tales experimentos.

—En todos estos lanzamientos hay sólo una ley (fuerza igual a masa por aceleración), y sólo una fuerza (la de la gravedad), pero las trayectorias son distintas según el ángulo y velocidad iniciales.

—Pero las piedras, tarde o temprano, acaban cayendo... —murmuró don Celestino.

—No siempre —contesté—. Si lanzáramos la piedra con una gran velocidad, escaparía de la atracción gravitatoria terrestre, o bien podría quedarse en órbita, como hace la Luna. En su giro en torno al Sol, los planetas están sometidos a la fuerza de la gravedad y no se «caen».

Volvimos a la taberna.

—De todo eso podemos sacar muchas conclusiones, pero hay una en la que quiero hacer especial hincapié. Si igualamos la fuerza de Gravitación Universal al producto de la masa por la aceleración

$$G \frac{M\,m}{r^2} = m\,a$$

la masa m se simplifica. Por lo tanto, la aceleración, y como consecuencia el movimiento de un cuerpo en el seno de un campo gravitatorio, no depende de su masa en absoluto. Cualquier piedrecita tendría el mismo movimiento que Júpiter alrededor del Sol si fuera puesta con las mismas condiciones iniciales.

»Y como caso particular, todos los cuerpos, independientemente de la masa que tengan, cuando son abandonados desde una cierta altura, tienen la misma aceleración, y por tanto llegan a la vez al suelo. Esto fue comprobado por Galileo desde la torre de Pisa.

Al día siguiente se produjo un simpático y extravagante espectáculo en Astudillo. Cuatro hombres y una mujer, incluido el respetable doctor, dejaban caer objetos desde el campanario de la iglesia. Tercamente, y a pesar del rozamiento del aire, las bolas de miga de pan caían al mismo tiempo que las de acero.

6
Tercer Principio de Newton

—Dice el Tercer Principio de Newton (que no tiene antecedentes históricos) que «si un cuerpo ejerce una fuerza sobre otro, éste a su vez ejerce una fuerza igual y de sentido contrario sobre el primero». Por esto se llama también Principio de Acción y Reacción. Si el Sol ejerce una fuerza de gravedad sobre la Tierra, ésta ejerce exactamente la misma fuerza sobre el Sol. Lo que ocurre es que esa misma fuerza ejerce una gran alteración en el movimiento de la pequeña Tierra, y muy poca sobre el masivo Sol. La misma fuerza de gravedad producida por la Tierra que hace caer este vaso, es producida por este vaso sobre la Tierra haciéndola subir.

Todos contemplaron con horror que estaba a punto de soltar el vaso. Pero éste decidió el camino, más amable, hacia mis labios.

Entonces se acercó Julia y dijo algo que no se podía entender. Me puse rojo como un tomate al oír aquel gorjeo de palabras dulzonas, destartaladas, anarmónicas, quebradizas, que se agudizaban escandalosamente fuera de todo recato, y que brotaban sin pausa de aquella garganta inmadura y desequilibrada.

—Que si quiere asadurilla, don Alberto...

7

Nuevo método de Francisco de cálculo
de distancias estelares

—Sé que soy muy cabezota, pero el resultado del cálculo de Francisco sobre las distancias de las estrellas es muy importante y no quisiera quedarme con ninguna duda —comentó el meticuloso Jesús—. Por más que miro la Luna, no me parece tan claro que brille diez veces más que todas las estrellas juntas.

El mismo Francisco se defendió:

—La cuestión es disminuir la luz del Sol en un factor conocido, hasta hacerla comparable a la de las estrellas. Yo aproveché la reflexión en la Luna para conseguir esta disminución. Pero todavía puede pensarse en otro efecto que aún provoca mayor disminución. Piensa en un día de Luna nueva. A pesar de que a la Luna no le da el Sol, no está completamente oscura, ¿verdad?

—Es cierto, tiene una pequeña luz ceniciente —dijo Jesús.

—Y tú, ¿a qué crees que se debe?

—Pues no lo había pensado, pero quizá pueda explicarse de la forma siguiente: la luz del Sol llega a la Tierra, se refleja en ella, llega hasta la Luna, se refleja en ella y vuelve a la Tierra.

—Eso mismo pensé yo.

—La explicación es correcta —intervine.

—Antes de hacer ningún cálculo, procura recordar tu impresión de esa luz ceniciente, y trata de compararla, a ojo, con la luz de las estrellas —seguía defendiéndose Francisco.

—Es tan débil que yo diría que es... aproximadamente igual a la luz de una estrella bastante brillante.

—Pues entonces hagamos el cálculo. Del Sol a la Tierra, la luz se pierde en $R^2/4r^2$; de la Tierra a la Luna en $R_L^2/4d_L^2$; de la Luna a la Tierra en $R^2/4d_L^2$. En cada reflexión se pierde la luz hasta reducirse a la décima parte. Hagamos las cuentas del otro día...

Los dos se pusieron a calcular.

—Ahora sale que la luz ceniciente de la Luna nueva es aproximadamente 10^{11} veces menos brillante que el Sol. Por lo tanto, una estrella brilla aproximadamente 10^{11} veces menos que el Sol. Este factor es precisamente el que calculamos el otro día, luego la distancia de una estrella «bastante brillante» (como tú dijiste) resulta la misma que el otro día, de unos 5 años-luz.

—Fantástico: ahora estoy completamente convencido.

¡Cómo me gustó este segundo cálculo de Francisco!

8
Fuerzas de inercia y observadores inerciales

—Si un cuerpo va en línea recta, con una velocidad cada vez mayor, decimos que se va acelerando. Pero la dirección forma parte esencial del concepto de velocidad, y por tanto un cambio de dirección también supone una aceleración. Si a un cuerpo que va desplazándose en línea recta le aplicamos de pronto una fuerza perpendicular a su dirección inicial, ésta cambiará. Como caso especialmente simple, consideremos un cuerpo que describe precisamente un círculo de radio r con velocidad constante v. Este cuerpo está sometido a una aceleración llamada «aceleración centrípeta», y debe existir una fuerza hacia el centro del círculo que cause esta aceleración. Esta será tanto mayor cuanto mayor sea la velocidad v y cuanto menor sea r. La fórmula exacta dice que la aceleración centrípeta en este caso es v^2/r.

Mis amigos aceptaron esta fórmula tras una larga discusión que no considero oportuno repetir.

—Más concretamente, consideremos la Tierra girando en círculo alrededor del Sol. En este caso, la fuerza es la de la gravedad creada por el Sol, y debe ser igual a la masa por la aceleración centrípeta:

$$G\frac{M\,m}{r^2} = m\frac{v^2}{r}$$

donde M es la masa del Sol y m la masa de la Tierra.

»Normalmente, estamos acostumbrados a imaginar que los observadores contemplan los fenómenos en reposo. Pero el observador puede estar acelerado también, y en este caso verá los fenómenos de forma diferente. Por ejemplo, consideremos una piedra en reposo que está siendo observada por un hombre que se aleja de ella con aceleración constante. Este observador ve que la piedra se aleja de él con aceleración constante, y para explicar su extraño movimiento tendrá que imaginar una fuerza responsable de esa aceleración. Las fuerzas que aprecia un observador acelerado, y que no son apreciadas por el observador en reposo, se llaman fuerzas de "inercia".

»Además de este observador que se aleja aceleradamente en línea recta, podemos imaginar otros observadores acelerados. Por ejemplo, un observador que da vueltas. Vamos a resolver el problema del Sol y la Tierra de otra forma. Vamos a decir a un amigo que se vaya al Sol, y que allí se ponga a girar de tal forma que siempre tenga a la Tierra enfrente, es decir, que gire al mismo compás que la Tierra. Le pedimos que aplique la fórmula de Newton para explicar el movimiento de la Tierra y que nos informe del resultado. El dirá que ve que la Tierra está en reposo, y como sabe que el Sol ejerce una fuerza de atracción, tendrá que suponer una fuerza de repulsión que la contrarreste. Nuestro amigo observador acelerado apreciará una fuerza inercial que en este caso se llama "fuerza centrífuga". Como el resultado tiene que coincidir con la fórmula anterior, la fuerza centrífuga se calculará con la expresión mv^2/r.

Cristóbal, confuso, como tantos estudiantes incipientes de Física, ante la diferencia algo sutil entre los conceptos de fuerza (o aceleración) centrífuga y centrípeta, me interrumpió:

—Pero la fuerza «centríputa»...

Celebramos el error con un sorbito.

—Pero ¿la fuerza centrífuga existe?

—¿Por qué no? A no ser que prohibamos a los observadores acelerados el estudio de la Naturaleza. Pero éstos tienen el mismo derecho que nosotros, que tenemos la costumbre de hacer observaciones reposadamente. Pronto tendremos que hablar de la Relatividad, teoría que dice que gravedad y fuerzas de inercia son esencialmente una misma cosa. Si queremos prescindir de las fuerzas de inercia, habrá que suprimir también la gravedad como término del vocabulario científico.

—¿Y cuál es la masa del Sol? —se impacientó Cristóbal.

—En la fórmula que hemos escrito anteriormente vemos que la masa de la Tierra se simplifica, y que podemos despejar la masa del Sol:

$$M = \frac{v^2 r}{G}$$

»Vamos a calcularla. Para conocer v sabemos que la Tierra tarda un año en dar una vuelta, cuatro por ocho... me llevo una... Luego la masa del Sol es de unos 2×10^{33} gramos.

—¡Un 2 seguido de 33 ceros!

—¿Y no ha sido un poco enrevesado el cálculo? Prácticamente le hemos pedido a un observador que se vaya al Sol, que se ponga a dar vueltas y que calcule por nosotros.

El comentario era de Francisco. Repuse que me interesaba que se fueran acostumbrando al concepto de fuerza de inercia, y en particular al de fuerza centrífuga.

9
Los ángeles mirones

—Así pues —resumió Francisco—, los observadores en reposo observan algunas fuerzas, por ejemplo la de la gravedad, mientras que los observadores acelerados aprecian además otras, las llamadas fuerzas de inercia, por ejemplo la fuerza centrífuga. Habrá también observadores que ni estén en reposo ni estén acelerados, que serán aquellos que se muevan con velocidad constante. Me imagino que éstos tampoco aprecian fuerzas de inercia, ¿es así?

—Así es, en efecto. Los observadores que se mueven con velocidad constante con respecto a otro que esté en reposo se llaman observadores inerciales y no necesitan invocar la existencia de fuerzas de inercia para explicar el movimiento de los cuerpos; los acelerados, sí.

—¿Por qué lo sabías, Francisco? —preguntó don Celestino.

—Porque he aplicado el mismo razonamiento de don Alberto cuando introdujo las fuerzas de inercia —respondió el aludido—. Vemos este vaso quieto. Ahora me alejo marcha atrás con velocidad constante y veo que el vaso se aleja de mí con velocidad constante. Como el Principio de Galileo dice que un cuerpo al que no se aplica ninguna fuerza se mueve con velocidad constante, no necesito ninguna fuerza de inercia para explicar el movimiento del vaso.

—A nosotros, que viajamos en la Tierra a tan alta velocidad, nos parece que estamos en reposo, lo cual es ilusorio —seguí—. Y ahora os pregunto algo interesante: si las fuerzas que aprecian todos los observadores inerciales son las mismas, ¿cómo puede un observador inercial saber si se está o no moviendo?

Me contestó don Celestino:

—Pienso yo que la sensación de traqueteo de los viajes no serviría, pues consiste ésta en continuas y pequeñas aceleraciones en todas las direcciones. Sin embargo veríamos las tierras, las casas, los árboles... todo, moverse en dirección contraria. En otras palabras, como casi todos los objetos están en reposo, por el movimiento de la mayoría de los objetos vecinos podríamos conocer nuestro movimiento.

—Pero casas y árboles están en la Tierra, que se mueve y gira sobre sí misma. No son objetos en reposo, como tampoco nosotros somos ahora objetos en reposo —objetó Francisco.

—Bien —se empecinó don Celestino—, podríamos hacer este mismo razonamiento a mayor escala. Las estrellas están en reposo y podemos apreciar el movimiento de la Tierra observando el movimiento de las estrellas en dirección contraria.

—Pero las estrellas no están en reposo... —dijo tímidamente Francisco.

—¿Y tú qué sabes? Además, si no están en reposo, siempre habrá un centro de gravedad en el Universo que podemos considerar en reposo... Imagínate un observador fuera del Universo.

—¿Cómo me voy a imaginar eso?

A duras penas pude intervenir:

—Newton también pensaba que había un espacio en reposo, al que se llamó «Espacio Absoluto de Newton». Cualquier observador que se moviera con velocidad uniforme respecto del Espacio Absoluto de Newton era un observador inercial. Y todos los observadores inerciales apreciaban en un suceso las mismas fuerzas.

Aunque Francisco me tenía respeto, no dio su brazo a torcer.

—Por mi parte, me parece más conveniente no partir de ningún espacio absoluto que tomemos como referencia, pues ni sabemos dónde está, ni siquiera si existe. Todo se mueve con respecto a todo. Y si es cierto que en este Universo hay muchos cuerpos sin movimiento relativo entre sí (que no creo, pero don Alberto nos dirá), a mí me gustaría encontrar leyes de la Mecánica que fueran válidas tanto para este Universo como para cualquier otro posible, aunque no exista.

Este último razonamiento me provocó una mueca rara. Francisco seguía argumentando:

—Preferiría buscar un concepto de lo que es el reposo que se basara en experimentos que el observador que quiere conocer su estado de movimiento pudiera hacer en su casa o en su entorno. Por ejemplo, tiro esta piedra; si pasa esto, estoy en reposo; si pasa lo otro, me muevo con velocidad uniforme; y si pasa lo de más allá, soy un observador acelerado. Si esto es posible creeré en el Espacio Absoluto de Newton.

—Y tú, Francisco, ¿qué crees? —le repliqué—. ¿Puede un observador inercial lanzar piedras o hacer algo para saber si está en reposo o en movimiento? O en otras palabras, ¿son las leyes de la Naturaleza igual para todos los observadores inerciales?

—Estoy seguro de que no. Sencillamente porque no hay referencia para definir el reposo. Vais a reíros de mí, pero voy a ver si consigo transmitiros esta seguridad. No hacemos más que hablar de observadores, pero todos los humanos están poco más o menos igual de quietos o de móviles que nosotros. Para estudiar la Naturaleza "estamos imaginando" observadores, que por tanto son imaginarios...

»Aquel observador que enviamos al Sol, girando sobre sí mismo al mismo compás que la Tierra, no tenía por qué ser un observador humano. No necesitamos que tenga ni piernas, ni estómago, ni "asadura". Unicamente queremos que tenga ojos y quizá cerebro. Ahora bien, si estos ojos y este cerebro son materiales producirían una atracción gravitatoria sobre el Sol y sobre la Tierra, modificando el movimiento que se estudia. Claro que será muy poco, pero nos interesan observadores que no perturben absolutamente nada lo que miden. Yo no soy un buen observador, porque cuando miro a Júpiter el giro de mi cabeza perturba su trayectoria. Poco, poquísimo, ya lo sé, porque soy pequeño y estoy lejos, pero la perturbo.

»Entonces, si los observadores que estamos imaginando sólo tienen cerebro y ojos, pero cerebro y ojos inmateriales, son como "ángeles mirones", que van a donde quieren, a la velocidad que quieren, no tienen ni tamaño ni peso, son sólo eso, "ángeles mirones": un par de ojos inmateriales unidos por hilos inmateriales a un cerebro inmaterial. Lo que quiero decir es que la Naturaleza no puede dar preferencia a unos ángeles mirones o a otros, sencillamente porque son imaginarios e invención nuestra. La Naturaleza debe tener un comportamiento, en cuanto a sus leyes, que no dependa del observador. Si un ángel mirón se mueve con respecto a otro o a algo, a la Naturaleza le da lo mismo.

»Las leyes de la Naturaleza deben ser independientes del observador.

A su modo, Francisco estaba muy próximo al Principio de la Relatividad de Einstein. La verdad es que Einstein, al enunciar el Principio de Relatividad, dijo algo tan perfectamente sencillo que no es inimaginable que mentes rústicas y vírgenes fueran capaces de enunciarlo casi con exactitud. Claro que este principio lleva a conclusiones sorprendentes que yo debía poco a poco desvelar a mis alumnos.

10
Masas estelares

Pero Jesús comenzó recordándonos que teníamos pendiente el problema de la determinación de masas estelares.

—¿Cómo pueden calcularse las masas de otras estrellas si, como me imagino, no se han detectado planetas girando en órbitas circulares alrededor de ellas?

—En primer lugar, una aclaración —le respondí yo—: las órbitas, más que circulares, son elípticas, pero aun así puede calcularse la masa del Sol, y como el principio del método es el mismo, es mejor que no entremos en más detalles. Se han detectado algunos planetas en otras estrellas (y muchas otras es casi seguro que los tienen). Y se han detectado muchas estrellas dobles. Estas son estrellas que están girando la una alrededor de la otra. En principio, con las leyes de la Mecánica, por el procedimiento que hemos visto, puede calcularse la masa de cada una de las estrellas de la pareja.

—Entonces —reflexionaba Jesús— sólo podremos calcular la masa de un número muy limitado de estrellas. Solamente la de aquellas que tengan una compañera y que estén lo suficientemente cerca de nosotros para que apreciemos la circunferencia que describen. De igual modo, sólo tenemos acceso a la distancia de un número muy reducido de estrellas: aquellas que, por encontrarse muy cerca, permiten su determinación por el método de las paralajes.

—Así es, pero éstos son los métodos que pudiéramos llamar «directos» —informé—. Con ellos se ha podido tener cierta experiencia sobre cómo son las estrellas en general, lo que luego puede aprovecharse para estimar masas y distancias de estrellas más lejanas. Como la luz se pierde conforme al inverso del cuadrado de la distancia, solamente si se conoce la distancia podrá conocerse la luminosidad de la estrella L, que es la cantidad de energía que por segundo emite la estrella en todas las direcciones. Imaginemos que disponemos de un conjunto reducido (pero lo suficientemente numeroso para sacar conclusiones estadísticas) de estrellas cuya distancia (y por tanto su luminosidad absoluta L), así como su masa M, nos es conocida por métodos directos. Se observa entonces que las estrellas de mayor masa tienen mayor luminosidad, y por aproximación se deduce que la luminosidad es proporcional al cubo de la masa de la estrella. Una estrella con doble masa que el Sol será ocho veces más brillante.

—¿Y cómo puede explicarse esta interesante relación? —se preguntaba Francisco.

—Ya lo iremos viendo poco a poco. De momento aceptémoslo como un hecho empírico. Entonces, observando la luz que recibimos de una estrella, y si conocemos su distancia, determinamos su luminosidad, y aprovechando la relación entre masa y luminosidad podremos finalmente conocer su masa.

—Pero solamente conocemos las distancias de las estrellas más cercanas —se lamentó Jesús.

—También para las distancias hay métodos indirectos. Uno de los más importantes es el llamado método de las «cefeidas». Son las cefeidas un tipo particular de estrellas variables, es decir, cuya luz varía periódicamente en torno a un valor medio de luminosidad. Se observó que el periodo de variación y la luminosidad de una cefeida estaban relacionados. Estas estrellas son además muy brillantes y se pueden observar a gran distancia. El periodo se determina bien, aunque estén lejos. Conociendo el periodo puede determinarse su luminosidad y por tanto su distancia.

—¿Y cuáles son los resultados sobre las masas estelares? —preguntó don Celestino—. ¿Es el Sol una estrella normal, muy grande o muy pequeña?

—El Sol es una estrella muy normal, y hay muy pocas estrellas que tengan una masa diez veces mayor que la del Sol, así como muy pocas que tengan una masa diez veces menor.

11
Principio de Relatividad de Galileo

—Newton decía que «el espacio absoluto, por su propia naturaleza, sin relación con nada externo, permanece siempre igual e inamovible». En el siglo XIX se seguía pensando así. Respecto del tiempo se pensaba lo mismo. Newton proponía un «tiempo absoluto», que según sus propias palabras «transcurre uniformemente sin relación a nada externo».

—Aristóteles lo decía mucho antes —centró Cristóbal sus ojos en la confluencia de sus cejas y recitó—: «El paso de la corriente del tiempo es igual en todas partes. Los cambios en las cosas materiales pueden ser rápidos o lentos, pero no así el tiempo».

Francisco terció:

—Pues a mí me sigue pareciendo que si se pudiera prescindir de la idea del espacio absoluto sería mejor, a no ser que se pueda localizar con experimentos. Y si así fuera, unos ángeles mirones tendrían privilegios sobre otros. Y con el tiempo absoluto tengo recelos parecidos. Si no hay relojes, ¿qué podremos decir del tiempo? ¿Algo que transcurre independientemente de todo? ¿Cómo podríamos saber si un segundo de tiempo no es más largo que otro? Creo que puede suponerse algo en concreto como en reposo, adoptado por convenio. Y que el tiempo oficial sea el dado por tal o cual reloj, por convenio.

»Después nos podremos dar cuenta, quizá, de que hay más cuerpos en reposo con respecto al que elegimos por convenio que cuerpos en movimiento. Pero el movimiento no se define democráticamente. Ni creo que haya muchos cuerpos en reposo los unos con respecto a los otros. Y nos podemos dar cuenta de que muchos relojes marcan la misma hora que el reloj que elegimos como patrón. Pero estas elecciones son humanas, o bien están llevadas a cabo por ángeles mirones. Y la Naturaleza no puede obedecer a estas caprichosas decisiones de seres inexistentes.

—Imaginemos provisionalmente —procuré encauzar la discusión— que existan un espacio absoluto y un tiempo absoluto. Como dijimos, los ángeles mirones que se mueven con velocidad uniforme con respecto al espacio absoluto se llaman inerciales, y para explicar el movimiento de los cuerpos no necesitan acudir a fuerzas de inercia. Para un ángel mirón inercial, por ejemplo, no existe la fuerza centrífuga. Según tus ideas, Francisco, las leyes de la Naturaleza serían iguales para todos los observadores inerciales. Estos no podrían hacer ningún experimento para conocer si se mueven o no. ¿No es cierto?

—Eso me parece.

—Pues bien, para buscar un experimento que diga a un ángel mirón si se mueve o no, existen dos opciones: o realizar experimentos en Mecánica, o experimentos de otro tipo. Se puede, por ejemplo, tirar piedras o emplear rayos luminosos.

—Si existe ese experimento mandaré a mis ángeles mirones a que se dediquen a otra cosa.

—Galileo se planteó una cuestión semejante ciñéndose a la Mecánica. Y propuso el conocido Principio de Relatividad de Galileo: "Las leyes de la Mecánica son equivalentes para todos los observadores inerciales". O dicho de otro modo: "Es imposible para un observador inercial conocer, mediante experimentos en Mecánica, su estado de movimiento o reposo".

»El ponía un ejemplo clarificador que desde entonces sigue sirviendo para ilustrar el principio. Imaginaba un observador en un muelle, considerado como en reposo, y otro observador en el interior de un barco que se movía con velocidad uniforme en un mar absolutamente tranquilo. Este viajero iba metido en la bodega del barco, para evitar que tomara como referencia los objetos de la costa. El observador del muelle dejaba caer una piedra. Observaba naturalmente que la piedra caía a sus pies. Este mismo experimento debía de ser realizado por el observador viajero. El del muelle pensaría: "Va a dejar caer la piedra, pero en el momento inicial la piedra lleva una velocidad horizontal, que es la misma que la que llevan el viajero y el barco. Por lo tanto, la piedra no puede caer verticalmente como sucedió en mi caso". Y en efecto, según el observador del muelle, la piedra va a caer algo más adelante que a los pies del viajero en el momento inicial. Pero mientras la piedra cae, los pies del viajero van avanzando y (como puede demostrarse matemáticamente) la piedra choca contra los pies del viajero, produciéndole el mismo dolor que a su amigo del muelle.

—Me parece que entonces no hace falta la noción del espacio absoluto, puesto que todos los observadores inerciales son equivalentes y no hay ninguno privilegiado.

Me volví sorprendido hacia Julia, que desde el mostrador hacía este comentario.

—Un momento, que todavía hace falta hacer experimentos con la luz —dijo don Celestino.

—Sé lo que va a pasar —murmuró Francisco—. Con la luz tampoco se podrá hacer nada, porque hablar de movimiento o reposo en términos absolutos no tiene sentido. Las cosas y los observadores se mueven con respecto a algo, de otro modo habría ángeles mirones privilegiados.

12
El sonido y el efecto Doppler

Con nuestras cachavas paseábamos por un camino. El paseo había sido intencionadamente previsto por mí, pues el camino cruzaba la vía del tren, con lo que podía hacer una interesante experiencia de cátedra sobre el efecto Doppler.

Cristóbal inició la conversación con uno de sus característicos comentarios:

—Las estrellas son silenciosas...

—Probablemente no son nada silenciosas, pero aunque produzcan ruido somos incapaces de escucharlo. Entre las estrellas y la Tierra hay un vacío casi perfecto y el sonido no puede propagarse en el vacío.

»Tratemos de explicar qué es el sonido. El sonido consiste en variaciones ondulatorias de la presión del aire. Imaginemos que, por no importa qué causa, en una minúscula región del aire se produce una ligerísima bajada de presión. En la región inmediatamente vecina se produciría un movimiento de las partículas de aire que acudirían a rellenar la zona de baja presión inicial. Esta región vecina quedaría ahora con menos partículas, y a su vez sus regiones vecinas enviarían sus partículas de aire para compensarlo. En definitiva, la baja presión se iría desplazando.

»El aire que acude de la vecindad a la región de baja presión inicial, en lugar de hacer que esta región recupere la presión normal, produce por un instante una sobrepresión. E igual que anteriormente, por movimientos de unas regiones a otras, esta alta presión se va propagando.

»En el instante siguiente la alta presión de la región inicial se convierte ya en baja presión que también se propaga. Como consecuencia, una serie alternativa de bajas y altas presiones se propaga desde la región inicial hacia fuera.

»Si pudiéramos contemplar una fotografía instantánea de lo que ocurre veríamos una alternancia de máximos y mínimos de presión. La distancia entre dos máximos se llama longitud de onda. Si al contrario nos fijamos en un punto cualquiera, veríamos que allí la presión varía en el tiempo, alcanzando máximos y mínimos alternativamente según transcurre el tiempo. El tiempo que media entre dos máximos consecutivos de presión se llama periodo. Al inverso del periodo se le llama frecuencia, que por ser el inverso del periodo será el número de oscilaciones que se producen en un lugar dado, por unidad de tiempo.

»Si dividimos la longitud de onda por el periodo obtendremos la llamada velocidad del sonido, pues (concentraos un poco y veréis que no os engaño) coincide con la velocidad de desplazamiento de (por ejemplo) uno de los máximos.

»El movimiento no es eterno, pues todo acaba disipándose por rozamiento, pero si en la región central original, artificialmente, vamos creando periódicamente altas y bajas presiones, el sonido duraría en la región circundante tanto como persistiera nuestra provocación de altas y bajas presiones en la región central original. Esta provocación emisora puede mantenerse artificialmente o mediante cualquier efecto natural.

»La velocidad de la onda dependerá de las propiedades intrínsecas del aire (o del agua, o de la tierra, porque el sonido se puede propagar en gases, líquidos o sólidos), tales como su temperatura o su composición química. En cambio el periodo, y por tanto la longitud de onda (ya que $\lambda = cT$; donde λ: longitud de onda, c: velocidad del sonido, T: periodo), puede ser elegido por quien produce la oscilación emisora. Por lo tanto, con la misma velocidad pueden propagarse ondas con longitudes de onda diferentes.

—Entonces, está claro por qué el sonido no puede propagarse en el vacío, pero ¿qué diferencia física hay entre un sonido fuerte y uno débil? —preguntaba Jesús.

—Un sonido fuerte (es decir, un sonido de mucha intensidad) se caracteriza porque entre el máximo y el mínimo de presión hay mucha diferencia. Tan grandes variaciones de presión provocan una gran oscilación en nuestro pobre tímpano.

—¿Y por qué unos sonidos son graves y otros agudos? —preguntó cómicamente mientras su voz se convertía de barítono a soprano.

—Depende de la longitud de onda. Las longitudes de onda más pequeñas hacen oscilar al tímpano con más frecuencia y nuestro cerebro percibe la sensación de agudo —respondí imitando a mi vez a una soprano.

—¿Y qué es lo que hace que distingamos una voz de otra?

—Hemos dicho que varias ondas de longitud de onda diferente pueden propagarse a la vez. De hecho, cualquier sonido que escuchamos tiene varias longitudes de onda (unas más intensas que otras). Se llama «espectro» al conjunto de intensidades de cada longitud de onda. Según sea el espectro una voz difiere de otra y podemos reconocer si habla don Celestino o Francisco sin verlos.

—No deberíamos hablar tanto del sonido y sí volver a las estrellas —protestó Jesús.

En ese momento llegamos a la vía del tren. Invité a mis amigos a sentarse en unas piedras y esperar a que pasara alguno. Pero transcurría el tiempo y el tren no acudía.

—Comprendiendo lo que es el sonido, podemos introducir fácilmente el llamado efecto Doppler, de gran importancia en el estudio del Universo. No viene ningún tren, pero imaginaros que viene. Cuando se acerca, su sonido es más agudo que cuando está a nuestra altura; y cuando ya se aleja, más grave. ¡Niiiiii... auuuu...!

»La explicación es sencilla. Cuando el foco emisor se acerca a nosotros, cada uno de los máximos de presión se produce más cerca del anterior que si estuviera quieto. Por tanto, la longitud de onda disminuye. Por eso oímos más agudo el sonido del tren que se acerca.

»Cuando se aleja ocurre precisamente lo contrario. Este cambio de longitud de onda cuando el foco emisor se acerca o se aleja (o lo que es lo mismo, si nosotros nos acercamos o alejamos del foco) es lo que se llama efecto Doppler. Tiene lugar no sólo en el sonido, sino en todas las ondas.

Volvíamos ya por el mismo camino cuando un rumor agudo nos anunció la aproximación de un tren. Nos detuvimos a observarlo. Un niño agitaba la mano desde una ventanilla. El tren, que se había acercado con un chillido alarmante, se alejó con un sonido bronco y solemne.

13
La luz

—La luz, como el sonido, también es una onda, y tiene algunas propiedades semejantes. Cuando su longitud de onda es pequeña vemos luz azul, y si es grande, luz roja. Un sonido fuerte tenía mucha intensidad y ahora también diremos que la intensidad de la luz hace que veamos los objetos más brillantes. También la luz tiene un espectro, puesto que pueden propagarse simultáneamente muchas ondas, cada una con una longitud de onda diferente. En el sonido, el espectro correspondía al timbre, que nos permitía conocer en gran medida las señas de identidad del emisor.

»El ojo humano no hace una descomposición espectral, es decir, no separa las distintas ondas de diferente longitud de onda con la misma minuciosidad con que lo hace el oído. El oído no registra nada más allá de dos umbrales máximo y mínimo de longitud de onda, pero entre estos dos umbrales inspecciona todas las longitudes de onda. Con el ojo podemos distinguir colores, pero tenemos más problemas para reconocer la identidad del emisor. Aunque esto se compensa, y con creces, porque el ojo obtiene imágenes completas; cuando observamos un emisor luminoso puntual como una estrella, poco sabemos a simple vista de la identidad del emisor. Las estrellas nos parecen casi iguales, aunque veamos que algunas son más rojas y otras más azules. En cambio podemos recurrir a un "espectrómetro", aparato que realiza una descomposición espectral más precisa, y que nos permite averiguar una gran cantidad de datos del emisor, tales como su composición química, su temperatura o su velocidad de alejamiento. Iremos viendo más adelante cómo se obtiene esta información, importantísima en Astrofísica, puesto que la luz es nuestra fuente casi exclusiva de información.

»También nuestros ojos tienen dos umbrales máximo y mínimo, y no vemos las longitudes de onda situadas más allá o más acá de estos umbrales. Más allá del rojo está el infrarrojo, luego las microondas y luego las ondas de radio. Y más allá del azul, cada vez con menor longitud de onda, están el ultravioleta, los rayos X y los rayos γ. El ojo humano sólo registra la llamada luz visible, pero pueden construirse aparatos que midan en otras longitudes de onda. Cuando giramos el selector de emisoras en un aparato de radio, en realidad estamos llevando a cabo una descomposición espectral.

»Pocos emisores de luz visible hay en nuestro entorno: el Sol, las bombillas, las estrellas, las hogueras... y poco más. Muchos otros cuerpos emiten en infrarrojo, pero nuestros ojos no pueden apreciarlo.

—Hay una razón para ello —me apoyó don Celestino—: el aire no es transparente para las otras longitudes de onda (exceptuando las ondas de radio). Al evolucionar, las especies animales no desarrollaron ojos sensibles a longitudes de onda con las que no se podía ver nada.

—Para estudiar el Universo —seguí— sólo podíamos emplear detectores de luz visible (telescopios) y de radio (radiotelescopios). Sin embargo, recientemente, mediante vehículos espaciales situados fuera de la atmósfera, podemos observar el Universo en cualquier longitud de onda. Por tanto, actualmente, la información que tenemos sobre el Universo se ha enriquecido vertiginosamente, y la Astronomía se ha visto de pronto rejuvenecida. Hay muchos más datos sobre los que pensar.

Intervino entonces Jesús:

—El sonido era una variación ondulatoria de la presión del aire. Si la luz es una onda, ¿qué es lo que está sujeto a una variación ondulatoria?

14
Electromagnetismo

No sé exactamente cómo, mis colegas aprendieron pronto y sumisamente que todas las sustancias y todos los materiales están formados como combinación de unos cien elementos químicos. La obtención de esta conclusión por los químicos del siglo XVIII es uno de los logros más importantes de la Ciencia, y hasta resulta casi imposible de creer cómo pudieron distinguir entre compuesto y elemento, que pudieran ordenar estos últimos según su masa molecular y comprobar que ésta era un múltiplo exacto de una cierta cantidad, la masa molecular del hidrógeno. Pronto llegaron a familiarizarse con los conceptos de molécula y átomo, y con que este último estaba formado por un núcleo en el que había protones y neutrones, y electrones orbitando en torno al núcleo como pequeños planetas. No sé exactamente cómo, pero no tengo la intención de reproducir las conversaciones sobre este aspecto, pues ustedes, con su cultura científica, están habituados a estos conceptos, y se aburrirían si les repito el proceso histórico que llevó a estos descubrimientos.

Llegado un momento, pues, podía hablar ya con cierta soltura de algunas partículas elementales como protones, neutrones y electrones.

—Además de la fuerza de la gravedad hay otras fuerzas. Una de ellas es la electromagnética —comencé—. Esta fuerza actúa solamente sobre partículas «cargadas». Es decir, de igual modo que la fuerza gravitatoria se produce entre partículas que tienen masa, la fuerza electromagnética se produce entre partículas que tienen «carga». Aunque no existen masas negativas, hay cargas positivas y negativas. Los protones, por ejemplo, tienen carga positiva, y los electrones, negativa. De la misma forma que un cuerpo que está en un campo gravitatorio experimenta una fuerza (la de la gravedad), una partícula cargada en el seno de un campo electromagnético experimenta una fuerza (la electromagnética). El campo electromagnético se aprecia cuando colocamos una partícula cargada en esa región del espacio y la fuerza produce alteraciones en el movimiento de esa partícula cargada, de igual modo que apreciamos un campo gravitatorio si observamos alteraciones del movimiento de una masa. Ello representa en cierto modo la posibilidad de aceleración de un electrón. Pues bien, el campo electromagnético es la magnitud física que varía ondulatoriamente en la propagación de la luz.

Tras una pausa mía, Francisco llenó un vaso y lo fue deslizando lentamente hacia mí, empujado por dos de sus huesudos y largos dedos.

—La fuerza que empuja este vaso, ¿de qué tipo es? ¿Y la del caballo que tira del carro? ¿Y la de rozamiento? —preguntó.

—Son fuerzas electromagnéticas. —Acerqué mi mano en forma de microscopio, y mi ojo derecho al microscopio, guiñando el izquierdo—. En tu mano y en mi vaso hay electrones y núcleos, y cuando se aproximan se repelen electromagnéticamente.

—¡Bueno! —siguió Francisco—. El campo gravitatorio era creado por otro cuerpo, ¿y el campo electromagnético?

—En principio está creado por otra partícula cargada o por un conjunto de partículas cargadas. Pero el campo electromagnético se propaga ondulatoriamente por el vacío sin ninguna amortiguación, y por tanto puede ser registrado muy lejos de donde fue originado. Tan lejos que no importa tanto su origen... o a lo mejor no hay origen...

—Pero si lo que se propaga es la posibilidad de que un electrón altere su movimiento (cosa muy abstracta, porque claro... la onda se propaga pongamos el electrón de prueba o no), se propaga una posibilidad...

—La fuerza de la gravedad obedecía a una ley muy sencilla que propuso Newton —tomó la palabra don Celestino—; ¿cuál es la fórmula de la fuerza electromagnética?

—Es más complicada y preferiría no llenaros la cabeza de fórmulas.

Don Celestino se quedó muy extrañado. Por fin no aguantó y dijo:

—Pero ¿no es la ley de Coulomb?

Y escribió en una servilleta de papel:

$$F = \frac{q_1 \, q_2}{r^2}$$

Fórmula donde q_1 y q_2 son las cargas eléctricas de los dos cuerpos interactuantes.

—Eso es válido solamente si las dos partículas están quietas. En ese caso las fuerzas electromagnéticas son exclusivamente eléctricas.

—¡Qué parecido tan interesante con la gravedad! —se asombró Francisco, acercando la servilleta primero a sus ojos y luego a sus labios.

Me pregunto si el cambio de servilleta de tela a servilletas de papel ha tenido su pequeña influencia en el desarrollo de la Ciencia.

—En efecto, la gravedad y el electromagnetismo tienen muchas cosas en común. También hay ondas gravitatorias que son capaces de propagarse por el vacío. Pero existe una diferencia esencial: vimos que el movimiento de un cuerpo en el seno de un campo gravitatorio no depende de su masa ni de nada. En cambio, el movimiento de una partícula cargada en el seno de un campo electromagnético depende tanto de la masa como de la carga.

—Así que la luz es la propagación ondulatoria de una posibilidad...

—En realidad hay otra representación alternativa de la naturaleza de la luz que no supone ninguna contradicción con la descripción ondulatoria. Newton pensó que la luz consistía en partículas elementales, a las que hoy se llama «fotones». A principios de siglo los físicos alemanes Planck y Einstein comprobaron que debe existir una relación entre la energía del fotón y su frecuencia, expresable así:

$$E = h v$$

donde E es la energía del fotón, h una constante de proporcionalidad y v la frecuencia de la onda ($\lambda = c/v$, donde c es la velocidad de la luz y λ la longitud de onda). La energía del fotón depende sólo de la frecuencia de la onda correspondiente. Así la luz roja está compuesta por fotones menos energéticos que los fotones de la luz azul.

—Y ¿cómo se obtuvo esta fórmula?

—Algún día os lo explicaré...

15
La paradoja de Olbers

—A mí me parece que las estrellas están fijas —decía Cristóbal—. Sé que todas giran alrededor de la estrella Polar, pero es debido a la rotación de la Tierra, y sé también que en invierno las estrellas no son las mismas que en verano; pero si descontamos estos movimientos de la Tierra, las estrellas parecen no moverse. La forma de las constelaciones es siempre la misma desde que nací. Eso quiere decir que la posición relativa entre dos estrellas no cambia. Claro que a lo mejor este reposo de las estrellas es sólo aparente, pues como están tan lejos deberían moverse muy rápidamente para que se notara. Pero el otro día Francisco daba por seguro que se movían, y a mí me extrañaba porque el Universo da sensación de quietud. Pregunto entonces: ¿las estrellas se mueven o están quietas?

—Las estrellas se mueven, y aunque lo hacen con grandes velocidades se observan movimientos pequeños en las estrellas más cercanas. Podemos observar movimientos perpendiculares a la línea de visión que une nuestro ojo y la estrella comparando dos fotografías realizadas en tiempos muy diferentes, observando su posición con respecto al resto de las estrellas, que por estar muy lejos parecen fijas. A estos movimientos se les llama «movimientos propios».

—¿Y no podemos medir movimientos en la dirección de la línea de visión? —preguntó Jesús, esperando mi afirmación.

—Sí que podemos, gracias al efecto Doppler. Pero esto lo veremos un poco más adelante, cuando hablemos más de cómo son los espectros de las estrellas.

—Si Cristóbal no se ha dado cuenta, ni yo tampoco, estos movimientos deben de ser muy pequeños. ¿Cuánto? Habrá que intentar su detección en estrellas cercanas —reflexionó Jesús.

—En realidad se hace al revés. Como el movimiento propio de una estrella se detecta fácilmente comparando una foto vieja y otra nueva, se intenta la determinación de la paralaje para las estrellas con movimiento propio conocido.

Iba a hablar sobre la velocidad aproximada de los movimientos propios, cuando Cristóbal me interrumpió:

—Pero ¿por qué sabía Francisco que las estrellas se mueven?

Miramos a Francisco.

—Pues..., pues..., porque si no se mueven —respondió—, debido a la gravedad caerían las unas sobre las otras. La Tierra no choca con el Sol porque se mueve... Si hubiera muchas estrellas quietas, poco a poco se desplazarían hacia un centro hasta que todas chocarían en ese punto...

—Pero no ocurriría eso si hubiera infinitas estrellas —saltó materialmente Cristóbal.

—Pero no hay infinitas estrellas... —se defendía Francisco.

—¿Y cómo lo sabes? —replicó Jesús, mientras me miraba a mí.

—Porque... —comenzó a responder tímidamente Francisco—. Imagínate que la densidad de estrellas es constante. Habrá más estrellas que estén a unos 100 años-luz de nosotros que a unos 10 años-luz, sencillamente porque la superficie esférica cuyo radio es 100 años-luz es más grande que la superficie esférica de radio 10 años-luz. La superficie de una esfera es $4\pi r^2$ y el número de estrellas a una distancia r va aumentando según el cuadrado de la distancia r. Por otra parte, me aceptó don Alberto el otro día que la luz de las estrellas se pierde conforme al inverso del cuadrado de la distancia. Lo que se gana se compensa, pues, con lo que se pierde, y todas las estrellas a unos 100 años-luz brillan lo mismo que las que están a 10 años-luz. Y las que estén a 1000 años-luz se verán debilísimas, pero habrá tantas que su luz total será lo mismo que la emitida por las que están a 10 años-luz. Y así sucesivamente, cogiendo distancias cada vez mayores, hasta el infinito, resultaría que la luz en la Tierra debida a todas las infinitas estrellas sería infinita, o al menos muy grande.

Francisco, a su modo, estaba enunciando lo que en Cosmología se llama paradoja de Olbers. Quedé asombrado, aunque bien es verdad que su enunciado se ha repetido varias veces independientemente en la historia de la Astronomía, incluso en sus primeros balbuceos. Aun así, mi admiración era comprensible, y se lo hice saber. Mis elogios no hicieron más que provocar el escepticismo de Jesús y don Celestino.

—Pero ¿por qué va a ser la densidad constante?

—Exactamente a 1000 años-luz no hay ninguna estrella. Estarán o un poquitín más lejos o un poquitín más cerca, pero justo, justo a 1000 años-luz no habrá ninguna.

—¿Y si hubiera materia absorbente entre las estrellas, de forma que no se pudieran ver las estrellas más lejanas?

—¿Y si la luz de las estrellas más lejanas no ha llegado aún a nosotros?

Francisco fue respondiendo y sorteando estas preguntas con comentarios agudos y tímidos. La conversación fue interesante y amena y la habitual hora de regreso a casa se retrasó.

Cedí la puerta a mis amigos y cuando llegó mi turno unos hermosos ojos me cogieron del brazo invitándome a detenerme.

—Dime, Julia...

—Quería hablar con usted. ¿Puede ser dentro de media hora, aquí?

—Claro, claro, claro, claro, claro.

Por la calle seguimos hablando, e intenté resumir las posibles explicaciones de la paradoja de Olbers.

—El que exista materia absorbente entre las estrellas y nosotros no aclara la paradoja. Al absorber energía esta materia se calentaría. Veremos más adelante que un cuerpo caliente emite luz. Si el Universo ha sido eterno, esta materia acabaría emitiendo tanta luz como una estrella. Así pues, o el Universo no contiene un número infinito de estrellas, como decía Francisco, o es que no ha durado eternamente. Si no ha durado eternamente, no vemos la luz de las estrellas más lejanas sencillamente porque desde que se formó el Universo la luz no ha tenido tiempo de llegar hasta nosotros. También pueden ocurrir las dos cosas, que el Universo no haya sido eterno y que no tenga un número infinito de estrellas. De estos aspectos trata la Cosmología, pero antes de hablar de ella necesitamos conocer algunos temas.

16
Julia y el teorema del Virial

—Perdone, don Alberto, ¿le ha venido mal acudir? Es que he hecho un cálculo y quería que me dijera si está bien o mal. Es sobre los movimientos propios.

—Pero, mujer, no me trates de usted.

—De acuerdo. Te tutearé.

Cogí el papel que ella tenía en la mano, pero no se veía bien. Era ya de noche.

—Es igual, te digo lo que he hecho. No sé si dará lo que tiene que dar, pero si no sale he pensado también sobre qué podría querer decir la diferencia. La Tierra, con respecto al Sol, tiene una velocidad determinada, que se calculaba igualando la fuerza de gravedad y la fuerza centrífuga. Si tuviera más velocidad se alejaría, y si menos, se acercaría al Sol. He partido de que las estrellas, aunque se muevan, ni se acercan ni se alejan en términos medios. Dos estrellas pueden alejarse o acercarse, pero el conjunto de las estrellas que vemos queda siempre más o menos igual. Si la velocidad de todas las estrellas fuera muy grande se alejarían unas de otras; si muy pequeña, chocarían en el centro, como decía Francisco. He pensado sobre lo que pasaría si en la fórmula

$$G\frac{m_1\,m_2}{r^2} = m_2\frac{v^2}{r}$$

pongo en lugar de m_2 una masa típica de una estrella (una masa solar); en lugar de m_1, la masa de las 10 000 estrellas que decía Francisco, y en lugar de r, el radio de la esfera que ocupan esas estrellas.

»Imaginemos en primer lugar que sólo hay estas 10 000 estrellas, o que, si hay más, están muy lejos, en otra galaxia, y no influyen gravitatoriamente sobre las nuestras. Una estrella no será atraída por las 10 000 estrellas, a no ser que esté en la periferia, luego en lugar de m_1 debería poner algo menos de M, siendo M la masa total de las

10 000 estrellas, que supongo igual a 10 000 $M_\odot$. (En Astronomía $M_\odot$ significa "masa del Sol"; la nomenclatura aquí está modificada con respecto al cálculo original.) Igualmente, una estrella cualquiera no estará a la distancia r del centro, sino a algo menos.

»Si escribo M (por exceso) y r (por exceso), los dos excesos se compensarán algo, y como sólo quiero obtener un valor muy aproximado de v, me atrevo a escribir

$$\frac{GM}{r} = v^2$$

»En primer lugar he calculado la densidad de estrellas, como puedes ver en este papel —yo no veía nada— y me sale que hay 10^{-3} estrellas en cada año-luz cúbico. Para ello he partido de que una distancia típica entre estrellas es 10 años-luz, como calculó Francisco. Luego he calculado el radio de la esfera que, con esta densidad, contiene 10 000 estrellas, y me sale $r = 100$ años-luz. Así obtuve que la velocidad típica de las estrellas debía de ser, aproximadamente, 1 km/s. Con este valor —seguía enseñándome papeles insuficientemente iluminados— he calculado los movimientos propios que podrían esperarse para estrellas situadas a 10 años-luz, que serían de unos 0,05 segundos de arco por año.

Quedé pétreamente callado.

—¿Son así los movimientos propios que se observan?

—Pues no... son algo mayores. Las velocidades de unas estrellas con respecto a las otras (que son las que podemos medir desde el Sol) son de unos 20-25 km/s, y en consecuencia los movimientos propios son también más altos. Muchas estrellas tienen más de 1 segundo de arco por año.

—¡Menos mal!... Yo veía que era peligroso si mi cálculo hubiera dado valores mayores que los reales. Eso querría decir que las estrellas se moverían tan despacio que acabarían cayendo las unas sobre las otras, o al menos que se juntarían más de lo que están, una vez que en el proceso de concentración ya se hubieran acelerado.

—Exactamente...

—Pero si las estrellas se mueven más deprisa de lo que he calculado, no hay problema. Seguramente, en nuestra galaxia hay muchas más que las 10 000 estrellas que vemos, y por tanto los cálculos que hice no serían válidos. En principio, las estrellas tenderían a alejarse unas de otras, pero las que perdamos en el volumen nuestro de 100 años-luz podrían ser compensadas por otras estrellas que vinieran de volúmenes contiguos.

Mi asombro me enmudecía.

—¿Quieres quedarte con estos papeles?

—Sí, sí, sí, sí, sí, sí, sí, sí. Te acompaño a casa mientras te comento lo que pienso de tu cálculo.

—Bueno.

—Las 10 000 estrellas de nuestro entorno (aunque pudieras haber hecho el cálculo con otros números parecidos) no están aisladas, como tú muy bien dices, y pueden pasarse de unos volúmenes elementales a otros. Si hubieras hecho el cálculo para un conjunto de estrellas que formaran una unidad, es decir, que se mantuvieran agrupadas por el efecto de la gravedad que ellas mismas crean, habrías obtenido un valor típico de las velocidades estelares. Si su velocidad fuera superior a la calculada, el grupo se esparciría, y si menor, se concentraría al tiempo que las velocidades estelares aumentaran, o incluso se colapsaría.

»Esta fórmula que has encontrado se llama teorema del Virial, y tiene una gran trascendencia en Astronomía. Efectivamente, hay agrupaciones estelares que forman unidad gravitacional. Por ejemplo, los llamados "cúmulos" de estrellas, o lo que se llaman "galaxias". Hay también cúmulos de galaxias, cúmulos de cúmulos, etc., de los que ya iremos hablando en la cantina.

»Pero imagínate la importancia del teorema del Virial, pues determinado el radio del cúmulo estelar y sus velocidades características, puede determinarse la masa del cúmulo. De esa forma, además de tener métodos para calcular masas estelares, tenemos una forma de determinar masas de conjuntos de incontables estrellas.

—Entonces, ¿te ha parecido bien?

—No te puedes ni imaginar.

Luego añadí:

—La fuerza de gravedad no sólo está producida por las estrellas. En nuestro entorno y en muchas otras partes del Universo hay gas entre las estrellas, hay polvo, estrellas poco luminosas que no se ven, e incluso masa invisible que no puede saberse hoy ni siquiera lo que es.

17
Relatividad Restringida

—Hay un problema que me sigue intrigando —empezó Francisco—. Supongamos que tenemos muchos observadores inerciales, unos moviéndose con respecto a otros con velocidad constante. Vimos que Galileo había enunciado un interesante principio. Lanzando piedras (o más generalmente, mediante experimentos en la Mecánica), un observador inercial no puede conocer su estado de movimiento o reposo. Las leyes de la Mecánica son equivalentes para todos los observadores inerciales. Pero el otro día surgió la duda de que quizá, realizando experimentos con la luz, pudiera saberse si un observador inercial está en reposo o en movimiento. Si es posible, podría definirse el espacio absoluto de Newton de forma objetiva. Yo aposté a que no, pues los observadores inerciales son «ángeles mirones» y la Naturaleza no puede dar prioridad a unos observadores inexistentes que no interfieren nada con ella.

—Hubo un experimento muy interesante —continué yo—, realizado a finales del siglo pasado. Fue llevado a cabo por Michelson y Morley. No querría daros muchos detalles del instrumento, basta con que imaginemos que se trata de un aparato con el cual puede determinarse con mucha precisión la velocidad de la luz. Supongamos que la velocidad de la luz fuera de $c = 300\,000$ km/s para un observador en reposo absoluto. Imaginemos dos observadores A y B en reposo absoluto. En un momento determinado se lanza un destello luminoso hacia la derecha. En ese momento A se mantiene en reposo, pero se le pide a B que eche a correr tan rápidamente como pueda hacia la derecha. B es un corredor tan fenomenal que alcanza la velocidad de $c/4$. Si se le pregunta a A cuál es la velocidad de la luz nos dirá que es igual a c ($= 300\,000$ km/s). ¿Qué nos dirá B? —pregunté mientras iba dibujando la servilleta n.º 1.

Don Celestino respondió el primero que $3c/4$.

—Por tanto, midiendo la velocidad de la luz, pensaban Michelson y Morley, podemos conocer cuál es la velocidad de la Tierra con res-

Servilleta n.º 1

pecto al espacio absoluto, de igual forma que B sabría que su velocidad es $c - 3c/4 = c/4$.

—Pero no conocemos el valor de la velocidad de la luz con respecto al espacio absoluto. Quizá 300 000 km/s sea la velocidad en la Tierra...

—El experimento se realizó de la siguiente forma. La Tierra se desplaza con una velocidad de unos 30 km/s con respecto al Sol debido al movimiento de traslación (como podéis calcular fácilmente). Se lanzó un rayo en esta dirección y otro en dirección contraria.

—¿Y qué pasó? —preguntó Cristóbal.

—No se observó ninguna diferencia. La luz se propagaba con igual velocidad en una y otra dirección. —Hice una pausa—. ¿Cómo puede interpretarse este hecho?

—Como que la Tierra está en reposo absoluto —contestó Cristóbal.

—En ese caso, en ese momento, el Sol se movería con una velocidad de 30 km/s con respecto al espacio absoluto. Entonces no había nada más que esperar seis meses y volver a repetir el experimento. Al cabo de seis meses el Sol se seguiría moviendo a 30 km/s, y como entonces la Tierra iría en dirección contraria (con respecto al Sol), se movería a $30 + 30 = 60$ km/s con respecto al espacio absoluto. Entonces el movimiento absoluto de la Tierra sería perfectamente detectable. Los científicos esperaron seis meses y volvieron a realizar el experimento.

—¿Qué pasó? —se impacientaba Cristóbal.

—De nuevo no se encontró ninguna diferencia de velocidades.

—Es desde luego extraño... —decía don Celestino.

—¡Ya lo tengo! —chilló Cristóbal—. La Tierra seguía estando en reposo absoluto. Es el Sol el que gira alrededor de la Tierra. La Tierra es el centro del Universo. La Tierra está en reposo y todos los astros giran en torno a ella.

—La explicación es correcta, y si el experimento se hubiera realizado en tiempos de Galileo, ésa hubiera sido la interpretación. Pero a principios de este siglo nadie pensaba ya que la Tierra fuera el centro del Universo. Con tantos y tantos astros como existen, no iba a dar la casualidad de que estuviéramos precisamente en el del centro. Eso se entiende ahora como una visión excesivamente egocéntrica del Universo. Los hombres no somos tan importantes en el Universo.

—¿No se ha repetido el experimento en Marte? —inquirió Jesús.

—Pues no... Realmente nadie pensó en ello... Nadie pensó que hacía falta... Y hubiera sido muy caro —vacilé—. ¿Se os ocurre otra explicación del resultado negativo del experimento de Michelson?

Todos miraron a Francisco, que parecía tener las ideas más claras en este asunto.

—Yo estaba convencido de que no se podía medir la velocidad absoluta de la Tierra ni de nada. La interpretación que yo daría me parece clara. Aparte del movimiento de rotación de la Tierra sobre sí misma (que se puede descontar), el movimiento de traslación de la Tierra alrededor del Sol supone una aceleración despreciable (creo yo, aunque lo digo un poco alegremente; podrían hacerse cálculos...). En ese caso, podemos imaginar que la Tierra es como un vehículo inercial.

—Aceptado —invité a proseguir.

—Los fotones son como las piedras. La Tierra es como el barco de Galileo. Las explicaciones de Galileo siguen siendo las mismas. El emisor de la luz estaba fijo en la Tierra, y los receptores, también. En la dirección del movimiento de la Tierra con respecto al hipotético espacio absoluto, el emisor se desplazaba a favor y la luz salió con una velocidad $c + v$, pero como el receptor se iba alejando con v, a él llegaron los fotones con velocidad $c + v - v = c$. En la dirección contraria ocurrió algo parecido. El fotón salió muy despacio, pero el receptor corría a su encuentro.

—Pero entonces —protestó Cristóbal—, ¿tú crees en el espacio absoluto o no?

—No, no creo. Lo he admitido provisionalmente. Como en definitiva los observadores inerciales acaban encontrando siempre las mismas leyes, y no pueden conocer su movimiento absoluto, el concepto de espacio absoluto acaba siendo superfluo.

—Don Alberto, ¿es ésa la interpretación correcta?

—No. No lo es. Al menos no es la interpretación que acepta la Física actual. Fue también propuesta en su tiempo, y se llamó hipótesis de la composición vectorial de las velocidades de la luz y del foco emisor. Pero fue rechazada.

18

Algunas discusiones

Preveía que mi rechazo a la explicación de Francisco iba a provocar una discusión acalorada. Dudaba de mi habilidad para encauzarla por el camino de la interpretación actual. Ni él ni yo fuimos capaces de comenzar la polémica. Fue Jesús quien inició el coloquio con un comentario un poco al margen de la esperada discusión.

—Tu explicación del resultado del experimento de Michelson está en contra de la idea de los ángeles mirones. Si en el dibujo de ayer A estaba en reposo absoluto y lanzó un destello luminoso, B, midiendo la velocidad de la luz, que para él sería sólo de $3c/4$, podía saber que se movía con $c/4$. Podía conocer su estado de movimiento.

—Partíamos de que A estaba en reposo absoluto —le replicó Francisco—, pero esta maldita palabra fue aceptada por mí provisionalmente. Lo único que se deduciría es que B se mueve con respecto al observador que emitió el destello con velocidad $c/4$.

Impecable respuesta. La dificultad de argumentar contra Francisco era que la hipótesis de la composición vectorial era, en realidad, compatible con el Principio de la Relatividad (que habríamos de ver luego), y que estaba respaldada por una idea intuitiva al asociar los fotones a las piedras del experimento mental de Galileo.

—Tu explicación del experimento de Michelson fue propuesta en su tiempo y rechazada por dos razones —comencé.

—Me imagino que habré metido la pata, entonces...

—Me es difícil explicarte una de las razones. Anteriormente, un físico escocés muy respetado y admirado, John C. Maxwell, había encontrado por procedimientos teóricos muy interesantes las ecuaciones de propagación de la luz. En ellas no aparecía la velocidad del foco emisor, y los físicos de entonces no acogían con buenos ojos una modificación de estas ecuaciones.

—Si es así, yo le rogaría que nos explicara los razonamientos de Maxwell, si es que los podemos entender.

—Todo se puede explicar con más o menos tiempo. Lo haré algún día, si nos sobra, pero no ahora. Realmente la explicación de la Física moderna, que es la explicación de Einstein, obligó a cambiar muchos conceptos anteriores. Podría haberse pedido a los físicos igualmente que renunciaran a las ecuaciones de Maxwell, por muy contentos que estuvieran con ellas, ya que de otro modo debían renunciar a otras ecuaciones más clásicas.

—Entonces, ¿invalidamos la primera razón?

—Pues... invalidada, pero me alegro de haberla mencionado.

—Veamos la segunda —dijo el árbitro galeno.

—Nuestra concepción del Universo debería ser modificada sustancialmente. Todos los objetos celestes estarían a distancias muy diferentes y el Universo entero debería interpretarse de forma absolutamente distinta... Claro que esto no es un argumento... pero puede llegarse a un absurdo...

»Imaginemos, por ejemplo, una estrella que gira en torno a otra, de tal forma que el plano de giro contenga más o menos la línea de visión. En un punto de la órbita la estrella se aleja de nosotros con una velocidad v. Su luz sería enviada a nosotros con velocidad $c - v$ (siendo c la velocidad de la luz emitida por su compañero central). En el otro extremo de la órbita la estrella se acercaría a nosotros y nos enviaría su luz con velocidad $c + v$. En esta última posición, aunque la luz se hubiera emitido más tarde, por ir más veloz hacia nosotros podría llegar al mismo tiempo, y la estrella se vería en dos sitios a la vez. En los puntos intermedios de la órbita la velocidad de la luz hacia nosotros también sería intermedia, con lo que podríamos ver la estrella en numerosas posiciones a la vez.

Don Celestino estuvo a punto de levantar triunfalmente mi mano, pero Francisco era tozudo.

—Habría que hacer números. Las estrellas dobles visuales están cerca y la velocidad v es muy pequeña comparada con c. ¿Da tiempo efectivamente a que unos rayos alcancen a los otros? Díganos valores típicos de las estrellas dobles visuales y podremos echar unas cuentas.

—Distancia, 10 años-luz; periodo de revolución, 100 años; distancia entre las dos estrellas, 5×10^{-4} años-luz.

—El cálculo necesita concentración. Podríamos hacerlo en casa y discutir los resultados mañana.

—Por supuesto.

Y todos (yo también) nos fuimos a calcular separadamente.

19
Estrellas tipo Algol

Cristóbal ni lo intentó, don Celestino y Jesús se dieron pronto por vencidos, y Francisco y Julia habían hecho el cálculo en común. Francisco estaba contento y movía los labios en silencio mientras Julia anunciaba los resultados del cálculo.

—Pues nos ha salido que para que la luz emitida en un extremo de la órbita coja a la luz emitida antes en el otro extremo, la distancia del sistema doble visual hasta nosotros debería ser superior a 100 000 años-luz. Como esta distancia es muy superior a las que se observan en los sistemas dobles visuales, las estrellas no se verían en dos posiciones a la vez.

—El cálculo es perfecto. Pero hay además «sistemas dobles fotométricos». En éstos la distancia entre ambas estrellas es mucho menor. En tus cálculos, Julia, puedes ahora modificar un poco los valores. La distancia hasta nosotros puede ser poco más o menos la misma, pero el periodo de revolución es sólo un par de días, y la separación entre las dos estrellas, de unas veinte veces el radio del Sol. (El radio del Sol es de unos 7×10^{10} cm.)

Mientras ella hacía los cálculos, discutíamos. Don Celestino me pidió que explicara, de forma más concreta, qué es un sistema doble fotométrico.

—Al desarrollo de la Astronomía han contribuido muchos hombres geniales, pero uno de los casos más singulares es el de John Goodricke, nacido en Holanda en 1764. Goodricke era sordomudo y vivió sólo 22 años, a pesar de lo cual descubrió un sistema doble fotométrico y dio de él una interpretación correcta, en un tiempo en el que no existían en absoluto métodos precisos, de medir la luz de las estrellas. Estudió la estrella Algol, que en árabe quiere decir «el demonio». Esta estrella era variable en su luz, lo que se conocía quizá desde tiempos prehistóricos. Goodricke estudió detenidamente la forma de variación, que era periódica con una gran regularidad. Sólo tenía 17 años cuando explicó esta variación como producida por dos estrellas, una más bri-

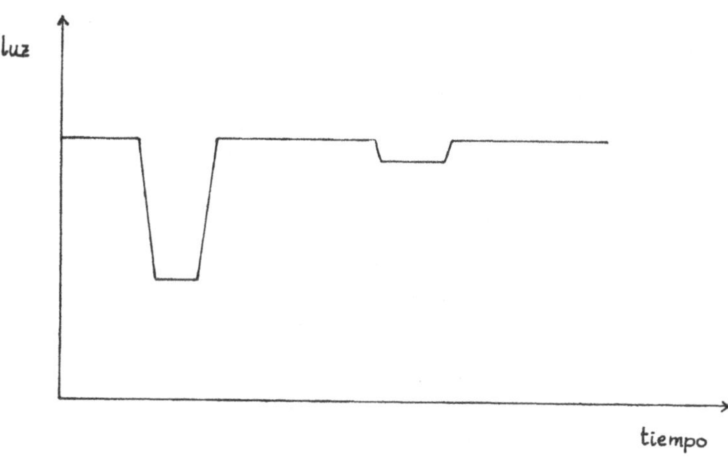

Servilleta n.º 2

llante que la otra, que se eclipsaban mutuamente. Hoy se considera esta interpretación correcta, y se llaman estrellas variables «tipo Algol» a tales sistemas dobles eclipsantes.

Francisco argumentó:

—Pero en un sistema doble fotométrico no se ven las dos estrellas. Sólo se ve una (o mejor las dos a la vez) y vemos que su luz es variable. Aunque la variabilidad se interpreta como resultado de que las estrellas se van eclipsando, la interpretación quizá pudiera ser alguna otra. Podría, por ejemplo, tratarse de una estrella que por alguna causa interna no emitiera una luz constante.

En la servilleta n.º 2 dibujé un sistema tipo Algol, una estrella grande y luminosa y otra más pequeña y menos brillante, en cuatro posiciones, y tracé la curva de la variación de flujo luminoso en función del tiempo, esperable de tal sistema doble.

—Temo que no sería nada fácil hacer una teoría para explicar una curva tan rara. La luz es constante salvo en estos momentos en los que se produce el eclipse. Como veis (dicho sea entre paréntesis), durante el eclipse la curva no es perfectamente cuadrada. El descenso de luz es gradual mientras el eclipse es todavía parcial. Con esto podemos calcular los radios de las estrellas, y coinciden con los resultados obtenidos por otros métodos. Hay que añadir que muchas veces la estrella grande, que es prácticamente la única que se ve, es de un tipo de estrella estable que no tiene variaciones internas...

En ese momento Julia me hizo una mueca traviesa.

—Julia, ¿tienes el cálculo?

—Aproximadamente, 1 año-luz.

—Eso significa que la luz en un extremo de la órbita puede adelantar a la luz que salió hacia nosotros del otro extremo, incluso diez vueltas antes. Llegarían tantos rayos de diferentes posiciones a la vez, que la confusión sería total. La curva de luz sería, pues, continua, ni mucho menos ésta que he dibujado.

Francisco se mordía el labio inferior. Jesús reflexionaba.

—Pero es una observación de unas estrellas lejanas, quizás interpretable de otras formas... No hemos pensado mucho en ello...

Miré a Francisco:

—Te acabarás alegrando. La interpretación de Einstein del experimento de Michelson y Morley es compatible también con la idea de los ángeles mirones.

20

Principio de Relatividad Restringida

—El argumento de que debiera modificarse la interpretación de las curvas de luz de lo que (hoy) se llaman estrellas binarias eclipsantes para rebatir la hipótesis de composición vectorial en el experimento de Michelson —insistía Jesús—, no me parece tajante. Creo que podría plantearse un experimento definitivo. Si efectivamente una estrella doble nos envía luz con una velocidad, y luego con otra, habría que medir estas velocidades de luz; nada más fácil.

—No quisiera entrar en muchos detalles técnicos —respondí—, pero en este tipo de experimentos la precisión es mayor cuando se compara la velocidad de dos rayos luminosos que cuando se trata de determinar en términos absolutos la velocidad de la luz. El instrumento de Michelson es del primer tipo.

—Pero entonces existen instrumentos del segundo tipo. Tampoco habría que pedirles una precisión exagerada. En lugar de un sistema doble de estrellas se podría recurrir a una estrella brillante. Como da igual que quien se acerque y se aleje sea la Tierra o la estrella, y como la Tierra se mueve en torno al Sol a unos 30 km/s, el instrumento debería distinguir entre las velocidades $c - 30$ km/s y $c + 30$ km/s. ¿Es posible esta precisión?

—Desde luego que es posible. Habría que elegir una estrella situada cerca de la eclíptica...

—¿Se ha realizado ya este experimento?

—Pues la verdad es que no lo sé —dudé.

—¿Tanta fe se tiene, o tanta fe tiene usted, en la interpretación de Einstein? —interrogó don Celestino.

—Mucha, desde luego —repuse—. Estoy casi seguro de lo que resultaría si el experimento de Jesús se realizara. La velocidad de la luz sería siempre la misma.

—¿Y cómo se hace el aparato para medir la velocidad de la luz?

—Hay varios. Uno de ellos fue diseñado por un científico francés del siglo pasado llamado Fizeau. Lo dibujaré en una servilleta (n.º 3).

»Dos ruedas dentadas giran a la vez, pero están dispuestas de tal forma que un diente de la primera coincide con un hueco entre dientes de la segunda, de forma que cuando las ruedas no giran el observador no puede ver la luz del foco. Cuando giran con suficiente rapidez, sí; porque la luz pasa por un hueco de la primera rueda, y cuando llega a la segunda, debido al giro, puede que ya no le toque diente sino hueco. Se comprende que el experimento será más preciso si la distancia entre ruedas es muy grande, pero esta distancia puede alargarse sin problemas mecánicos con los espejos centrales; el primero de ellos envía su luz a otro espejo muy lejano, y éste se la devuelve al segundo.

—¡Qué ingenioso! —se sorprendió Jesús.

—¡Y qué casualidad que salga 300 000 km/s! —decía el místico.

—Es que 300 000 km/s es el valor en números redondos, burro —notificó el galeno—. En realidad es 299 000 no-sé-cuántos.

—La primera medida, aunque menos precisa, fue realizada mucho tiempo antes por el danés Roemer, que sólo utilizó un telescopio, aprovechando el movimiento de los satélites de Júpiter. Vio cuándo un satélite pasaba por delante de Júpiter y calculó cuándo debía de esconderse por detrás de acuerdo con las leyes de Newton. Este suceso se retrasaba sistemáticamente. Era debido a que el satélite situado detrás de Júpiter estaba más lejos de nosotros, por lo que la luz tardaba más en llegar. El valor que consiguió fue bueno.

Tras un breve silencio, la cabeza de Francisco se desplazó a la vertical del centro de la mesa, con sus ojos determinando la paralaje de los míos:

—Y... ¿cuál fue la interpretación de Einstein del experimento de Michelson y Morley?

—Muy sencillo. Si siempre que medimos la velocidad de la luz obtenemos el mismo resultado es que... la velocidad de la luz es siempre la misma. Einstein estableció así el Principio de la Invariancia de la Velocidad de la Luz.

—¡Arrea!

—De esta forma —pensaba Francisco en voz alta—, el observador inercial no puede recurrir a experimentos con luz para determinar su movimiento absoluto.

—En efecto, ni a las piedras ni a la luz puede recurrir nuestro observador inercial. Einstein incluso generalizó, diciendo que no podía recurrir a nada de nada. Galileo había establecido:

»"El observador inercial no puede, mediante experimentos en Mecánica, conocer su estado de movimiento o reposo".

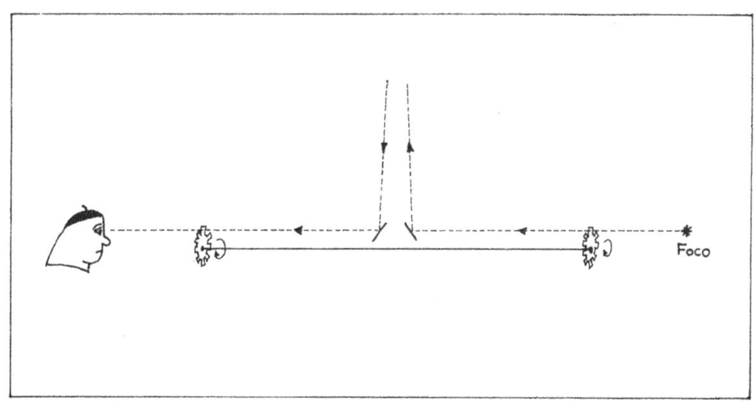

Servilleta n.º 3

»Einstein, en lo que se llama Principio de Relatividad Restringida, exclusivamente tachó la palabra "Mecánica":

»"El observador inercial no puede conocer su estado de movimiento o reposo".

»Enunciado acorde con tu idea de los ángeles mirones.
La cabeza de Francisco volvió a su posición original y la sobrepasó. Su silla reposó en las dos patas traseras, mientras una sana sonrisa de admiración, complacencia y triunfo nos incitó a uno de los vasos de Ribera que mejor recuerdo me ha dejado.

21

Dilatación de los intervalos de tiempo

Don Celestino comentaba con socarronería:

—Usted, don Alberto, me pone nervioso. Primero, en cada charla que tenemos salen siempre más preguntas que respuestas; siempre se van planteando más y más problemas. Segundo, nos hace pensar y pensar, y cuando ya nos tiene los sesos deshechos, nos dice como respuesta correcta una auténtica perogrullada. Porque ¡anda que la de ayer!: «Si siempre medimos la misma velocidad de la luz es porque la velocidad de la luz es siempre la misma». ¡Vaya un principio!

—Yo he estado dándole vueltas a la cabeza —siguió Francisco—, y no sólo no me parece una perogrullada, sino que me parece que no es cierto. Tú, Jesús, que coleccionas las servilletas, ¿puedes sacar la del otro día?

Y modificó la servilleta n.º 1 en servilleta n.º 4.

—Estos eran los señores A y B. Al principio estaban juntos. Se lanza un rayo de luz. A se queda parado y B corre tras la luz. Si le preguntamos a A, nos dirá que la velocidad de la luz es c. Si le preguntamos a B (según Einstein) nos dirá lo mismo. Pero esto no puede ser. Pues si le preguntamos a A hasta dónde ha llegado el rayo de luz en 1 segundo, dirá que hasta un árbol que hay a 300 000 km de él. Al cabo de 1 segundo, sin embargo, B estará más a la derecha, y si para él la velocidad de la luz es la misma, dirá que en 1 segundo la luz ha llegado más allá, hasta el segundo árbol. Pero los dos no pueden tener razón, porque en 1 segundo la luz o ha llegado al primer árbol o al segundo. Imaginemos que se ha podido decir a un tercero que corte los árboles al cabo de 1001 segundos. Si la luz produce una pequeña quemadura en el tronco de los árboles, ¿qué pasa en realidad? El segundo árbol ya cortado, ¿tiene quemadura o no?

—Esta era, claro, la difícil pregunta que Einstein debía contestar —intervine—. Lo que él dijo puede parecer un poco raro al principio. Ambos observadores coincidirían en el número de árboles quemados. En lo que no estarían de acuerdo es en lo que significa 1 segundo. El

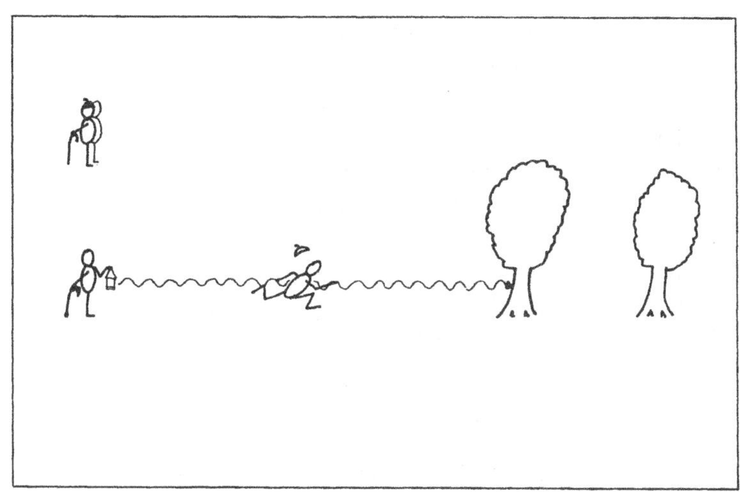

Servilleta n.º 4

reloj de A y el reloj de B no marchan igual. El reloj del observador que se mueve va más despacio.

Esperaba comentarios incrédulos, pero no fue así.

—Si hemos dicho que no hay un tiempo absoluto, ¿por qué hemos de pensar que el tiempo de los dos observadores transcurre de la misma forma? Ambos relojes son idénticos de fabricación, son perfectos y marchaban exactamente igual cuando los dos observadores estaban juntos y parados. Pero sólo por el hecho de que B se mueva, su reloj funciona más despacio.

Y previendo la siguiente pregunta de Francisco me adelanté:

—Claro que B tiene el mismo derecho que A a pensar que es él el que está en reposo. Y B también dirá que el reloj de A está mal y marcha demasiado despacio.

—A partir de este dibujo se podría entonces calcular cómo va de despacio el reloj del que se mueve... —susurró Francisco cogiendo el lápiz.

—¡Alto! No es tan sencillo. Porque los dos observadores tampoco tienen la misma noción del espacio. El espacio tampoco es absoluto, y si admitimos que los relojes no marchan igual, ¿por qué vamos a suponer que sus metros son igual de largos?

—Entonces, ¿cómo podríamos calcular cuán lento va el reloj que se mueve y cómo es de largo el metro que se mueve? —preguntó Francisco en voz cada vez más baja.

La respuesta en términos coloquiales no iba a ser fácil:

—¿Conocéis el teorema de Pitágoras?

—Yo sí —rabió Jesús—, pero no queremos hablar del teorema de Pitágoras, sino de Relatividad.

Les expliqué las coordenadas cartesianas (concepto que sobrentiendo conocido por el lector) y les dije:

—Supongamos que queremos conocer la distancia s desde aquel rincón hasta este vaso de vino. —Señalé las coordenadas x, y, z por las aristas que salían del rincón de la habitación cuadrada—. De acuerdo con el teorema de Pitágoras se obtiene s con

$$s^2 = x^2 + y^2 + z^2$$

Aunque algunos conocían sólo la versión bidimensional de esta fórmula, fue aceptada tras algunos ejemplos sencillos.

—Un observador que viera un rayo de luz que empleara un tiempo t en ir desde el rincón al vaso, como espacio es igual a velocidad por tiempo, diría que

$$c^2 t^2 - s^2 = 0$$

»Todos los observadores del mundo, aunque midan en forma diferente el espacio y el tiempo, escribirían esta fórmula de igual modo. Imaginemos que, en lugar de estos dos sucesos (suceso 1: el rayo de luz sale del rincón; suceso 2: el rayo llega hasta este vaso), se trata de otros dos sucesos (por ejemplo: suceso 1, Cristóbal sale del rincón; suceso 2, Cristóbal llega a la mesa, un rato después. U otro ejemplo: suceso 1, el sacristán empieza a tocar las campanas antes de misa; suceso 2, empieza a llover en la plaza a medianoche). Si ahora calculamos el espacio que hay entre esos dos sucesos y la diferencia de tiempo entre ellos y calculamos como antes la diferencia $c^2 t^2 - s^2$, ya no saldrá cero, sino que saldrá una cantidad a la que llamaremos $c^2 \tau^2$ (τ se lee "tau", y es una letra griega emparentada con nuestra t), de modo que

$$c^2 \tau^2 = c^2 t^2 - s^2$$

donde τ será en general distinto de cero. Solamente si los dos sucesos están conectados con un rayo luminoso será cero.

»A τ se le llama tiempo propio, porque sería el tiempo que mediría un reloj que se moviera con respecto a nosotros. En efecto, consideremos un reloj que se mueve. Un ángel mirón que viajara sentado en él, al calcular la cantidad $c^2 t^2$ diría que $s = 0$, porque él no aprecia que el reloj cambie de posición. Entonces la cantidad $c^2 \tau^2$ con la fórmula anterior sería sencillamente $c^2 t^2$. Por lo tanto $\tau = t$; τ es el tiempo de un reloj observado por un ángel mirón que viaje con él.

—¡Qué cantidad de perogrulladas! —refunfuñaba don Celestino.

—Todos los observadores del mundo miden el tiempo de forma diferente, pero cuando se les pregunte por la hora que marque el tiempo de un reloj en movimiento (aunque crean que atrasa), todos dirán lo mismo: "marca τ". s es diferente para cada observador, t es diferente para cada observador, pero la diferencia $(c^2 t^2 - s^2)$ tiene el mismo valor para todos los observadores del mundo. Desde luego que era igual cuando los sucesos 1 y 2 estaban conectados por un rayo luminoso (porque era cero para todos), pero ahora vemos que es cierto para cualquier pareja de sucesos, si podemos imaginar que un reloj tan imaginario como los ángeles conecta estos dos sucesos.

»Observemos un reloj que se mueve con respecto a nosotros. Si nosotros somos el observador A de la servilleta, el reloj que se mueve puede ser el reloj de B. Nosotros calculamos la cantidad $c^2 \tau^2$ con la fórmula anterior. El espacio s será ahora el recorrido por B, que en nuestro tiempo t ha llegado hasta vt. Para B, en cambio, el reloj no se ha movido de su muñeca, y el espacio será cero. Al calcular la cantidad $c^2 \tau^2$ él observará, claro está, $c^2 \tau^2$, siendo τ el tiempo marcado por su reloj. Como ambas cantidades deben ser iguales

$$c^2 t^2 - v^2 t^2 = c^2 \tau^2$$

y, dividiendo por c^2 y despejando t,

$$t = \frac{\tau}{\sqrt{1 - \dfrac{v^2}{c^2}}}$$

»Esta es la fórmula que buscábamos, y con la que, sabiendo el tiempo τ que marca un reloj parado, se nos permite conocer el tiempo que transcurre para nosotros.

»Como se hace tarde, discutiremos esta fórmula mañana.

22

Intervalos de Universo

—Recordemos la fórmula que habíamos escrito ayer. Este resultado se conoce como «dilatación de los intervalos de tiempo». En esta fórmula, τ era el tiempo propio, o tiempo que marca el reloj del observador que se mueve con velocidad v respecto de nosotros, y t el tiempo que marca nuestro reloj considerado en reposo.

»Normalmente estamos apreciando observadores y piedras que se mueven muy despacio comparando su velocidad con la de la luz. Entonces, el denominador $\sqrt{1 - v^2/c^2}$ es aproximadamente la unidad, y los tiempos marcados por el reloj del observador que se mueve y el nuestro son prácticamente iguales. Pero si la velocidad del observador viajero se hace comparable a la velocidad de la luz, su reloj empieza a ir cada vez más despacio.

»Naturalmente, él no puede darse cuenta, pues no sólo su reloj va más despacio, sino que "el tiempo" transcurre más lentamente. También sus procesos biológicos y sus pensamientos son más lentos. De hecho nosotros nos estamos moviendo con asombrosa velocidad con respecto a algún ángel mirón y no pensamos que nuestro tiempo transcurre de forma anormalmente lenta. Además, el observador viajero tiene legítimamente derecho a pensar que él es el que está en reposo y que es nuestro tiempo el que parece detenerse.

»Imaginemos que la velocidad de nuestro apresurado amigo llega a ser tan alta que se hace igual a la velocidad de la luz. Entonces $\sqrt{1 - v^2/c^2}$ se hace cero. Si dividimos τ por cero, obtendremos infinito. Como t no puede ser infinito, τ ha de ser también cero. Es decir, el tiempo se para completamente para un observador que viaja a la velocidad de la luz.

»Y si v sobrepasa c, llegamos a un absurdo, pues tendríamos que calcular la raíz cuadrada de un número negativo. El número que resulta se llama en Matemáticas número imaginario. Como entonces tendríamos que admitir tiempos imaginarios, la conclusión es que ningún cuerpo puede superar la velocidad de la luz.

—Puede ser que ningún cuerpo, pero a lo mejor un observador, sí. Si un observador es un ángel mirón que es imaginario y tiene un reloj imaginario, puede que mida tiempos imaginarios —comentó Cristóbal.

—Hay que tener cuidado, pues el sentido de número imaginario en Matemáticas no es el mismo que el habitual. Parece que a los ángeles mirones no se les puede poner ninguna traba para que viajen a la velocidad que quieran, o que queramos nosotros. Pero no es así. Es que "no hay" velocidades superiores a la de la luz. La velocidad no es un espacio partido por tiempo, en el sentido de espacio y tiempo como algo absoluto, como algo creado por nosotros como marco dentro del cual representamos los fenómenos. Las propiedades del espacio y el tiempo no son creadas por nosotros a voluntad, sino que vienen impuestas por la invariancia de la velocidad de la luz. Los ángeles mirones no pueden ir a mayor velocidad que la luz, porque "no hay" estas velocidades. De todas formas, Einstein llegó a la conclusión de que la velocidad de la luz es la velocidad límite por otras razones aún más contundentes, que veremos más adelante.

»El tiempo propio puede ser imaginario, pero entonces no representa el tiempo marcado por un reloj. Decíamos que la cantidad $(c^2\, t^2 - s^2)$ era la misma para todos los observadores, aunque t y s sean diferentes. Escribamos

$$c^2\, t^2 - s^2 = c^2\, t'^2 - s'^2$$

donde s es la distancia entre dos sucesos tal como la medimos nosotros, en reposo; t es el tiempo entre esos dos sucesos; y s' y t' son, en cambio, las mismas cantidades medidas por un observador que viaja con respecto a nosotros.

»Supongamos que, al hacer nosotros nuestras cuentas, $(c^2\, t^2 - s^2)$ nos sale positivo. Nos preguntamos si existe algún ángel mirón en el Universo que pueda ver que estos dos sucesos sean simultáneos. Vemos que no puede ser, pues si hacemos $t' = 0$, en el segundo miembro de la fórmula anterior nos quedaría únicamente $(-s'^2)$, que es forzosamente negativo. Tendríamos una fórmula en la que el primer miembro es positivo y el segundo negativo, lo que es imposible.

»Sea el suceso 1, por ejemplo, el que ocurrió cuando un romano (hace 2 000 años) cortó una uva en una viña donde ahora comienzan las tierras de Francisco. Sea el suceso 2 este preciso momento. Pues bien, no hay ningún observador en el Universo que vea que estos dos sucesos han ocurrido simultáneamente.

—¡Qué cosas tiene usted, don Alberto! —dijo don Celestino.

—Sin embargo, es posible encontrar un observador que vea que estos dos sucesos han ocurrido en el mismo lugar —continué absorto—, pues podemos hacer $s' = 0$, y la cantidad $(c^2\, t'^2)$ sí que es positiva.

—¿Que aquí está uno de los árboles de Francisco? ¿En esta mesa?

—Un árbol parecido, del tiempo de los romanos, que estaba en el mismo sitio. Como no hay observadores que vean que estos dos sucesos son simultáneos, diremos que estos dos sucesos están separados en el tiempo.

—Pero ¿puede ser que sucesos que nosotros vemos simultáneos los vea alguien con una diferencia de tiempo? O al revés, si nosotros apreciamos una diferencia de tiempo entre dos sucesos, ¿puede alguien verlos simultáneamente?

—En efecto. Imaginemos que al calcular $(c^2\, t^2 - s^2)$ nos sale negativo. Entonces se dice que los sucesos están separados espacialmente, porque no es posible encontrar un observador que los vea como ocurrentes en el mismo lugar, pero sí un observador que los vea simultáneos.

—¡Arrea!

—Claro. Ahora podemos hacer $t' = 0$, pues $(-s^2)$ es negativo, pero no podemos hacer $s' = 0$, pues $(c^2\, t'^2)$ es positivo. Por ejemplo: suceso n.º 1, este mismo momento y lugar; suceso n.º 2, dentro de 1 segundo choca un meteorito en la Luna. Como la Luna está a más de 1 segundo-luz de nosotros, los sucesos están separados espacialmente. El concepto de simultaneidad es relativo.

—Entonces —intervino don Celestino—, ¿qué es el presente?

—El presente es un concepto que debe ser modificado. Hay unos sucesos simultáneos para unos, que no lo son para otros. El presente no es puntual, estando el futuro después y el pasado antes de ese punto. El presente es ancho, y tanto más ancho cuanto más alejados están los dos sucesos.

—Pero si el suceso 2 puede estar causado por el suceso 1, ¿cómo puede ver alguien que mato una mosca y que ésta cae al suelo simultáneamente? —preguntó don Celestino.

—Eso no es posible, evidentemente. Cuando el suceso 2 es el efecto del suceso causa 1, todos los observadores deben apreciar una diferencia de tiempo. Eso quiere decir que los sucesos causa y efecto están separados temporalmente. Por ejemplo, yo no puedo hacer nada para que pase algo en la Luna antes de 1,3 segundos, puesto que la Luna está a 1,3 segundos-luz. Para que yo causara un efecto en la Luna, debería de algún modo transmitir allí la información de lo que debe pasar allí. Pero si admitimos que los efectos son siempre posteriores a las causas, es decir, si ambos sucesos deben estar "absolutamente" separados en el tiempo, la velocidad de propagación causa-efecto tampoco puede ser superior a la velocidad de la luz. Ningún tipo de información puede viajar a mayor velocidad que la luz. No sólo los cuerpos, ni los observadores, ni los relojes pueden superar esta velocidad; tampoco la información.

»Imaginemos que los dos sucesos están conectados con una piedra. Por ejemplo, yo lanzo una piedra. Después, esa piedra llega al ojo de Jesús. He transmitido una información con una piedra. En ese caso, el lanzamiento y la llegada de la piedra al ojo de Jesús deben ser sucesos separados en el tiempo, y la cantidad $(c^2 t^2 - s^2)$ debe ser positiva. Pero ahora $s = vt$, siendo v la velocidad de la piedra, luego $(c^2 t^2 - v^2 t^2)$ debe ser positivo, y c ha de ser mayor que v. Vemos así de otra forma que una piedra no puede ir a mayor velocidad que la luz.

—Así pues, cuando empleamos la luz, o, lo que es lo mismo, ondas de radio, estamos empleando el método más rápido posible —concluyó don Celestino.

23
Contracción de longitudes

—Así pues —comenzó Francisco—, cuando dos sucesos están separados en el tiempo de forma absoluta, hay algún observador en el Universo que ve que estos dos sucesos ocurren en el mismo lugar. En cambio, cuando los dos sucesos están separados en el espacio de forma absoluta, hay algún observador en el Universo que ve que estos dos sucesos ocurren simultáneamente. Quise profundizar en estos conceptos y me preocupé de encontrar quiénes serían estos observadores.

—¿Y a qué llegaste? —preguntó Jesús.

—La primera pregunta fue muy sencilla. Un viajero va de Aranda a Madrid. Al comenzar el viaje se sienta, y al finalizar se levanta. Para él, estos dos sucesos han ocurrido en el mismo sitio, aunque para nosotros uno ocurrió en Aranda y el otro en Madrid. Ambos sucesos están separados en el tiempo para todos los observadores, y efectivamente están conectados por un objeto que se mueve a menor velocidad que la luz, como es un tren.

—Y si los sucesos están separados espacialmente de forma absoluta, ¿dónde está o cómo se mueve el observador que los ve simultáneamente?

—Esta pregunta no la supe contestar por más vueltas que le di. Un suceso que para mí ocurre en el futuro con respecto a otro suceso, alguien lo ve como simultáneo. Además de lo difícil que es de imaginar, me voy a la fórmula del otro día

$$t = \frac{\tau}{\sqrt{1 - \dfrac{v^2}{c^2}}}$$

»Si τ es cero, y t diferente de cero, el denominador debe ser cero también, por lo que el observador debe tener una velocidad igual a la de la luz, lo que, como vimos, era imposible.

Todos me miraron.

—En primer lugar, Francisco, no puedes utilizar esta fórmula. Recuerda que τ era el tiempo propio, o tiempo que marcaba el reloj del observador viajero. Como el reloj de este señor no se mueve de su muñeca, marca la diferencia de tiempo entre sucesos que ocurren en el mismo sitio (en su muñeca) para este observador. Es decir, estos sucesos no están separados en el espacio, puesto que algún observador los ve en el mismo sitio. Y ya dijimos que, para que alguien vea dos sucesos como simultáneos, hace falta que nadie en el mundo los vea como ocurrentes en el mismo lugar.

—Claro. Debí haberme dado cuenta.

—En segundo lugar, no me extraña nada que no hayas encontrado a este singular observador, aunque este problema fue ya fácil para Einstein, como para los estudiantes de Ciencias que hoy lo estudian. Estos disponen de un lenguaje matemático que, además de lograr resultados más precisos, se obtiene de forma más automática. Cuando en la Física se quiere prescindir de las Matemáticas, o cuando, como en esta ocasión, estamos forzados a ello, la imaginación ha de realizar un esfuerzo mucho mayor. Galileo, el primero que empezó a utilizar fórmulas para describir fenómenos físicos, decía que «la Naturaleza está escrita en lengua matemática».

—Pues haremos los esfuerzos de imaginación que podamos.

—En la teoría de la Relatividad el espacio y el tiempo tienen una consideración muy semejante, casi la misma. Así que si se pudo responder a la primera pregunta, también puede responderse a la segunda. Como estamos hablando de sucesos con separación espacial absoluta, es mejor que pensemos en dos sucesos muy distantes y que ocurran para nosotros con un intervalo de tiempo muy pequeño. Prestad atención.

»Para que ese buscado observador vea estos dos sucesos simultáneos es necesario que en el tiempo que tarda la luz en recorrer esa distancia el observador se haya movido tanto como la luz en ese tiempo.

—Vayamos por partes —dijo Jesús cogiendo el lápiz—. El tiempo que tarda la luz en recorrer esa distancia es L/c, siendo L esa distancia observada por nosotros entre los dos sucesos. En este tiempo el observador buscado, que lleva una velocidad v, ha recorrido vL/c. Y si t es el tiempo observado por nosotros entre los dos sucesos, la luz recorre en t la distancia ct. Igualando obtenemos la fórmula:

$$c\,t = v\,\frac{L}{c}$$

»Esta fórmula (despejando) nos tiene que proporcionar v, la velocidad del buscado observador.

—En efecto, y la dirección de movimiento del observador debe ser la que une ambos sucesos —concluí—. Pensemos ahora en el problema inverso. Somos nosotros los que vemos que los dos sucesos son simultáneos. ¿Qué diferencia de tiempo entre los dos sucesos apreciaría este observador?

—Mi cabeza está a punto de estallar —se quejó melodramáticamente Cristóbal.

—No hace falta que ahora nos rompamos la cabeza como antes. La fórmula que antes escribió Jesús debe ser cierta ahora. Unicamente que este observador llama t' y L' a las diferencias en tiempo y espacio entre los dos sucesos, y que si él se movía con velocidad v con respecto a nosotros, él dirá que nosotros nos movemos con velocidad $-v$ con respecto a él, es decir

$$c\, t' = -v\, \frac{L'}{c}$$

»Así que hoy estamos viendo cuánto de relativo tiene el concepto de simultaneidad. Pero si el tiempo tiene tan diferente comportamiento para los diferentes observadores, con el espacio ha de ocurrir lo mismo. Veremos que si el tiempo pasa más despacio para el observador que se mueve, sus longitudes se hacen más pequeñas.

—¡¿Qué?!

—La contracción de longitudes es, en definitiva, un resultado de la pérdida de acuerdo en la noción de simultaneidad. Probablemente nunca lo habéis pensado, pero cuando se mide una longitud hay que colocar, en un extremo, el principio del metro, y en el otro, el sitio del metro que corresponda, "a la vez". La mano izquierda y la mano derecha han de colocarse "simultáneamente" en los extremos de la longitud que deseamos medir. Normalmente no lo hacemos así porque los objetos a medir están quietos, y podemos tomarnos todo el tiempo del mundo en situar exactamente nuestro pulgar de la mano izquierda. Pero imaginaos que el objeto está en movimiento, que, por ejemplo, vamos a medir la longitud de un coche que se mueve. Ponemos el punto cero del metro en la cola, y al cabo de un cierto tiempo vamos a hacer la lectura del morro. Como el morro se ha desplazado podríamos concluir que el coche tiene una longitud de 200 m.

»Así pues, al medir longitudes hemos de hacer las dos lecturas de los dos extremos simultáneamente. Si ambos observadores no se ponen de acuerdo sobre lo que es simultáneo, difícilmente se pondrán de acuerdo sobre el valor de las longitudes. Vamos a procurar determinar cuánto cambian las longitudes. Habíamos visto que la cantidad $(c^2\,t^2 - s^2)$ debe ser la misma para los dos observadores, luego:

$$c^2\,t^2 - L^2 = c^2 t'^2 - L'^2$$

puesto que ahora la separación entre los dos sucesos es la longitud a medir. Tenemos nosotros que hacer las dos medidas simultáneamente, luego debemos hacer $t = 0$. En esta fórmula, ya sólo nos falta conocer t', el tiempo entre las dos lecturas para el observador viajero. Este problema fue resuelto ayer. Elevando al cuadrado la última fórmula de ayer:

$$c^2\,t'^2 = v^2\,\frac{L'^2}{c^2}$$

»Luego ya no tenemos ninguna dificultad para determinar L cuando sabemos L':

$$L^2 = L'^2 - \frac{v^2}{c^2}L'^2 = L'^2\left(1 - \frac{v^2}{c^2}\right)$$

y hallando la raíz cuadrada

$$L = \sqrt{1 - \frac{v^2}{c^2}}\,L'$$

Todos se acercaron con cierta veneración a la fórmula encontrada. Francisco se puso a hablar quedamente:

—A ver si consigo interpretar bien esta fórmula. Cristóbal y yo estamos juntos aquí. Veo que su cachava mide 1 metro. Pero de pronto le digo a Cristóbal «¡que viene el lobo!», y él se echa a correr a gran velocidad. Entonces yo veo que su cachava se hace tanto más corta cuanto más corre.

—En efecto, aunque he de hacer una salvedad. Sólo se contraen aquellas longitudes que están en la dirección del movimiento, pero no aquellas situadas perpendicularmente. La cachava de Cristóbal se acortaría o no según la colocase en su carrera. Dame una servilleta (servilleta n.º 5).

Después de mi dibujo, siguió Francisco:

—Entonces las figuras se deforman. Claro está que, de nuevo, el viajero no es consciente de la contracción de sus longitudes ni de su

Servilleta n.º 5

deformación, pues sus metros se acortan en la misma proporción. De hecho, hay observadores que ven ahora a Cristóbal chato, y nadie de los que estamos aquí nos damos cuenta.

—Y si Cristóbal fuera tan veloz como la luz, dejaría de vérsele, pues se haría completamente plano.

24
Transformación de la masa

—Si la posición es un concepto relativo y lo es el tiempo, no nos puede extrañar que también lo sea la velocidad. Si el observador B, que viaja con respecto a nosotros con una determinada velocidad v, observa el movimiento de una piedra, probablemente describa su movimiento de forma muy diferente que nosotros. Creo que no vale la pena que hagamos las deducciones matemáticas, puesto que estamos un poco limitados para ello y hemos visto ya lo más importante.

»Imaginemos que la piedra se mueve en la misma dirección que el observador viajero. Este amigo observa que la velocidad de la piedra es u'. Para encontrar la velocidad u, que de la misma piedra observamos nosotros, puede deducirse (sin tampoco grandes dificultades matemáticas) la fórmula siguiente:

$$u = \frac{u' + v}{1 + \dfrac{u'\,v}{c^2}}$$

»Esta fórmula satisface lo que esperábamos de ella. En primer lugar, consideremos el caso clásico, cuando las velocidades del observador y de la piedra son mucho menores que la de la luz. En este caso, el denominador de esta fórmula es prácticamente la unidad, y nos queda simplemente que $u = u' + v$. Esto es a lo que estamos acostumbrados. Si B se mueve a 6 km/h con respecto a nosotros, y la piedra se mueve a 30 km/h con respecto a B, es intuitivo concluir que la piedra se mueve a 36 km/h con respecto a nosotros.

»Pero si las velocidades son mucho mayores, su composición no es tan sencilla. Vamos a irnos al otro extremo. Supongamos que nuestro amigo viajero observa precisamente un rayo luminoso que se aleja de él en la misma dirección que él se aleja de nosotros. En este caso, sería $u' = c$. Hago en la fórmula unas operaciones sencillas y me queda que también es $u = c$. Esto está entonces de acuerdo con el

Principio de la Invariancia de la Velocidad de la Luz, lo que es lógico, pues esta fórmula había sido deducida de este principio.

»Imaginemos ahora que el observador viajero se mueve con la máxima velocidad $v = c$, y que para poner las cosas más difíciles, también la piedra se aleja con $u' = c$. ¿Cuál será la velocidad del rayo luminoso que nosotros observamos?

—Uno más uno partido por dos... ¡Arrea, otra vez sale la velocidad de la luz! —calculó Jesús.

—Claro que si la piedra se mueve en dirección perpendicular a la dirección de avance del observador viajero, las fórmulas de composición son otras, pero no vamos a complicarlo más, lo importante es el concepto.

—Así que todo es relativo, el espacio, el tiempo, la velocidad...

—Pues no del todo. La Teoría de la Relatividad (dicen algunos) debería llamarse teoría de lo absoluto. En efecto, las magnitudes físicas son relativas, pero las fórmulas tienen validez absoluta, son las mismas para todos los observadores. Después de todo, eso era lo que perseguíamos. Si un observador inercial no puede darse cuenta de si está o no en reposo, es porque todos los observadores inerciales ven idénticos comportamientos en todos los experimentos, y si ven idénticos comportamientos es porque las fórmulas que los describen son las mismas. Así pues, las magnitudes son, en general, relativas, pero las fórmulas son absolutas.

»Vamos a coger una fórmula fundamental de la Física, por ejemplo la que mejor conocemos: la del Segundo Principio de Newton (fuerza igual a masa por aceleración). Antes de discutirla, vamos a aclarar que no es así como lo dijo Newton. La aceleración es la variación temporal de la velocidad. Se llama "cantidad de movimiento" al producto de la masa por la velocidad. Lo que dijo Newton es que la fuerza es igual a la variación temporal de la cantidad de movimiento. Clásicamente es lo mismo porque la masa de una piedra no varía; es siempre la misma. Así que de las dos magnitudes que forman parte de la cantidad de movimiento, sólo la velocidad puede cambiar. Por eso, da lo mismo decir variación temporal de cantidad de movimiento que masa por variación temporal de velocidad. Ahora no sabemos si dará lo mismo, pues si el tiempo de un reloj en movimiento transcurre de forma diferente, dudamos de que una masa en movimiento sea la misma que en reposo. De forma que vamos a partir de que la fórmula absoluta del Segundo Principio de Newton es algo diferente: "Fuerza es igual a la variación temporal de la cantidad de movimiento". Matemáticamente se escribe así

$$F = \frac{d}{dt}(m\,v)$$

donde el signo (d/dt) se lee "derivada con respecto al tiempo" y es una operación matemática que los físicos utilizan incesantemente para evaluar cuantitativamente los cambios en el tiempo.

—Mi hija me ha hablado algo de esto de las derivadas —dijo Francisco.

—Es igual, ahora sólo queremos hacer una discusión sin deducciones matemáticas. Lo importante es que sepáis que más correctamente el Segundo Principio de Newton se anuncia (para todos los observadores del Universo) de esta forma: «La fuerza es igual a la variación temporal de la cantidad de movimiento», y que la cantidad de movimiento es el producto de la masa por la velocidad. Así que Einstein rechazó la fórmula (fuerza = masa $\times$ aceleración) para quedarse con su fórmula «madre» que acabamos de describir.

—Conforme —dijeron todos a coro.

—Volvamos a pensar en la situación clásica. Si a una carretilla la empujamos con una fuerza constante. ¿Qué pasará?

—Que su velocidad irá aumentando de forma constante sin límites hasta que se haga infinita —respondió Francisco.

—¡Exagerado! —dijo Jesús.

—Claro. Si la fuerza es constante, y lo es la masa también, lo será la aceleración. Y si la aceleración es constante, la velocidad irá aumentando con el tiempo con un ritmo constante —se justificó Francisco.

—Pues mi carretilla no corre tanto, y yo empujo siempre con la misma fuerza.

—Es debido a la fuerza de rozamiento —y contestó observándome—, que es también cada vez mayor.

—Efectivamente —corté—. Pero ahora la velocidad no puede ser infinita.

»Aunque inicialmente la velocidad vaya aumentando de forma constante, pronto dejará de tolerar este ritmo y el aumento de velocidad será tanto más difícil cuanto más nos aproximemos a la velocidad de la luz. Según nos acerquemos a este límite, la aceleración será cada vez menor. Pero como el producto de la masa por la velocidad debe tener un aumento constante, tiene que ocurrir que la masa vaya aumentando según aumenta la velocidad.

»Así pues, la masa será tanto mayor cuanto mayor sea la velocidad. Los cálculos detallados dicen que si una piedra de masa m_0 cuando está en la mano, en reposo, es lanzada con una velocidad v, adquiere una masa mayor m que viene dada por la fórmula

$$m = \frac{m_0}{\sqrt{1 - \dfrac{v^2}{c^2}}}$$

siendo éste uno de los resultados más llamativos de la Relatividad. Vemos que si la piedra llegara a tener una velocidad igual a la de la luz su masa se haría infinita. Esto produciría una catástrofe en el Universo, pues todo sería atraído hacia la descomunal piedra con una fuerza infinita.

—Es curioso —señaló don Celestino— que la piedra se hace más pequeña en sus dimensiones pero su masa aumenta.

—Para que una partícula —continué sin hacerle caso— alcance la velocidad de la luz, su masa en reposo debe ser nula. Por ejemplo, los fotones (que, claro está, viajan a la velocidad de la luz) son partículas que no tienen masa en reposo.

25
La energía

Por entonces habíamos hablado del concepto de energía en frecuentes ocasiones, pero aquel día estuvimos recordando algunas cuestiones sobre el concepto de energía desde el punto de vista de la Mecánica clásica, como preparación de las consideraciones relativistas sobre este punto.

—La energía es una magnitud que siempre se conserva, cualquiera que sea el proceso. La conservación de la energía es una ley que siempre se cumple, incluso en los procesos más microscópicos que hasta ahora se han estudiado. Se presenta la energía en muy diferentes formas pero ahora vamos a hablar sólo de dos de ellas puramente mecánicas, la "energía potencial" y la "energía cinética".

»Un cuerpo que se mueve tiene una energía cinética, tanto más cuanto mayor es su masa y mayor su velocidad. Se calcula (como una vez dijimos) con

$$\frac{1}{2}\, m\, v^2$$

aunque según la Relatividad esta expresión es falsa, pues deja de cumplirse para velocidades altas. Cuanto mayor sea su masa y mayor la velocidad que queremos imprimir a una piedra, más trabajo hemos de emplear.

—Pero ¿no habíamos dicho que todas las fórmulas en Relatividad eran válidas para todos los observadores inerciales? —preguntó Francisco.

—Unas son válidas y lo son para todos los observadores inerciales, y otras no lo son y entonces no lo son para ninguno.

—Siga, siga.

—Hay además una energía potencial, que un cuerpo tiene según la posición que ocupa. Por ejemplo...

Levanté el vaso de vino, y todos hicieron lo mismo.

—¡Por ejemplo!

—Este vaso está en alto y tiene una energía potencial. Si lo suelto, esta energía potencial se convertirá en cinética. Cuanto más alto lo suba más velocidad adquirirá, y por tanto más energía cinética, en su caída al suelo. La energía potencial se convierte en cinética. O al revés, si lanzo este vaso de vino hacia arriba, por el aire...

Imité con mi mano la subida libre del vaso. Ellos también la imitaron:

—¡Por el aire!

—... el vaso se irá parando hasta que toda su energía cinética se convierta en potencial. En el campo gravitatorio, la energía potencial depende de la altura (se calcula con *mgh*, siendo *h* la altura), o mejor, de la distancia al centro de la Tierra. Cuando consideremos variaciones de altura, de forma que no podamos considerar que *g* es constante, entonces calcularemos la energía potencial *W* con

$$W = -\frac{G M m}{r}$$

siendo *M* la masa de la Tierra y *r* la distancia de la piedra al centro de la Tierra. No es de extrañar que esta energía sea tanto más elevada cuanto mayor sea la masa de la Tierra, puesto que entonces atraerá más a la piedra, ni que dependa de la masa de la piedra. Ni tampoco nos sorprende que dependa de *r*. Cuanto mayor sea *r*, más energía potencial habrá, pero al estar *r* en el denominador, el valor de la expresión se haría más grande de no ser que no pusiéramos el signo menos. En realidad quería hoy centrarme en el concepto de energía cinética, pero hablo también de la potencial porque la necesitaremos cuando hablemos de las estrellas.

—Dos preguntitas —dijo Francisco—. Primera: levanto mi vaso de vino...

Todos levantaron su vaso de vino en alto.

—... y lo suelto. Al principio había energía potencial, luego cinética, pero al final el vaso está sobre la mesa y no hay ni energía potencial ni cinética.

—Los átomos del vaso chocaron con los átomos de la mesa, éstos con otros átomos más profundos de la mesa y así sucesivamente, de forma que la energía cinética quedó esparcida por todos los átomos de la mesa.

—Segunda: don Celestino va en su coche a Madrid y vuelve. Al final llega aquí, a la misma altura de la que partió, y como la altura es la misma, no se ha perdido energía potencial. Entonces un coche puede ir a Madrid y volver sin necesitar energía, y por tanto no precisa gasolina.

—Así es en efecto —respondí—. Si no fuera por el rozamiento, los coches no necesitarían gasolina. Bastaría un empujoncito inicial. Pero el rozamiento consiste en que los átomos del neumático transfieren parte de su energía cinética chocando con los átomos de la carretera. De todas formas, en este caso el empujoncito inicial debería ser lo bastante fuerte como para salvar el puerto, aunque al llegar aquí la velocidad del coche sería la misma que al principio.

—Esa es la respuesta que esperábamos.

Quise seguir hablando de Relatividad, pero aquel día encontré a mis discípulos algo retozones.

26
¡$E = mc^2$!

—¿Y qué dijo Einstein de la energía?

—La masa va aumentando según aumenta la velocidad, y depende exclusivamente de ésta. La energía del cuerpo también irá aumentando según vaya más deprisa. La energía sólo puede depender de la masa y de la velocidad, y como la masa sólo depende de la velocidad, o lo que es lo mismo, la velocidad sólo depende de la masa, la energía de un cuerpo sólo depende de su masa.

—¿Cómo?, ¿cómo?

—La masa aumenta con la velocidad, la energía también, luego la energía sólo depende de la masa. Podría depender también de la velocidad, pero como vimos en la fórmula que da la transformación de la masa, masa de un cuerpo y velocidad están íntimamente relacionadas. Si la energía sólo depende de la masa, querrá decir que «son una misma cosa».

—O sea, que la fórmula que proporciona la energía, ¿sería simplemente $E = m$? —dijo don Celestino.

—En realidad pudiera haber sido algo más complejo, pero no mucho más. Aunque energía y masa, de acuerdo con las conclusiones relativistas, sean «una misma cosa», por razones históricas se emplean unidades distintas. Hace falta multiplicar la masa por una constante, cuya raíz cuadrada se mida como la velocidad, en km/s. Una constante que sea la misma para todos.

—¡La velocidad de la luz al cuadrado! —se estiró Cristóbal.

—En efecto, Einstein dijo que

$$E = m\,c^2$$

claro que se basó en deducciones matemáticas más precisas.

—Pero entonces —cavilaba Francisco—, cuando el cuerpo está en reposo... tiene todavía una masa... a la que habíamos llamado m_0... Entonces... aunque el cuerpo esté en reposo... tiene una energía que será

$$E_0 = m_0\, c^2$$

»¿Cómo puede tener energía un cuerpo en reposo?

—¡Y además tanta!, porque hay que multiplicar por c^2 que es 9×10^{20} cm^2/s^2 —apoyó Jesús.

—Así es. Esta es una de las conclusiones más espectaculares de la Relatividad, y de más trascendencia en Astrofísica. La energía y la masa son una misma cosa, pero a veces se nos manifiesta preferentemente de una forma u otra. Una explosión, por ejemplo, nos aparece como energía, y una montaña, como masa. De alguna forma puede modificarse esta manifestación y (en cierto modo) puede hablarse de transformación de masa en energía, o de energía en masa. Las bombas atómicas y los reactores nucleares tienen este fundamento: transforman masa en energía.

»La energía que se obtiene a partir de la masa es extraordinaria. Por ejemplo, imaginemos que cogemos un solo gramo de masa de lo que sea. Obtendremos una energía de 9×10^{20} g cm^2 s^{-2}. Con ella queremos levantar una locomotora. ¿Cuánto pesa una locomotora? ¿90 toneladas? La energía potencial se calcula con *mgh*. Si queremos levantarla a 1 km de altura, por ejemplo... tres y cinco ocho... pues me sale que, con 1 gramo de materia convertida en energía, ¡podríamos elevar una locomotora de 90 toneladas a una altura de 1 km 100 000 veces!

27

Ecuación de los recuentos estelares

—Sabemos ya —decía Jesús— algunas cuestiones sobre las estrellas: distancias, masas, luminosidades, movimientos propios... Pero hace falta que hablemos de su distribución en el espacio, por qué brillan, su duración, etc.

—Sobre su distribución en el espacio —musitó Francisco— algo podemos saber mirando al cielo. Se observa la brillante banda de la Vía Láctea que parece rodear la Tierra. Seguramente esta banda está formada por un número muy grande de estrellas lejanas. Entonces viviríamos dentro de un disco cuyo plano coincidiría con la Vía Láctea, tan estrecho que en dirección perpendicular observamos muchas menos estrellas. Podemos tener una idea de lo estrecho que es el disco, pero no de sus dimensiones en el plano.

—Esta interpretación es correcta —añadí yo—, aunque da sólo cierta imagen de cómo es la distribución de estrellas en un pequeño rincón de nuestra galaxia. Con observaciones más cuidadosas podemos precisar más cómo es nuestro entorno. Si observamos una estrella débil no sabemos si es que está lejos o es que es intrínsecamente menos brillante. Para algunas, podemos calcular su distancia y salir de dudas, pero su determinación es laboriosa, y ahora estamos interesados en la distribución de muchas estrellas. Así que si no nos fijamos en una estrella sino en todas las que estén en una dirección, estadísticamente podemos obtener la solución. Para ello hemos de establecer la hipótesis de que aunque en cada sitio la densidad de estrellas puede ser diferente, la proporción entre las estrellas de la misma luminosidad es la misma.

Francisco cogió una servilleta y me pidió que la adornara (n.º 6).

—Imaginemos tres distribuciones de estrellas diferentes. En cada una de ellas pongo las estrellas más alejadas arriba. Hay sólo cuatro tipos de estrellas de mayor a menor brillo; pongo tamaños progresivamente menores. Las estrellas más próximas (las de abajo) se ven como las pinto. Las siguientes hacia arriba se convierten en estrellas de menor brillo, una unidad menor. Las siguientes de la 3.ª fila se debilitan en dos unidades, y las más alejadas en tres unidades. Así la más brillante más alejada brilla igual que la más débil más próxima.

»En la primera distribución la densidad de estrellas es homogénea, en la segunda existe un hueco entre las más alejadas y las más próximas, y en la tercera la densidad disminuye según nos alejamos.

»Los resultados de lo que veíamos se representan abajo. Vemos que la proporción de estrellas de diferente brillo es distinta en cada caso. De este modo, estudiando las proporciones de las estrellas de diferente brillo, podemos conocer cómo varía la densidad de estrellas al alejarnos del Sol, para una dirección determinada.

»Si ahora contamos las estrellas de diferentes brillos en otras direcciones, podemos saber cómo varía la densidad en todo el espacio. El ejemplo que he puesto es muy simplificado, pero sirve para ilustrar el método. Matemáticamente, hay que resolver la ecuación llamada de "los recuentos estelares".

—Es decir —apuntó don Celestino—, que no podemos saber dónde está cada estrella, pero sí la densidad de estrellas a diferentes distancias. ¡Qué ingenioso!

—Un gran astrónomo holandés llamado Kapteyn hizo un cálculo

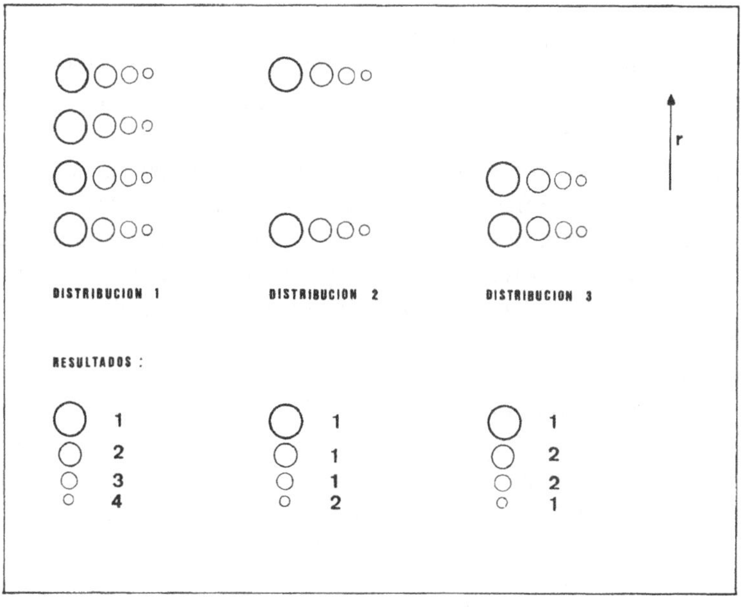

DISTRIBUCION 1 DISTRIBUCION 2 DISTRIBUCION 3

RESULTADOS :

	DISTRIBUCION 1	DISTRIBUCION 2	DISTRIBUCION 3
	1	1	1
	2	1	2
	3	1	2
	4	2	1

Servilleta n.º 6

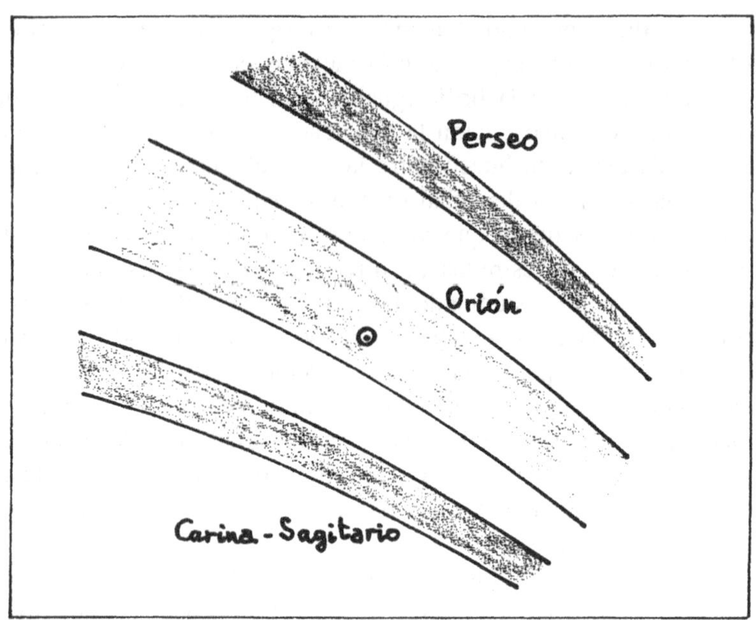

Servilleta n.º 7

de este tipo. El resultado fue desastroso. La distribución era del tercer tipo. La densidad iba disminuyendo según nos alejábamos del Sol y en la misma proporción en todas las direcciones. Por lo tanto, vivíamos en el centro del Universo.

»Kapteyn había cometido un error. Nadie sabía en su tiempo que en la galaxia no solamente hay estrellas. Entre las estrellas hay gas y polvo. El polvo absorbe la luz. Las estrellas más alejadas se extinguían más de lo que supuso Kapteyn, y eso produjo el resultado enigmático. Más tarde, se tuvo en cuenta la extinción debida al polvo, y los resultados fueron otros.

—¿Cuáles?

—En la dirección perpendicular al plano que define el Camino de Santiago, se observó nuevamente que la densidad de estrellas iba disminuyendo progresivamente al alejarnos del Sol, tanto en un sentido como en el otro. En cambio, en el plano del Camino de Santiago (que es el plano de la galaxia) se observó una curiosa distribución que pinto en otra servilleta (n.º 7).

»En las zonas que sombreo, había mayor densidad de estrellas. Al comparar con la galaxia vecina, Andrómeda, y otras similares, se pensó

90

razonablemente que eran parte de "brazos espirales" semejantes a los que se habían visto en Andrómeda, y se les dio el nombre de las constelaciones en las cuales se observaban. Nuestro Sol está en un brazo, donde la densidad no es tan alta como en los otros dos.

»Lo que ocurre es que en el plano de la galaxia hay más polvo, y la extinción de la luz es tan fuerte que sólo la podemos observar en una región próxima al Sol. Sólo podemos ver un entorno de aproximadamente 3000 años-luz. En dirección perpendicular al plano galáctico, o incluso en direcciones intermedias, la situación mejora, no hay tanto polvo, y podemos ver incluso otras galaxias muy alejadas de la nuestra. La situación es parecida a lo que ocurre a veces con nieblas muy bajas: que puede verse el Sol o las estrellas, pero que en la dirección horizontal no vemos más allá de diez metros.

—Pero ¿y cómo pudo observarse cuánto polvo hay?

—El polvo se puede determinar con procedimientos de los que luego hablaremos.

—3000 años-luz es una barbaridad, pero si usted dice que esto es sólo una pequeña parte de la galaxia, ésta debe de ser enorme. ¿Cómo puede observarse la densidad de estrellas más allá?

—Veremos otros procedimientos de observación de la galaxia. Cuando se emplea luz visible, el polvo no nos deja ver más. De todas formas la extinción no es igual para todas las longitudes de onda. El azul se extingue más que el rojo. Por eso, realizando observaciones en

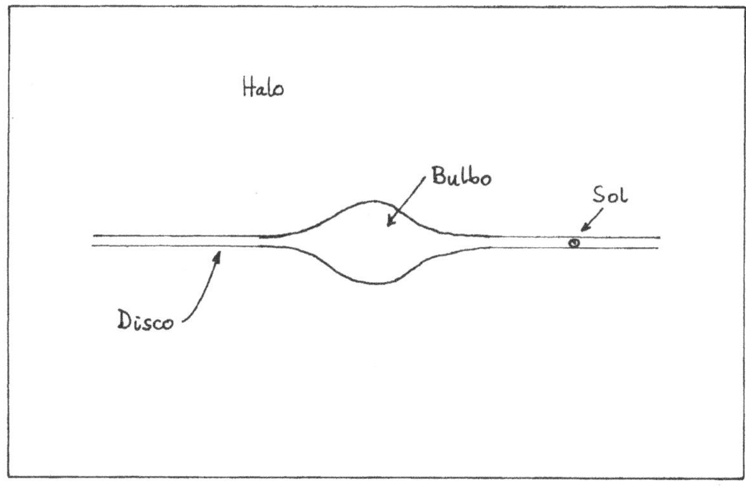

Servilleta n.º 8

el infrarrojo cercano, puede hoy profundizarse mucho más, incluso se pueden observar algunas estrellas en el centro de la galaxia. Pero esto es suficiente para saber que nuestra galaxia es parecida a Andrómeda y muchas otras.

Hice un dibujo en el que se veía aproximadamente la forma de nuestra galaxia, vista de perfil, en la servilleta n.º 8.

—La galaxia gira con una velocidad que, para un punto como el Sol, es de unos 200 km/s. El Sol es sólo una de las 10^{11} estrellas que forman nuestra galaxia, y ésta es sólo una de las 10^9 galaxias que pueblan el Universo observable.

—Si todas las galaxias son parecidas a la nuestra, habrá en el Universo 10^{20} estrellas —jugueteó Francisco—. Si cada una tiene 2×10^{33} g, la masa del Universo sería de 2×10^{53} g. Un dos seguido de 53 ceros.

—No corras tanto, Francisco —aconsejó Jesús.

—Más o menos, el cálculo es correcto, pues del mismo modo que el Sol es una estrella normal, nuestra galaxia también es una galaxia normal.

28

El *scattering*

—¿Por qué es el cielo azul? —pregunté.

—El cielo es azul por el día. Por la noche es negro —contestó Francisco—. Entonces pienso que es el color del aire cuando el Sol lo ilumina. Debe de ser la luz del Sol que es aceptada de diferente forma por la atmósfera según su longitud de onda. Las longitudes de onda corta son esparcidas uniformemente por todo el aire. Entonces, de la luz del Sol, se pierde el azul, para repartirse uniformemente, y el Sol aparecerá un poco más rojo. El Sol cerca del horizonte es rojo, y claro está, cuando el Sol está más próximo al horizonte sus rayos deben atravesar mayor espesor de atmósfera. Probablemente el Sol es más blanco de lo que nos parece. De igual forma, la Luna y las estrellas están más rojas cuando se encuentran cerca del horizonte. Su parte de color azul se perdió al difuminarse por la atmósfera.

—Efectivamente, Francisco. Tu explicación es correcta. Este proceso se llama *scattering* (una palabra inglesa que viene a significar "esparcimiento"). Con él, se pierde la luz en la dirección de procedencia. Cuando un fotón encuentra una partícula, por ejemplo, un grano de polvo, su dirección cambia, su longitud de onda no, y la partícula se queda como estaba. Esto es el *scattering*. Cuando son efectivamente partículas de polvo las que lo producen, el *scattering* es mayor para longitudes de onda cortas. Así pues, el *scattering* no sólo produce extinción de una fuente luminosa, sino además enrojecimiento de esa fuente.

»Hay otra forma de extinción de luz, es la "absorción". En ella cuando el fotón encuentra una partícula, desaparece, es tragado por ella.

—Pero ¿a qué viene todo esto? —dijo Jesús.

—Está claro. Ayer vimos que el polvo interestelar producía una mayor extinción en el azul que en el rojo. Quería sencillamente haceros ver que este efecto es algo tan familiar como el color azul del cielo. Por esta razón, cuando observamos el cielo en longitudes de onda más largas como son las del infrarrojo cercano podemos penetrar más y observar el mismo centro de la galaxia.

—Entonces sería mejor que utilizáramos infrarrojo lejano.

—En el infrarrojo lejano se producen en nuestra atmósfera efectos de absorción tan severos que no podemos ver nada. Claro que pueden utilizarse satélites artificiales situados por encima de la atmósfera. Aun así no podemos ver las estrellas en el infrarrojo, porque las estrellas no emiten casi nada en infrarrojo. La situación es parecida en radio; en las longitudes de onda de radio el polvo interestelar y la atmósfera son completamente transparentes. Pero las estrellas apenas emiten en radio.

—Entonces, en infrarrojo y radio, ¿el cielo es completamente oscuro?

—Ni mucho menos. Es muy luminoso. Pero lo que vemos no es la emisión de las estrellas, sino del polvo, del gas y otras cosas. Antes de meternos en estos asuntos, debemos hablar de cómo puede interpretarse el espectro de una fuente luminosa. Y con el ultravioleta, los rayos X, etc., pasa lo mismo.

—Pues mal lo tenemos, porque mañana empiezan las fiestas y luego en septiembre se va usted —temió don Celestino.

29
Mecánica Estadística

—Ya sabéis que los químicos del siglo XVIII pudieron reducir todas las sustancias a combinaciones de unos pocos elementos, y cómo la idea del átomo, por lo tanto, había sido muy provechosa en el terreno de la Química —dije mientras contemplaba por la ventana unos enormes copos de nieve que ignoraban la gravedad—. Pero hay un problema dinámico tan interesante como el químico.

¿Por qué nevaba en primavera?

Volví a la mesa con mis amigos.

—Si la materia está formada por pequeñas bolitas que pueden moverse, ¿cómo lo hacen?, ¿y cómo puede deducirse a partir del estudio de estos movimientos las propiedades de los cuerpos grandes que observamos, que están formados por muchos átomos?

—Ya estamos con los átomos...

—Este planteamiento puede ser muy interesante, pues las bolitas pueden ser los átomos de un gas, y sabremos así cómo se mueven y evolucionan los gases; o pueden ser fotones, y sabremos cómo se propaga la luz; o pueden ser estrellas en una galaxia, o galaxias en todo el Universo, y sabremos cómo evoluciona el Universo... Esto es lo que se propone la ciencia que se llama "Mecánica Estadística".

»Por ejemplo, cuando los átomos se mueven muy deprisa, los unos con respecto a los otros, sin que haya un desplazamiento del gas en su conjunto, decimos que la temperatura de un gas (o lo que sea) es muy alta. Cuando tocamos algo caliente, sus veloces átomos chocan con los nuestros, haciendo que nuestra temperatura aumente. Puede ocurrir que, como consecuencia de la gran velocidad adquirida por nuestros átomos tras el contacto, haya peligro de que nuestros tejidos se disgreguen. El cuerpo humano se defiende de esta posibilidad con una sensación de dolor.

Perantúnez inspeccionaba con los ojos la comprensión de los demás, como si hubiera hablado él y no yo. Luego me miró invitándome a seguir.

—Y la presión que notamos es tanto mayor cuanto mayor sea el número de partículas por unidad de volumen, y cuanto mayor sea su velocidad, es decir, su temperatura. La idea es atractiva aunque de difícil desarrollo matemático. El científico austriaco Ludwig Boltzmann se destacó especialmente en el nacimiento y desarrollo de esta ciencia. Quería explicar el comportamiento de la Naturaleza observada, cuando sólo conocemos el comportamiento de las numerosas minúsculas partículas que la componen.

—¿Y con qué velocidad se mueven los átomos?

—Cuando la temperatura es mayor se mueven por término medio más deprisa, pero claro, no todos los átomos se mueven con la misma velocidad, unos van más deprisa y otros más despacio. Además, una partícula veloz puede frenarse chocando con otra, transmitiendo a ésta parte de su cantidad de movimiento...

—Pero más o menos... una idea...

—Pues vamos a considerar un ejemplo particular y sencillo. Sea un gas metido en una botella. Lo hemos metido ahí y ahí lo dejamos sin que permitamos que nada exterior perturbe su estado. Claro está entonces que al poco tiempo de haber sido encerrado adquirirá un estado final que ya no cambiará. Este estado final se llama "equilibrio termodinámico", y todos los cuerpos grandes, formados por muchas partículas, acaban alcanzándolo tarde o temprano. Y así se quedan por siempre si es que nada exterior los perturba.

»Un sistema así, que ha alcanzado su estado final de equilibro termodinámico, es lógicamente más sencillo de estudiar, y por él vamos a empezar.

—¿Por qué los cuerpos alcanzan este estado? —preguntó Cristóbal.

Jesús no me dejó responder:

—El vino evoluciona en botella, luego no está en equilibrio termodinámico. Bebamos antes de que lo alcance.

30
Segundo Principio de Termodinámica

—Veamos por qué los sistemas formados por muchos átomos, o muchas partículas, o muchas moléculas..., o lo que sea, alcanzan, tarde o temprano, el equilibrio termodinámico cuando cesan las influencias externas. Pensemos, por ejemplo, en un gas metido en una botella. —A mis colegas no les gustaba que yo metiera gases en las botellas—. Si lo observamos nosotros, que somos tan grandes como una botella (aproximadamente), y queremos decir en qué estado está el gas, anotaremos su temperatura, su presión..., y algunas otras magnitudes que podemos medir olvidándonos completamente de que allí hay átomos. Entonces diremos que conocemos el "macroestado" del sistema.

»Otra forma de caracterizar el estado del gas sería anotar la posición, dirección y velocidad de cada uno de los átomos de los muchos que hay dentro de la botella. Aunque la lista de números sería muy grande, no cabe duda de que el estado del sistema quedaría completamente especificado. Entonces diríamos que conocemos el "microestado" del sistema.

»Es evidente que si conocemos el microestado, el macroestado está determinado. A un microestado le corresponde un solo macroestado. Pero no al revés. A un macroestado le corresponden muchos posibles microestados. Por ejemplo, podría yo intercambiar un átomo por otro y el resultado macroscópico sería el mismo. Nadie de nuestra estatura, mucho mayor que un átomo, podría apreciar el cambio. Así pues, hay muchos microestados compatibles con un macroestado.

»Al transcurrir el tiempo los átomos van cambiando de posición, chocan unos con otros cambiando sus velocidades, etc., es decir, el sistema va pasando de unos microestados a otros. Si el sistema puede tener la misma probabilidad de encontrarse en un determinado momento en cualquier microestado, tendremos que unos macroestados son más probables que otros, puesto que hay más microestados igualmente probables que son compatibles con él.

»Lo que observamos nosotros es realmente el macroestado. Como hay macroestados más probables que otros, lo más probable es que un sistema evolucione de un macroestado menos probable a un macroestado más probable.

Don Celestino, quien, muy a pesar suyo, había estado bostezando todo el rato, se incorporó ante el juego de palabras que yo acababa de decir. Tuve que repetir:

—Acabo de enunciar uno de los grandes principios de la Física, llamado Segundo Principio de la Termodinámica: lo más probable es que un sistema evolucione de estados más improbables a estados más probables.

—Dice usted cada perogrullada que a veces parece que nos toma el pelo. ¡Y yo que creía que la Física era algo dificilísimo!

Estuve tentado de escribir cuatro servilletas con fórmulas, pero me di cuenta de que don Celestino estaba bromeando, incluso elogiando a la Física.

—Esto es lo más probable, aunque no lo único posible; pero cuando hay una gran cantidad de átomos, esta gran probabilidad se aproxima a la certeza y podremos estar casi seguros de que el próximo macroestado será uno con mayor número de microestados.

»Los físicos han definido una magnitud cuantitativa, llamada "entropía", que es tanto mayor cuanto mayor es el número de microestados del macroestado. Así pues, al transcurrir el tiempo la entropía irá aumentando. Cuando se haya alcanzado el macroestado más probable de todos, el sistema habrá alcanzado el valor máximo posible de la entropía, y ya no podrá evolucionar más, a no ser que cambien las influencias externas. Así pues, en un sistema aislado la entropía siempre aumenta, hasta alcanzar su valor máximo. En ese momento, el sistema no evoluciona, y se dice que ha alcanzado el equilibrio termodinámico. Mejor dicho, habría que puntualizar que en un sistema aislado lo más probable es que la entropía aumente.

»Así pues, los procesos se producen en una determinada dirección, en aquella en que el resultado final se caracteriza por mayor entropía. Si dejo caer una piedra, su energía cinética, al chocar contra el suelo, hace que se muevan más deprisa las moléculas del suelo, aumentando su temperatura. Este aumento de temperatura es muy pequeño porque el suelo es muy grande. Pero lo que es cierto es que nadie ha visto que este proceso se produzca en dirección contraria: que se enfríe un poco el suelo y que la piedra salte a mi mano. Los ejemplos son numerosos y clásicos: los pedacitos de cristal no se juntan para formar de pronto una copa íntegra; el azúcar disuelto en el café no forma bruscamente un terrón. En fin, todos habréis visto lo absurdo de una escena filmada, cuando la película se hace recorrer hacia atrás. El tiempo transcurre entonces en dirección contraria, y se observan sucesos absurdos, graciosos por imposibles, o mejor dicho por muy, muy, muy, pero que muy improbables.

»Pero no quería hablaros del Segundo Principio sino del equilibrio termodinámico...

Ellos, en cambio, sí que querían, y su inquietud se tradujo en multitud de preguntas.

—Así pues, la entropía de un sistema nos indica la probabilidad de que sus átomos estén como están y se muevan como se mueven. Por ejemplo, si yo cojo todos los átomos que forman un gato, y los lanzo y los dejo caer luego por ahí, es realmente muy difícil que por el camino los átomos se agrupen de tal forma que al caer al suelo «aparezca» un gato. Seguramente lo que aparecerá será un montón de basura. Decimos entonces que el gato tiene menos entropía que el montón de basura.

Francisco se levantó, puso una mano atrás y deformó su cara con la otra mientras iba y venía.

—Cuando hablábamos sobre Relatividad, veíamos que el espacio y el tiempo tenían un comportamiento muy similar; eran casi lo mismo. Pero en realidad, había algo en la intuición que se resistía a este tratamiento. El espacio y el tiempo no nos parecen iguales: el espacio está ahí y el tiempo pasa. Aunque en el paso del tiempo hay algo de relativo, también vimos que había un futuro absoluto. En efecto, ahora vemos que para la Física el espacio y el tiempo tienen un comportamiento diferente. Ahora decimos que en un sistema aislado la entropía crece al transcurrir el tiempo. Imaginemos que nos proponemos verificar esta ley. Es fácil saber cuándo el suceso 2 corresponde a un estado de mayor entropía que el 1. Si los átomos de gas dentro de la botella están esparcidos por toda ella, la entropía será mayor que cuando están todos apretados en un rinconcito. Pero ¿cómo puedo saber yo en qué sentido fluye el tiempo?

—¡Hombre, Francisco...! —dijo don Celestino—, yo creo que distinguimos perfectamente entre futuro y pasado.

—Pero ¿cómo lo sabemos? Como yo no sé nada de cómo funcionamos por dentro, me gustaría que no hubiera hombres en nuestro experimento. Y cuando mentalmente quito a los hombres de en medio me doy cuenta de que no sé distinguir entre pasado y futuro. La Relatividad profundizó mucho en los conceptos de espacio y tiempo, pero no nos aclaró esta distinción. ¿Hay que recurrir a las impresiones subjetivas de los hombres?

—¿Qué tal si miras al reloj? —preguntó don Celestino, aunque seguro que Francisco había ya previsto tal objeción.

—Supongamos un reloj de arena. Cuando la arena está abajo es «después» de cuando está arriba. Los sucesos simultáneos con «la parte de abajo del reloj con más arena» son futuros con respecto a los sucesos que ocurrieron cuando «la parte de arriba estaba llena». De acuerdo. Pero me imagino que al caer la arena la entropía aumenta, y que la posición del reloj con la arena abajo corresponde a un estado de mayor entropía que cuando la arena está arriba. La prueba es que nunca se ha visto que se enfríe un poco la mesa y la energía sobrante haga que la arena suba espontáneamente. En definitiva, he precisado el sentido del flujo del tiempo, pero recurriendo a la ley del aumento de entropía. Así que no me sirve para verificar esta ley.

—Pero coge un reloj bueno, ¡hombre! —azuzaba el médico, sacando uno del mesozoico de su bolsillo.

—Cuando la cuerda de este reloj se acaba, su entropía es mayor. También podría haber utilizado la botella con el gas arrinconado como reloj. Los relojes funcionan midiendo en realidad aumentos de entropía. Luego así sólo conseguiría demostrar que la entropía aumenta cuando aumenta la entropía.

—Lo cual no es poco —señaló Jesús—. Al menos todos los relojes coinciden...

—Sí, pero no nos permiten verificar la ley del aumento de entropía en el tiempo. No queda más remedio que utilizar esta ley para distinguir objetivamente entre futuro y pasado. Futuro es aquella parte del tiempo en la que la entropía es mayor. Con lo cual precisamos y completamos la noción del tiempo, pero nos quedamos sin ley; nos quedamos sin Segundo Principio.

Me tenía que defender.

—Un científico de principios de este siglo, Eddington, decía que «la entropía es la flecha del tiempo». Resumía así todo lo que tú acabas de decir.

—Pero no creo que el enunciado del Segundo Principio quede sin contenido —intervino Jesús— debido a la concordancia de todos los relojes. Si empleamos el reloj-botella para distinguir entre pasado y futuro, podremos saber que la entropía en todos los relojes y sistemas aislados del Universo aumentará en el tiempo. Y ahora quiero hacer yo mi pregunta: ¿qué pasa con la entropía de un sistema que no está aislado?

—El Segundo Principio no dice nada acerca de lo que pasará. Ahora bien, la entropía del Universo aumentará siempre, puesto que el Universo es forzosamente un sistema aislado. Esto quiere decir que si consideramos como nuevo sistema el sistema antiguo más el medio que lo rodea, la entropía sí que aumentará, la entropía del conjunto. La entropía del Universo siempre aumenta... Por ejemplo, volvemos a dejar caer una piedra. Al final la piedra sigue como al principio. Su macroestado no ha cambiado, luego no ha variado su entropía. Sin embargo la entropía del Universo ha aumentado puesto que el suelo está un poquitín más caliente que antes. No se nota porque el aumento de energía se acaba repartiendo por toda la Tierra, pero ahora su temperatura ha aumentado.

—Pero volviendo a la distinción entre pasado y futuro —consiguió, por fin, decir Francisco—, yo creo que si hasta ahora, sin relojes ni experimentos, el hombre ha distinguido tan bien entre pasado y futuro, es porque en alguna parte de su cerebro hay un «reloj entrópico». Algo que puede ser muy pequeño, en donde la entropía aumenta y algún músculo o nervio de vez en cuando interrumpe el aislamiento de este preciso instrumento biológico, y lo restituye a un estado de menor entropía. ¿Es así, don Celestino?, ¿tenemos un reloj entrópico?

—Nunca he oído decir nada que se le parezca, pero puesto que puede ser tan pequeño, y el cerebro es tan desconocido...

—Lo cierto es que aunque sea tan pequeño e ilocalizable, es tan importante como el corazón desde el punto de vista sentimental —interrumpió ahora Cristóbal—. A la Naturaleza le da igual que el tiempo pase o no... Para la Naturaleza el tiempo pasa, pero no se escapa. Ese reloj entrópico de nuestro cerebro hace que sintamos que el tiempo se escapa.

Este tipo de comentarios pseudocientíficos era frecuente en las intervenciones de Cristóbal.

—La entropía, ¿puede calcularse o medirse? —preguntó Jesús.

—Sí que se puede; es una magnitud física. Pero en ocasiones es muy difícil de calcular. Por ejemplo, es muy difícil calcular la entropía de un gato. Ahora bien, la entropía tiene esta interpretación que hemos dicho en términos de probabilidad, podemos hablar de forma algo imprecisa, pero con perfecto significado, de «entropía de un gato».

—Y como un gato es una disposición muy improbable de los átomos, un gato tiene una entropía muy pequeña —recordó Jesús—. ¿Podemos decir que un hombre tiene menos entropía que un gato, y éste que un gusano, y éste que una planta, y ésta que una piedra?

—Desde luego, aunque hay que tener cuidado pues al faltar la comparación cuantitativa debes de fiarte de la intuición y te puedes equivocar. Hay que hacer una salvedad. El número de microestados en un macroestado suele ser mayor cuanto más grande es el sistema, cuanto más masa tiene. Así que los cuerpos más masivos suelen tener más entropía. Pero podemos definir otra magnitud que es la «entropía específica», que se obtiene sin más que dividir la entropía por la masa del sistema. Así, un elefante tiene más entropía que una piedrecilla, pero tiene menos entropía específica. A la hora de comparar improbabilidades de formación espontánea de animales o plantas, de forma independiente de su tamaño, hemos de hablar de entropía específica.

—Si el hombre tiene menos entropía específica que una vaca... —seguía Jesús—, y una vaca menos que un gusano, y un gusano menos que una piedra... podríamos pensar que, a lo largo de la historia, los animales han ido evolucionando de especies de mayor a especies de menor entropía específica. Podemos pensar que la vida es algo muy improbable, y que el hombre ocupa el eslabón más alto, el ser de menor entropía específica de la Tierra. Porque si la vida no se produce con facilidad espontánea, mucho menos la inteligencia del cerebro humano...

—La vida y la vida inteligente deben constituir sucesos singulares en el Universo. Las estrellas tienen una gran entropía. Los hombres son objetos singulares en el Cosmos, caracterizados por una entropía específica singularmente baja.

—Pero la evolución de las especies supone un paso a estados de menor entropía. Ya sé que esto no está en contradicción con el Segundo Principio, porque los animales no son sistemas aislados, pero ¿no es extraño que la entropía crezca inexorablemente a nuestro alrededor, y la de nuestros cuerpos y la de la fauna en conjunto, no? ¿No es extraño que los animales sean cada vez más complejos? ¿No os parece que el gato nunca debería haber aparecido como especie y que ya que está ahí debería ocurrirle lo que le ocurre cuando se muere, que acaba descomponiéndose y convirtiéndose en un montón de polvo?

—Decía el físico Carnot que «el Segundo Principio es un decreto de muerte» —apostillé subrayando la idea de Jesús.

Mis amigos siguieron discutiendo, y repitieron las conversaciones características de los alumnos de Física cuando estudian Termodinámica por primera vez. ¿Era la vida en la Tierra un fenómeno normal o singular? ¿Cómo surgió? ¿Cómo pudo evolucionar? La vida, ¿se ha producido una sola vez en la historia de la Tierra o ha habido varios focos?

—¿Verdad, don Alberto, que es apasionante esto de la entropía? —me decía Cristóbal.

—Si tal. El filósofo Bergson decía que la ley de la entropía era «la más metafísica de las leyes de la Física». Eddington dedicó una buena parte de sus reflexiones a la entropía. Si le pidieran, decía, dividir en dos grupos las siguientes palabras: «fuerza», «rozamiento», «longitud de onda», «música», «amistad», etc., él colocaría a la entropía junto con la música, la amistad, etc. Las primeras pertenecen a una idealización y simplificación de los sucesos reales. Las segundas están condicionadas por las multitudes inimaginables de variables que realmente existen en todo tipo de manifestación. Así es la entropía, que a pesar de todo tiene una cualidad del primer grupo: la de ser cuantitativa.

33
El desorden

—En un animal todo está muy ordenado. Cada célula cumple un destino; cada tejido tiene su misión... Podemos decir en este sentido que el organismo de un animal está muy ordenado. Cuando se descompone y muere, este orden se pierde. El montón de polvo que deja tarde o temprano el animal es un montón desordenado de átomos. Así, se dice que un sistema de baja entropía está ordenado, y la ley del aumento de entropía puede interpretarse como una tendencia de la Naturaleza al desorden.

»Schrödinger se preguntaba por qué las moléculas son tan pequeñas. Parece al principio que la pregunta es trivial, pero no lo es si pensamos que la pregunta es equivalente a la de por qué somos nosotros tan grandes comparados con las moléculas. Está claro que con tres o cuatro moléculas no puede hacerse un sistema muy complejo, así que debemos tener muchas, si queremos tener un grado de organización tan alto. Un animal muy pequeño no podría adquirir tal grado de improbabilidad de formación espontánea.

—¿Y por qué somos tan pequeños? —preguntó Cristóbal.

—Mantenemos una entropía baja, a costa de que la entropía crezca a nuestro alrededor. Seguimos viviendo porque el Sol brilla y esa liberación de energía del Sol supone un fabuloso aumento de entropía. Cerca del Sol podemos mantener esta situación tan extraña como la vida. No puede haber una estrella inteligente. Las estrellas son cuerpos sencillísimos con muy poca complejidad. Nuestro tamaño en el Universo tiene una cota superior y otra inferior; no puede haber animales inteligentes ni mucho mayores ni mucho menores.

—¿Y por qué entonces no vivimos en el Sol? —persistía Cristóbal.

—Nuestro estado de baja entropía no podría mantenerse. La alta temperatura haría que nuestro cuerpo se evaporara. Las moléculas de un gas están mucho más desordenadas que las de un líquido, y éstas, que las de un sólido. En un sólido es posible mantener un orden de las moléculas. Cuando se calienta, las moléculas adquieren movimientos rápidos y se produce un movimiento caótico de las moléculas que destruye el orden. Cuanto más baja es la temperatura de un sistema más baja es en general su entropía. Incluso se dice que la entropía es cero, cuando todas las moléculas están inmóviles. El hombre debe estar en estado sólido... o bastante sólido...

—¿Y por qué entonces no nos vamos a vivir a Plutón? —seguía terco como un niño.

—En un lugar frío mantendríamos muy bien nuestra estructura y nuestra baja entropía, desde luego... en eso se basa la congelación de alimentos. Pero para que hagamos «algo» hace falta que se produzcan en nuestro interior reacciones químicas, que no se consiguen con una temperatura muy baja. Además, en Plutón nos conservaríamos muy bien, pero difícilmente hubiéramos podido evolucionar hasta nuestra complejidad presente...

Y así seguimos... Al salir me dijo Julia:

—¿Cuál es la masa de una molécula?

—Si es de hidrógeno, aproximadamente $1,6 \times 10^{-24}$ gramos. Esta es la masa aproximada de un protón o un neutrón. Si es otro compuesto, en cuya molécula hay más protones o neutrones, habrá que multiplicar por el número de éstos. Así, en el caso de una molécula de agua hay que multiplicar por 18. ¿Por qué lo preguntas?

34
Un cálculo equivocado

—He estado pensando cómo está el gas de la botella cuando se alcanza el equilibrio termodinámico —me respondió Julia desdoblando un papel de su delantal—. Me tienes que decir qué te parece.

—¿Qué has pensado, Julia?

—Por de pronto, claro, las moléculas estarán esparcidas por el interior de la botella y no apelotonadas en un rincón. El problema está en saber qué velocidades tienen. Me imagino que todas las direcciones de movimiento serán equivalentes, tan desordenado está el gas...

—En efecto, en el equilibrio todas las direcciones son equiprobables.

—Bien. Si hay una temperatura es porque las moléculas tienen movimiento y por tanto una energía. El sistema tendrá una energía total que será proporcional a la temperatura y al número de moléculas.

Escribí en una servilleta sus propias fórmulas pero con la notación usual

$$U = \frac{3}{2} k N T$$

donde U es la «energía interna» del sistema, $(3/2)\, k$ sería la constante de proporcionalidad, y N el número de moléculas. A «k» se le llama constante de Boltzmann. Le hice notar que esta fórmula es válida solamente para gases monoatómicos (cuya molécula está formada por sólo un átomo) pero que para órdenes de magnitud daba igual. (Para gases diatómicos en lugar de 3/2 hay que escribir 5/2.)

—Unas moléculas van más deprisa que otras. Me pregunté cómo se distribuyen las velocidades. No hay ninguna que tenga una velocidad infinita, pues esto no sólo está reñido con la Relatividad, sino que además aun en el caso de que todas las moléculas estuvieran paradas y una sola de ellas tuviera toda la energía del sistema U, como U no es infinito, tampoco puede serlo la velocidad de ninguna molécula.

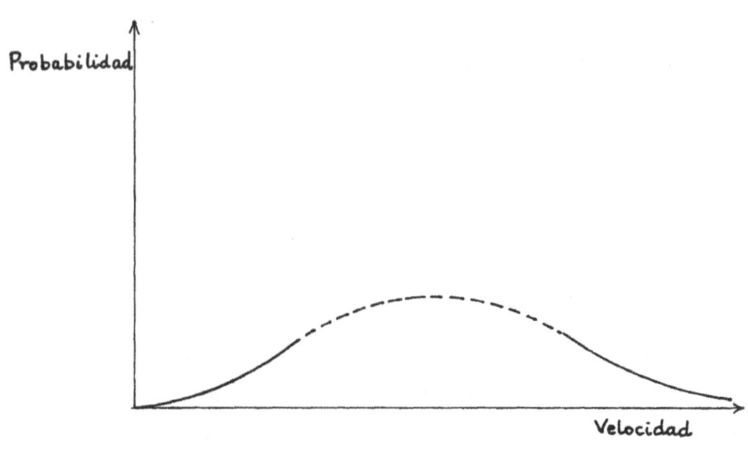

Servilleta n.º 9

Así que la probabilidad de que una molécula tenga una velocidad muy grande irá siendo cada vez más pequeña.

»Pero también es muy muy difícil que una molécula esté parada o casi parada. Porque para que la molécula tenga una velocidad grande, se pueden encontrar muchas combinaciones de las componentes de la velocidad en las tres direcciones, que dan esa velocidad. En cambio, para que combinando las tres componentes de la velocidad nos dé un valor cero, sólo hay una posibilidad, y es que las tres componentes en las tres direcciones del espacio sean cero, lo cual es prácticamente imposible.

Mientras hablaba dibujé en una servilleta (n.º 9) esta gráfica, que ella completó con la línea de puntos.

A esta gráfica se la denomina «distribución de Maxwell».

—Si una velocidad cero es imposible y también una velocidad infinita, habrá un valor intermedio donde la probabilidad sea máxima. Raro sería que hubiera dos máximos o más.

—Raro.

—El valor de la velocidad de este máximo probablemente coincida con un valor medio de las velocidades...

—No del todo, porque la curva no es simétrica, pero no importa para cálculos exploratorios. Sigue, sigue...

—Entonces he querido calcular esta velocidad media o velocidad más probable.

Extendió el papel sobre la mesa y me mostró un cálculo equivocado, pero de cuyo contenido les voy a informar, porque era ilustrativo:

—Con la placa de 2 kW pongo 1 kg de agua a hervir. Rompe a hervir a eso de los 10 minutos. Le he comunicado al agua... unos 10^{13} ergios. Aquí está el cálculo. Si la molécula de agua tiene una masa de $18 \times 1{,}6 \times 10^{-24}$ gramos, hay en 1 kg de agua unas 3×10^{25} moléculas, ¿no? Ha habido un incremento de energía $\triangle E \approx 10^{13}$, y un incremento de temperatura de $\triangle T \approx 80^\circ$, pues al principio estaba a unos 20° y al final a 100°. Puedo poner la fórmula anterior

$$U = \frac{3}{2} k N T$$

puesto que no dejo que el número de moléculas cambie mucho. Sustituyo y encuentro el valor de la constante de Boltzmann. Me sale 3 $\times 10^{-15}$ con las unidades que he utilizado...

—Un momento, Julia, que el agua no es un gas.

—Ya sé, pero... no habrá tanta diferencia... ¿o sí?

—Sí la hay. Y mucha —se desgarró en jirones mi corazón—. En un líquido además de la energía cinética de las moléculas, éstas están tan juntas que hay una energía de cohesión. Las moléculas se atraen y se repelen porque tienen protones y electrones, y al ponerse tan juntas es como si se agarraran las unas a las otras, y hay una energía potencial además de la cinética. En realidad la constante de Boltzmann es

$$k = 1{,}38 \times 10^{-16} \text{ erg/K}$$

—¿Por qué pones grado con K mayúscula? —preguntó contrariada.

—En honor al físico inglés Lord Kelvin —respondí solemnemente—. Estos grados de Kelvin son iguales de grandes que los normales centígrados. Unicamente se diferencian en el cero de la escala. Los grados centígrados tienen el cero cuando el hielo funde, y si la temperatura es menor hablamos de «tantos grados bajo cero». Pero si la temperatura denota movimiento no debería ser negativa. Por eso los físicos empiezan a contar la temperatura desde -273°, a la cual los átomos no se moverían. Ahora el termómetro marca 20°, luego la temperatura aquí es de $273 + 20 \approx 293$ K (293 grados Kelvin).

—¡Cuánto siento mi error! Con este valor de la constante de Boltzmann debo rehacer los cálculos. Si todo el sistema tiene una energía de

$$\frac{3}{2} k N T$$

(suponiendo un gas monoatómico) y hay N moléculas, a cada molécula le corresponde por término medio una energía de 3/2 kT que será igual a su energía cinética media

$$\frac{3}{2}\,k\,T = \frac{1}{2}\,m\,v^2$$

de donde puedo calcular la velocidad que más o menos tienen con mayor probabilidad las moléculas. Si pongo $T = 300$ K, me sale de $2{,}7 \times 10^5$ cm/s, si el gas es hidrógeno, o unos 10 000 km/h.

Tachó los cálculos anteriores, aunque no habían dado un valor excesivo, por compensación de errores.

—Observa que si hubiera sido nitrógeno, N_2 (el gas más abundante en el aire), que tiene 28 nucleones (protones más neutrones), la velocidad hubiera sido menor, de sólo unos 5×10^4 cm/s. En el equilibrio todos los gases componentes de una mezcla tienen la misma temperatura. Pero las moléculas más ligeras van más deprisa que las pesadas. A todas les toca la misma energía por término medio.

—Lo siento, Alberto.

—¿Y no te parece una velocidad enorme 10 000 km/h?

—No, porque antes de ponerme a hacer cuentas pensé que si la velocidad de las moléculas fuera más baja, el simple choque de las gotas de lluvia sobre nosotros aumentaría mucho la velocidad de nuestras moléculas. La lluvia nos calentaría. A ojo, estimé que las gotas caen con una velocidad de unos 10 m/s, o sea, 36 km/h, por lo que la velocidad de las moléculas debía ser muchísimo más, por ejemplo lo que ha salido, 10 000 km/h. Tampoco esperaba un valor enorme, próximo a la velocidad de la luz, por ejemplo, porque puede conseguirse calentamiento con velocidades normales...

—¿Por ejemplo?

Me cogió la mano y me la frotó con la suya rápida y repetidas veces. Y efectivamente, se produjo un pavoroso incendio.

35
Bosones y fermiones

Cuando repetí a mis compañeros de la tertulia alguna de las conclusiones de Julia sobre las características del equilibrio termodinámico, hicieron comentarios elogiosos, tras los cuales Jesús me preguntó:

—Dices que el resultado macroscópico depende de las leyes que gobiernan las partículas a nivel microscópico, dando a entender que no todas se comportan igual...

—Pues no, en efecto. Y además no se comportan como las bolitas que más o menos veníamos suponiendo hasta ahora para las moléculas de un gas. En general las partículas elementales tienen la extraña particularidad de ser indiscernibles. Si cambiamos una bola por otra igual, la nueva situación será muy parecida a la anterior, pero sabemos que hemos hecho un cambio. Al contrario, dos electrones son exactamente lo mismo que dos electrones que han sido intercambiados. Y lo mismo pasa con los fotones: dos fotones son esencialmente indiscernibles. Así que por intercambio en las posiciones de dos partículas elementales no conseguimos (en general) un microestado diferente.

»Los fotones no pueden tener diferentes energías cinéticas porque siempre van a la misma velocidad de la luz. En cambio, ya vimos que la energía de un fotón era

$$E = h\nu$$

siendo h la constante de Planck ($h = 6,6 \times 10^{-27}$ erg s) y ν la frecuencia de la onda asociada al fotón...

—Por cierto, que habías prometido que nos justificarías esta fórmula...

—Me lo recordáis otro día. Así pues, los fotones no pueden tener diferentes velocidades, pero pueden tener diferentes frecuencias. Y luego hay otro grupo importante de partículas elementales que se llaman "fermiones", ejemplos de los cuales son el electrón, el protón y el neutrón. Los fermiones además de ser indiscernibles cumplen con lo que se llama el Principio de Exclusión de Pauli, en honor del físico austriaco que lo descubrió.

»Ya os dije un día que los electrones orbitando en torno al núcleo no pueden ocupar cualquier posición. Las posibles posiciones se caracterizan por tener diferentes energías, y son "discretas", es decir, que la energía de un fermión puede valer, por ejemplo, 2, 3 o 5 (en la unidad que sea), pero no valores intermedios como 2,35 o 3,071. A nivel de los átomos y de las partículas elementales, la Naturaleza tiene este carácter "cuántico", y muchas magnitudes no pueden variar de forma continua sino "discreta", a saltos. Esto es lo que estudia la Física Cuántica, ciencia muy querida por los físicos, pero en la que ahora no queremos detenernos. Pues bien, lo que dice el Principio de Exclusión de Pauli es que uno de estos niveles discretos de energía sólo puede estar ocupado por un fermión. O no estar ocupado. Pero no puede haber dos fermiones en el mismo sitio, es decir, ocupando el mismo nivel energético.

Estaba dispuesto a hablar más detenidamente de este aspecto, pero como ya he dicho en alguna ocasión, mis amigos estaban injustificadamente más preocupados por lo que pasaba allí arriba que por los fenómenos atómicos. Preferían no discutir mucho sobre los átomos, y tomar como datos necesarios las informaciones que yo les daba sobre ellos para abordar problemas astrofísicos.

—A las partículas que siendo indiscernibles no cumplen con el Principio de Exclusión de Pauli se les llama «bosones», así que el fotón es un ejemplo de bosón.

36

El cuerpo negro

Pedí a Jesús que sacara la servilleta en la cual habíamos dibujado la curva de la probabilidad de que una molécula de un gas tenga una determinada velocidad.

—Hoy vamos a ocuparnos del equilibrio termodinámico de un sistema de muchísimos fotones. Queremos encontrar una curva similar a la de esta servilleta pero no para las moléculas sino para los fotones. Ya dijimos que lo que caracteriza la energía del fotón es su frecuencia, v, o bien su longitud de onda, λ, pero no su velocidad, puesto que ésta es siempre la de la luz. Así que queremos dibujar otra gráfica —saqué otra servilleta del vaso— que nos dé la probabilidad en este eje, y la frecuencia en este otro. Los fotones de frecuencia más alta, es decir, los de longitud de onda más corta, es decir, los más azules, tienen más energía. ¿Cómo creéis que será esta gráfica?

—Claro, ahora tampoco puede haber ningún fotón con más energía que todo el sistema, porque la energía de todo el sistema puede ser medida macroscópicamente. Por tanto, la probabilidad de que un fotón tenga una frecuencia altísima es nula —dijo alguien.

—Por otra parte, un fotón infinitamente rojo tendría una longitud de onda infinita, que no sería ni fotón. «Me pega» que la probabilidad de encontrar un fotón con frecuencia cero es también cero... Si es así, la curva sería seguramente como la del otro día. —Y Julia dibujó la servilleta n.º 10.

—¿A qué frecuencia estará el máximo?

—Pues... yo creo... que, por similitud con lo que vimos con las moléculas..., podría estimarse, quizás..., igualando $(3/2)\,kT$ a la energía media, hv... y como $\lambda = c/v$... Pues me sale que... ¡anda!... Me sale casi la unidad. ¡Qué curioso! Si se mide la longitud de onda en centímetros y la temperatura en grados Kelvin, el producto de la longitud de onda típica (o media, o algo así) por la temperatura es prácticamente igual a la unidad —calculó Francisco, vigilado por Jesús.

—El obtener esta curva teóricamente no fue fácil, sobre todo por-

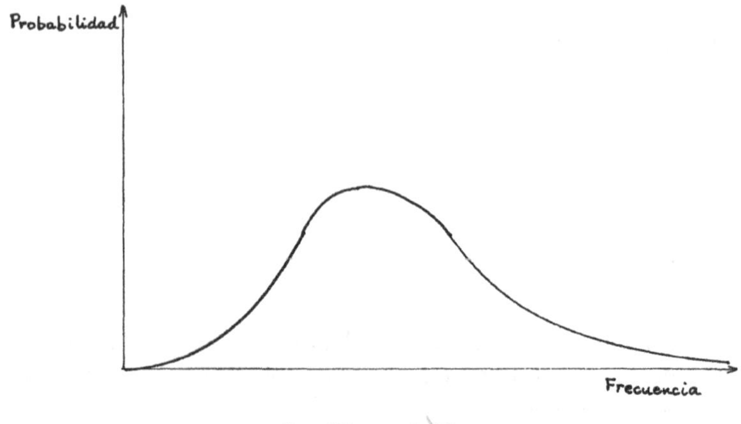

Servilleta n.º 10

que no se conocía el carácter discreto de la energía a nivel atómico. Lo consiguió el físico alemán Max Planck, aunque, luego, el propio Einstein dio otra demostración más sencilla. Cuando se tiene esta fórmula teórica es fácil encontrar cuál es el producto de la longitud de onda máxima por la temperatura. Pues bien, no os habéis equivocado mucho, pues sale un poco menos de la unidad:

$$\lambda_{max}\, T = 0,29 \text{ cm K}$$

»Esta fórmula fue encontrada por el alemán Wien, y se llama ley del desplazamiento de Wien. Con tanta potencia de 10 como había, casi puede decirse que no ha habido error.

»Pues bien, a un sistema de fotones en equilibrio termodinámico se le llama "cuerpo negro".

—Y ¿cómo es de alta la curva? —preguntó don Celestino.

—Esta curva sólo indica probabilidades relativas...

—¡Llamar cuerpo negro a algo que está lleno de luz...! —exclamó Cristóbal.

—Ahora bien, si nosotros estuviéramos metidos «dentro» del cuerpo negro, veríamos más fotones del color de la longitud de onda del máximo, desde luego, pero además veríamos más fotones de cualquier color cuanto mayor fuera la temperatura. Cuando en el interior del cuerpo negro se eleva la temperatura, hay mayor número de fotones en total (la curva se hace más alta) y al mismo tiempo la longitud de onda del máximo se hace más pequeña, o bien la frecuencia del máximo se hace mayor, desplazándose el máximo hacia el azul.

—No me gusta meterme «dentro» de un cuerpo negro y que alguien vaya elevando la temperatura. Parece una tortura —bromeó Cristóbal.

—La emisión del cuerpo negro puede sólo apreciarse estrictamente si estamos metidos dentro de él, en equilibrio termodinámico con él. Esto es imposible porque nosotros no estamos en equilibrio termodinámico con nada, puesto que no estamos ni siquiera en equilibrio con nosotros mismos. Pero en fin, un ángel mirón sí que podría observar por dentro un cuerpo negro. Por fuera no se puede observar. Imaginemos que hacemos un agujerito en la caja que contiene el cuerpo negro. Los fotones se escaparían por el agujerito, se destruiría el aislamiento del sistema y por tanto el equilibrio termodinámico. Un cuerpo negro no puede ser visto. Ahora bien, si las dimensiones del agujerito son muy pequeñas comparadas con la caja, apenas perturbará este equilibrio, y casi podremos «ver» el cuerpo negro; por lo menos encontraríamos la distribución en frecuencias de la servilleta anterior.

—Pero la emisión que saldría por ese agujerito no se parecería mucho a lo que vería el ángel mirón dentro. El ángel mirón aprecia que todas las direcciones de los fotones son equiprobables. Los fotones, cualquiera que sea su longitud de onda, vendrían a él en cualquier dirección, mientras que en el caso del agujerito, los fotones irían sistemáticamente del agujerito al observador —puntualizó muy acertadamente Francisco—. En el interior de un cuerpo negro no pueden verse contrastes, el rojo se vería igual en cualquier dirección, y lo mismo el verde, el amarillo, etc. Veríamos más o menos luz y veríamos cómo algún color era predominante según la temperatura, pero no podríamos ver forma alguna, sería como una niebla completamente espesa.

—Cierto.

—Entonces, pienso que nada de lo que vemos está en equilibrio termodinámico —continuaba mi amigo—, por lo menos en cuanto a los fotones, porque vemos cosas y formas por todos los lados. En el caso de las moléculas, veíamos que pronto se alcanzaba el equilibrio, y efectivamente vemos que casi todos los cuerpos materiales están en equilibrio. En cambio, los fotones que vemos no lo están. ¿Es que les cuesta más alcanzar el máximo de su entropía?

—Cuando los fotones no están en equilibrio, la vía para llegar a él es la interacción con la materia. Un fotón no puede cambiar, por sí solo, de frecuencia. Hace falta que sea absorbido por un átomo, quien luego puede emitir en otra frecuencia. Así que el sistema de fotones alcanzará el equilibrio termodinámico si la interacción luz-materia lo permite. Si la interacción es poca, se tardará más tiempo. Lo que ocurre es que esta interacción es diferente para las diferentes longitudes de onda. La atmósfera es transparente para el visible, es decir, hay poca interacción, pero no (por ejemplo) para el infrarrojo. En el infrarrojo, donde incluso la propia atmósfera emite, se vería luz (si tuviéramos ojos sensibles al infrarrojo) y color, pero no formas. Y claro está, unos ojos sensibles al infrarrojo que no nos permitieran observar formas ni contrastes no nos serían muy útiles, y en el proceso de evolución de los animales no llegaron a desarrollarse ojos infrarrojos.

—De acuerdo, pero el hecho de que en visible la separación del equilibrio sea tan grande es digno de observación y reflexión. El hecho mismo de que veamos estrellas, en lugar de un cielo uniformemente brillante, es algo extraordinario. Indica que el Universo en conjunto no está en equilibrio termodinámico, y por tanto está en transición, evolucionando aún a su máximo de entropía. Indica que el Universo no es eterno, y que, como nada externo puede separarle del equilibrio, tuvo un principio y tendrá un final, cuando llegue a su entropía máxima. El Universo no está en equilibrio termodinámico. Está en tránsito...

—Pues... sí; en efecto... sí...

—Y de día, el desequilibrio de los fotones es aún mayor. Al fin y al cabo, de noche todos los gatos son pardos; pero de día apreciamos mejor las formas y los contrastes. Claro que la luz del día es la luz del Sol y ya sabíamos que el Sol ni está en equilibrio ni nos deja estarlo a nosotros.

—Afortunadamente —susurró don Celestino.

37

Emisión térmica

—O sea, que el cuerpo negro no emite, pero si hacemos un agujero, por él saldría un flujo de fotones que tendrá la misma distribución en frecuencia que el cuerpo negro. Y como esta distribución depende de la temperatura, observándola desde fuera podemos saber la temperatura del cuerpo negro.

—¿Y cómo de grande puede ser el agujero?

—Cuanto más grande sea, el equilibrio quedará más perturbado. En ocasiones podemos considerar el agujero tan grande como toda la superficie del sistema...

—¿Cómo, cómo?

—Que puede incluso que el sistema no esté en absoluto aislado, pero a pesar de emitir en todas las direcciones, el equilibrio no se rompe completamente. La emisión de casi todos los cuerpos calientes recuerda un poco la curva del cuerpo negro.

»Los cuerpos más familiares, como puede ser esta silla, también tienen su emisión de cuerpo negro, pero como su temperatura es de sólo 300 K (cuando estamos a 27 °C), según la fórmula anterior el máximo de longitud de onda se produce para $\lambda_{max} = 10^{-3}$ cm (unas 10 micras), que no es visible. Es una longitud de onda infrarroja y no podemos ver la emisión de la silla.

»Para que la emisión próxima al cuerpo negro, o emisión térmica, empiece a observarse hace falta que el emisor esté a mayor temperatura. Si su temperatura se va elevando llegará un momento que "se ponga al rojo", es decir, que empiece a emitir en $\simeq 7000$ Å (7×10^{-5} cm), que es ya visible. Esta se producirá según nuestra fórmula para una temperatura de unos 4000 K. Si se sigue calentando el cuerpo, llegará un momento que emitirá en azul. Por ejemplo, emitirá con el máximo a 4000 Å (4×10^{-5} cm) para una temperatura de unos 7500 K. Y si seguimos calentando, el máximo se situará en el ultravioleta.

»Las estrellas tampoco pueden ser cuerpos negros, pero su curva de emisión, para diferentes longitudes de onda, la recuerda bastante.

Podemos tener así una idea de la temperatura a la que se encuentra su parte más superficial (puesto que no vemos el interior) llamada "atmósfera". Todo consiste en ver, empleando en la observación filtros de diferentes colores, dónde está el máximo de longitud de onda. En otras palabras, el color de la estrella nos indica su temperatura. Si la estrella es roja será una estrella fría (relativamente), y si es azul será una estrella muy caliente.

»Empezamos pues a resolver ciertas preguntas que teníamos almacenadas. Una de ellas era: ¿cómo es el espectro de la luz de una estrella? Recordemos que el espectro de la luz era precisamente lo que emite en cada longitud de onda. Pues bien, parte del espectro de una estrella es parecida al espectro del cuerpo negro. Está emitido por la parte más interna de la atmósfera, que por estar más adentro y resguardada y más caliente, emite de forma más parecida al cuerpo negro. La parte más externa de la atmósfera, más fría y más alejada del equilibrio, produce modificaciones al espectro del cuerpo negro de las que tenemos que hablar.

38
Rayas espectrales

—Sabéis que un fotón es emitido por un átomo cuando el electrón pasa de un nivel energético superior a otro inferior. Estos niveles son discretos y su posición o alejamiento del núcleo depende del átomo particular que estemos considerando. Entre dos de los niveles habrá una diferencia de energía determinada, la cual igualada a $h\nu$ nos dará la frecuencia de los fotones emitidos correspondientes a esa determinada transición. Si, por ejemplo, el átomo tuviera tres posibles estados energéticos —recurrí a la servilleta n.º 11— se producirían sólo tres tipos de fotones, con tres únicas frecuencias. Claro que al poco tiempo el electrón externo, que es el que salta, ocuparía el nivel inferior y los átomos dejarían de emitir. Pero si hay algún otro agente externo que vuelva a excitar al electrón y subirlo a niveles superiores, se tendrá que estas emisiones se producen sin cesar, y se obtendrá un espectro con "rayas" de emisión.

La luz sólo se produce a unas determinadas frecuencias, llamadas rayas del espectro. La posición de estas rayas, depende del átomo en cuestión. Luego, observando un espectro con rayas de emisión, podremos saber qué átomo o qué mezcla de átomos está formando la materia que emite esa luz.

»En otras ocasiones el espectro es de rayas de absorción, cuando hay una emisión térmica "continua" debido a una fuente luminosa situada detrás de una materia absorbente. Los fotones son absorbidos por la materia pero sólo a unas frecuencias determinadas. Sólo a aquellas frecuencias tales que el fotón desaparece cediendo su energía para que el electrón pase exactamente a un nivel energético superior. Si ahora los átomos absorbentes son los mismos que antes emitían, en el ejemplo anterior, la situación de las rayas será la misma. Un espectro con rayas de absorción también nos permitirá reconocer qué tipo de átomos constituyen la materia absorbente.

»El continuo puede ser térmico (cuerpo negro) o de algún otro tipo que presente un espectro sin las transiciones bruscas de las rayas es-

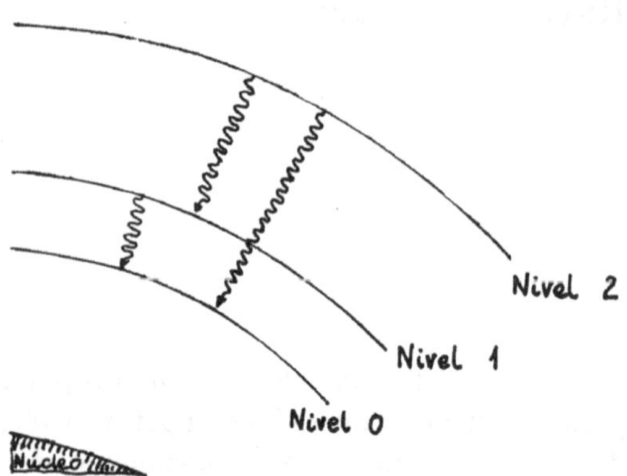

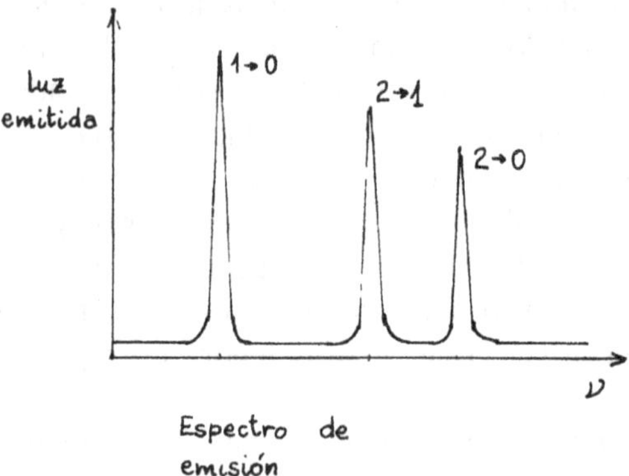

Espectro de emisión

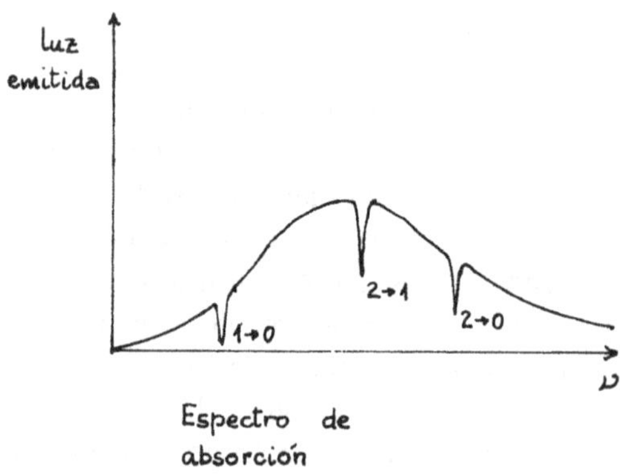

Espectro de absorción

Servilleta n.º 11

pectrales. Las moléculas tienen tantos niveles energéticos que producen "bandas" de muchísimas rayas.

»En el Universo vemos muchas rayas que corresponden sobre todo al elemento más abundante: el hidrógeno. Las 3/4 partes aproximadamente de los átomos del Universo son de hidrógeno. Claro está que, cuanto menor sea la separación energética entre niveles, menor será la frecuencia del fotón correspondiente. En el átomo de hidrógeno hay una transición entre dos niveles energéticos tan próximos, que se producen fotones en una longitud de onda larguísima, en 21 cm. ¡Ondas de un palmo de largas! Esta raya del espectro sólo puede observarse con radiotelescopios, y nos permite conocer la distribución de hidrógeno en las galaxias lejanas, puesto que, como vimos, las ondas de radio sufren muy poca absorción. El hidrógeno tiene muchísimas otras rayas, aunque las más intensas y destacables son la llamada Lyα (leído Lyman alfa) en el ultravioleta (1216 Å) y la llamada Hα que es una raya de color rojo (6563 Å).

—¿Qué era 1 Å?

—10^{-8} cm.

—En las estrellas, los espectros son de absorción. En efecto, una parte un poco más interna produce, como vimos anteriormente, un continuo de emisión bastante parecido al del cuerpo negro. Esta emisión debe atravesar posteriormente una región externa más fría en donde hay algunos compuestos que son los que producen las rayas de absorción. Así sabemos qué composición química hay en la atmósfera de la estrella. Además de hidrógeno hay muchos otros elementos en menores proporciones.

»Pero no solamente hay materia en las estrellas. Hay también materia interestelar formada por gas y polvo. El gas está también formado por hidrógeno y otros elementos en menores proporciones. Estas masas gaseosas no tienen detrás una fuente de emisión de continuo, y presentan espectros de emisión. Así que, por lo general, los espectros de las estrellas tienen rayas de absorción, pero los del gas interestelar tienen rayas de emisión.

»El hidrógeno interestelar puede estar en formas distintas. La forma más común quizá sea la de hidrógeno atómico (H), consistente en un protón con un electrón. Puede ser que el protón y el electrón no estén unidos, porque algún agente externo haya hecho que los electrones escapen de sus núcleos. A las nubes gaseosas donde esto ocurre se las llama "regiones HII". Finalmente, el hidrógeno puede encontrarse en la forma de "hidrógeno molecular", que se escribe H_2, molécula formada por dos átomos de hidrógeno. Esta unión es endeble, se rompe por cualquier causa, por ejemplo, por colisión con otros átomos. Así que sólo puede encontrarse en regiones sumamente frías.

»La mejor forma de observar el hidrógeno atómico es en 21 cm, raya espectral de la que ya hemos hablado. Se necesita muy poca energía para excitar el nivel que se desexcita emitiendo un fotón en 21 cm. Basta que la energía de las partículas que son capaces de excitar por colisión (del orden de kT, como sabemos) sea parecida a la energía del nivel excitado (igual a hv, como sabemos).

—Déjame echar las cuentas a mí —voceó Jesús—. A 21 cm le corresponde... $1,4 \times 10^9$ Hz..., me llevo una... me sale... 0,068 K, es decir, prácticamente nada. Por muy baja que sea la temperatura se producirá emisión en 21 cm...

—En cambio en las regiones HII hace falta que «algo» arranque continuamente a los electrones de sus núcleos. Si este «algo» cesara en su acción, protones y electrones se acabarían recombinando. Para arrancar un electrón del átomo de hidrógeno, hace falta una energía de —saqué un lápiz y empecé a escribir números al azar—... unos 2×10^{-11} erg, que es equivalente a... unos 10^6 K..., o fotones de una frecuencia... que equivale a una longitud de onda de... 10^{-5} cm, que es menos de 1000 Å. Hacen falta rayos ultravioleta para ionizar al hidrógeno, o temperaturas del orden de 10^6 K. Pues en efecto, las regiones HII son formaciones gaseosas a altísimas temperaturas, en torno a estrellas muy luminosas que emiten gran radiación ultravioleta. De vez en cuando, un electrón se recombina con un núcleo, pero al hacerlo el electrón se puede situar inicialmente en un estado excitado, y al saltar al nivel fundamental más bajo emite un fotón. Muchos de estos fotones corresponden a la raya Hα. Por eso, las regiones HII presentan a la vista un bonito color rojo.

Entonces mostré una colección de fotografías de regiones HII, ante el asombro y admiración de mis asombrosos y admirables amigos.

—¡Qué bonita!

—Pero ¿qué está pasando aquí?

—Ya lo veremos, ya lo veremos...

—Así que las regiones de hidrógeno atómico (H) se observan en 21 cm. A las regiones HII (hidrógeno ionizado) se las puede observar a la raya Hα roja y visible. ¿Y a las regiones frías de hidrógeno molecular? —requirió el meticuloso Jesús.

—Este compuesto (H_2), el maldito, es de difícil observación. Tiene unas pocas rayas enclenques, que sólo se aprecian si la región fría está muy cerca. Afortunadamente en las regiones frías hay otras moléculas menos abundantes, pero mejor emisoras. A estas regiones frías se las llama «nubes moleculares», por esta razón. Una de las moléculas que mejor se detectan es la del monóxido de carbono, que emite mucho en 2,6 mm. Los astrónomos miden en 2,6 mm para buscar el hidrógeno molecular, de forma indirecta, por lo tanto.

—Así que del espectro de la luz, sea proveniente de las estrellas, sea de nubes gaseosas, se puede sacar la composición química... y de la forma del continuo (si es térmico o cuerpo negro) también la temperatura...

—Y muchas más cosas, como veremos.

39
La luz y el efecto Doppler

Ibamos nuevamente con nuestras cachavas por el camino de la vía. En esta ocasión, un tren pasó oportunamente, conforme a mis esperanzas didácticas.

—El efecto Doppler —señaló don Celestino con su cachava al tren que se alejaba.

—No sólo el sonido sufre el efecto Doppler. La explicación que vimos del efecto Doppler es válida para todo tipo de ondas. Para la luz también. El tren que se acerca "chilla" porque emite un sonido más agudo, de menor longitud de onda. El tren que se aleja "ruge", porque su sonido es más grave, de mayor longitud de onda. A la luz le pasa lo mismo. Si un foco luminoso se acerca, su longitud de onda es más pequeña, más azul. Si se aleja, su longitud de onda es mayor, más roja.

»Pues bien, imaginemos una raya de, por ejemplo, sodio, en el espectro de una estrella, que tiene que producirse a una determinada frecuencia. Si observamos que la raya se ha desplazado hacia el rojo, es que la estrella se aleja. En caso contrario, un corrimiento al azul significa acercamiento. De la cuantía del alejamiento podemos deducir la velocidad. Podemos conocer (estudiando el espectro) la velocidad de alejamiento o acercamiento de cualquier objeto celeste.

—Este movimiento, combinado con la observación de los movimientos propios, nos proporcionará un conocimiento completo del movimiento de la estrella —dijo Jesús.

—Pero los movimientos propios son sólo detectables en unas pocas estrellas —intervino Francisco—, mientras que el efecto Doppler nos permite conocer la velocidad de los objetos más lejanos.

—Además —proseguí yo— el efecto Doppler también puede proporcionarnos la temperatura. El conjunto de los átomos del gas emisor, o del gas responsable de la formación de las rayas, se mueve caóticamente con la distribución de velocidades de Maxwell que vimos el otro día. En un momento dado, unos átomos se acercan y otros se alejan, aunque la fuente esté macroscópicamente en reposo. El resultado del

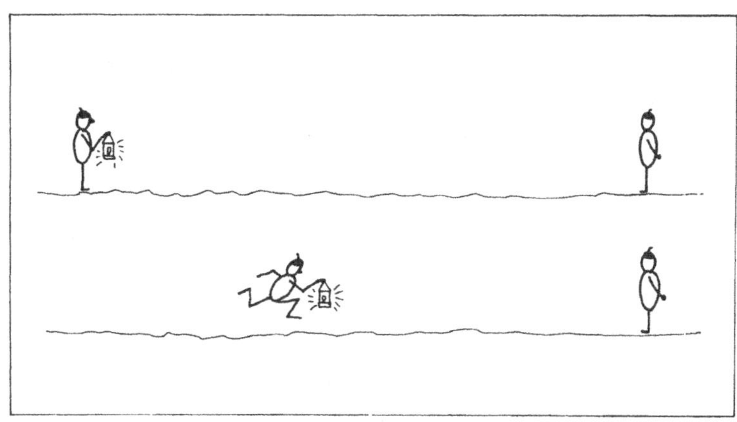

Servilleta n.º 12

efecto Doppler ahora será que la raya se ensanche, cubriendo una pequeña zona de frecuencias. Cuanto mayor sea la temperatura, mayor ensanchamiento habrá de la raya. Así pues, la observación de una sola raya también nos puede proporcionar la temperatura.

—¡Qué fantástico! —exclamó Jesús—. Parece que de una estrella sólo se recibe un punto de luz, pero haciendo una descomposición en frecuencias podemos obtener composición química, velocidad de alejamiento, temperatura...

Ya de vuelta a la taberna, preguntó el médico:

—Entonces, debido a una velocidad de alejamiento, ¿todas las rayas del espectro se desplazan en conjunto?

—No —nos sorprendió Julia—. He hecho un calculito, y me sale que cada raya se desplaza de forma diferente, según donde esté situada. Lo he hecho para velocidades relativamente pequeñas, para no tener en cuenta correcciones relativistas.

Nos quedamos sorprendidos, pues ella no nos había acompañado en el paseo y porque de un bolsillo muy pequeño sacó un papel sin dobleces ni arrugas, en el que había unas fórmulas escritas con una perfección llamativa.

—No he hecho más que poner en fórmulas lo que Alberto dijo un día. ¿Me puedes pintar un observador que ve una fuente luminosa quieta y otra que se acerca? (servilleta n.º 12). En el primer caso la luz recorre de la fuente al observador un espacio ct, y en el segundo $ct - vt$ (v es la velocidad con que se acerca a la fuente). En el tiempo t en ambos focos se han producido el mismo número de ondas, N, aunque en el segundo caso son de longitud de onda más pequeña. El número de ondas será la longitud $ct - vt$ dividida por la longitud de onda pequeña λ'. En el primer caso, en cambio, el número de ondas será ct dividido por la longitud de onda grande, λ, que es la normal. Igualando ambas cantidades:

$$\frac{ct - vt}{\lambda'} = \frac{ct}{\lambda}$$

de donde despejo λ', y me sale

$$\lambda' = \lambda \left(1 - \frac{v}{c} \right)$$

y si el foco se aleja

$$\lambda' = \lambda \left(1 + \frac{v}{c} \right)$$

»La diferencia $\triangle\lambda$ entre λ' y λ, que es el corrimiento de la raya, será

$$\triangle\lambda = \lambda \frac{v}{c}$$

tanto más grande cuanto más roja sea la raya.

—O sea, que el rojo se enrojece más. Y si el foco se acerca, el azul se azulea menos.

Este tipo de expresiones era característico de Cristóbal, quien de este modo no hacía más que embrollar lo que estaba claro.

—En el caso del tren, aunque éste va más despacio que el sonido, el efecto se nota pues no hay tanta diferencia entre las dos velocidades. Pero si la velocidad de una estrella es mucho menor que la velocidad de la luz, ¿podrá apreciarse un desplazamiento de las rayas espectrales? —preguntó Francisco.

—Algunos astros no van tan despacio, como ya veremos. Pero además con telescopios y espectrómetros apropiados se pueden medir velocidades tan pequeñas como 1 km/s. O menos.

40
El diagrama Hertzsprung-Russell

—El espectro de la luz de una estrella nos proporciona la temperatura incluso de tres maneras diferentes. Primero, observando el continuo, porque se parece al continuo de un cuerpo negro a una determinada temperatura. Segundo, observando el ensanchamiento Doppler de las líneas espectrales. Tercero, viendo la relativa profundidad de algunas rayas espectrales.

—De este tercer método no nos has hablado —voceó Jesús.

—Por ejemplo: al aumentar la temperatura, un átomo se ioniza, y el espectro del átomo ionizado es diferente. Si se aumenta aún más la temperatura, el átomo puede perder otro electrón, y empiezan a verse rayas del espectro de ese átomo dos veces ionizado. Y así sucesivamente. El silicio es un átomo que se detecta con facilidad en una estrella. Si la temperatura es baja se observa el espectro de Si I (así se llama el silicio no ionizado). A aproximadamente 95 000 K el silicio se ioniza (y se habla del espectro de Si II); a unos 190 000 K, vuelve a perder otro electrón (y se habla de Si III), etc. Claro que antes de alcanzarse los 95 000 K ya empiezan a verse las rayas de Si II. Al hidrógeno le pasa lo mismo. Pasa de H I a H II, a unos 150 000 K, aunque ya a unos 3000 K la ionización se aprecia. Claro que el H II no tiene rayas en el espectro, pues no tiene un electrón que salte de un nivel a otro. Con todo esto, lo que quería decir es que, si observamos rayas de átomos ionizados, será señal de que la estrella está más caliente.

—Estará más caliente la parte más externa de la estrella, que es lo que vemos.

—Claro, claro. Las moléculas son frágiles y se rompen al aumentar la temperatura. Así que, si vemos bandas de rayas de espectros de moléculas, es que la estrella está fría. En estrellas frías se ven moléculas. Con todos estos criterios, viendo el tipo de rayas, se llegó a hacer una clasificación espectral de las estrellas, que en definitiva indicaba la temperatura de su atmósfera. De más calientes a más frías, las estrellas se llaman O - B - A - F - G - K - M —escribí en una servilleta.

—Las pusieron en orden alfabético... —murmuró don Celestino.

—Al principio estaban en orden alfabético, pero hicieron correcciones y correcciones al esquema inicial, y al final quedó esta extraña secuencia de letras. Si queréis recordarla, un amigo mío se inventó esta frase: «¡Oh! Bésame Amor, Fascinadora Gitana. Kilómetros Median Rompiendo Nuestros Sueños». Es que hay otras estrellas llamadas R, N y S que están también al final de la secuencia, pero como no están alineadas con las otras, no las he puesto.

—¿Y qué temperaturas tienen sus atmósferas?

—Y el Sol, ¿a qué tipo espectral pertenece?

—Las estrellas O están a unos 50 000 K, las B a unos 25 000 K, las A a unos 11 000 K, y así van bajando hasta las M, que tienen unos 3 500 K. El Sol es una estrella G, a menos de 6 000 K. Me refiero a la temperatura de la atmósfera estelar, claro está.

—¿Y cuáles son más brillantes?

—Pues... en general... quiero decir, para la mayoría de las estrellas... puede decirse que... las más calientes emiten más luz...

—Pero... claro que... —me animó Cristóbal.

—... no siempre ocurre así... —me acabó don Celestino.

—Vamos a hacer una famosa y antigua gráfica que realizaron inicialmente el astrónomo danés Hertzsprung y el americano Russell, por lo que a esta gráfica se le llama "diagrama HR". En abscisas ponemos los tipos espectrales, es decir, la temperatura (aunque de mayor a menor, por razones históricas), y en ordenadas la luminosidad, L, o energía luminosa radiada por la estrella en un segundo en cualquier dirección. A cada estrella le corresponderá un punto en este diagrama. Pues bien: las estrellas no se reparten al azar en este diagrama. "Casi" todas se ponen en una franja ancha que se llama "Secuencia Principal".

»Como veis entonces, las estrellas más calientes, además de ser más azules, son más luminosas. Claro que hay algunas estrellas que no "caen" en la secuencia principal. Son una minoría, pero hay que tenerlo en cuenta. El Sol está en la secuencia principal (servilleta n.º 13).

—Así que el Sol tiene una temperatura normal, un color normal, una masa normal...

—Imaginemos una estrella en la parte superior del diagrama, en la zona que llamaremos "zona de las estrellas gigantes"... —Carraspeó—. En estas estrellas la temperatura es normal o baja. Como cuerpos negros entonces, cada parte de su superficie no debería emitir mucho. Si a pesar de todo son tan luminosas es que deben de ser muy grandes.

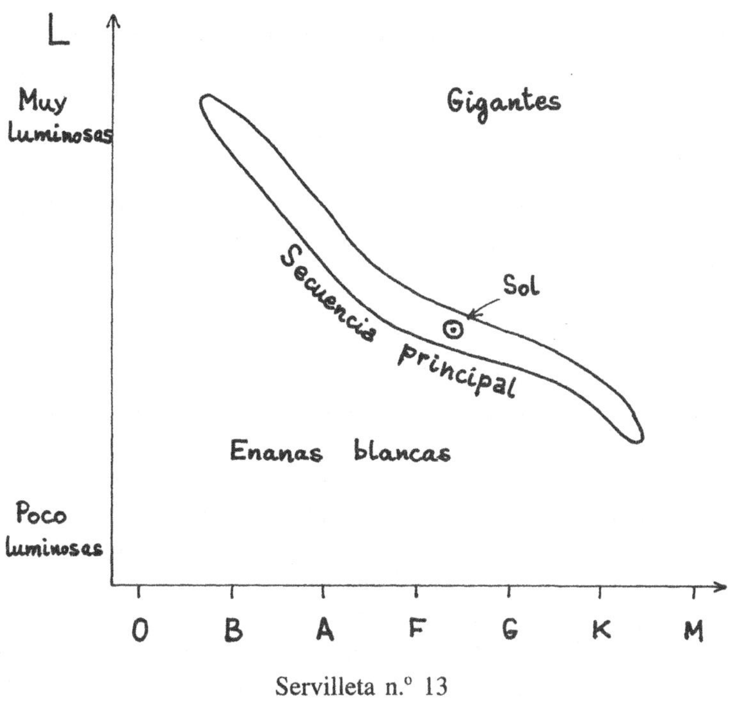

Servilleta n.º 13

Por eso se llaman gigantes, o "gigantes rojas" a las muy frías y muy luminosas.

»En cambio a las estrellas situadas en la parte inferior del diagrama se les llama "enanas blancas", porque deben de ser extraordinariamente pequeñas aunque su temperatura es normal. Son más bien amarillas (es decir, ni muy rojas ni muy azules), aunque se les llame blancas.

—Dime, Alberto —preguntó Francisco—, ¿y las gigantes rojas tienen poca masa?

—No, veremos que no. Las gigantes rojas y las enanas blancas tienen una masa normal. Es su densidad, muy baja o muy alta, lo que las diferencia de las estrellas de la secuencia principal. Ya en 1844 Bessel se dio cuenta de que las brillantes estrellas Sirio y Procyon debían de tener una estrella compañera invisible de aproximadamente su misma masa. En 1862 se descubrió la compañera de Sirio, a la que se denominó Sirio B. En 1914 se analizó el espectro de Sirio B y se vio que tenía una alta temperatura superficial. Su radio debía de ser muy pequeño (como el de la Tierra, más o menos) aunque su masa era poco más o menos la del Sol. La densidad puede ser entonces de 100 000 veces más que la del platino. La Física de la materia a tan altas densidades es diferente. Hay todavía estrellas más pequeñas y más densas, como las «estrellas de neutrones» y los «agujeros negros». Pero ya hablaremos de esto.

—Y las estrellas normales de la secuencia principal, ¿qué masa tienen?

—De esto ya hemos hablado. Las más luminosas son también las más masivas. A partir de las observaciones puede deducirse que, aproximadamente

$$L \propto M^3$$

donde el símbolo $\propto$ significa "proporcional". Así, una estrella de masa 10 veces la del Sol tiene una luminosidad 1 000 veces mayor que la del Sol. Esta relación masa-luminosidad es sólo una fórmula aproximada. De momento la escribimos como un resultado de las observaciones, y más adelante trataremos de justificarla teóricamente.

»Claro que hay excepciones, estrellas de espectro anómalo que no admiten bien esta clasificación. Por ejemplo, hay algunas estrellas que no tienen casi líneas de absorción y se cree que son muy viejas. Hay otras muy calientes, a más de 50 000 K, llamadas estrellas de Wolf-Rayet, con líneas muy anchas de emisión, en las que vemos directamente la parte del interior, porque han perdido su envoltura fría. Y hay muchas más excepciones, pero lo importante es que la mayoría de las estrellas se "dejan" clasificar muy bien. Dada su masa puede conocerse su luminosidad (con la fórmula anterior), y dada su luminosidad, su radio y su temperatura superficial (con la gráfica anterior). Casi estamos a punto de pensar que dada su masa el resto de sus propiedades están determinadas.

41
Estrellas variables

—También hay "estrellas variables" cuya luminosidad varía más o menos periódicamente. Hay estrellas llamadas "novas" porque su luminosidad aumenta bruscamente y pueden llegar a hacerse visibles de pronto; luego se apagan. Hay estrellas llamadas "supernovas" que son como las novas pero mucho más brillantes. Una supernova puede llegar a ser tan brillante como toda una galaxia de 10^{11} estrellas. Los astrónomos orientales observaron una, en el año 1054. La estrella desapareció, pero hoy en su lugar aparece la nebulosa del Cangrejo, una nebulosa de gas que se expande vertiginosamente, precisamente del tipo llamado "resto-de-supernova". Como si hubiera habido una dramática explosión de una estrella. En una galaxia como la nuestra se produce una explosión de supernova una vez cada sesenta años aproximadamente. Tendremos que preguntarnos por qué pasa esto. Buscamos más la explicación que la descripción del Cosmos.

»Algunas estrellas variables se llaman "pulsantes", ya que su luz varía periódicamente, pues así lo hace su radio. Muy importante dentro de este tipo son las estrellas "cefeidas", o "cefeidas clásicas". Tienen la propiedad (como ya hemos visto) de que el periodo de variación está relacionado con su luminosidad. Como el periodo de variación puede determinarse con toda facilidad, podremos conocer su luminosidad. Comparando su luminosidad con la luz que nos llega, y como sabemos que la luz se pierde conforme al cuadrado de la distancia, podremos saber la distancia a que se encuentra la estrella. Las cefeidas son muy luminosas. Pueden distinguirse incluso en Andrómeda y otras galaxias vecinas. Así pues, la observación de cefeidas nos permite medir distancias estelares, y el alcance es mucho mayor que el que se obtiene con el método de las paralajes. Con las paralajes medíamos distancias de sólo unos pocos años-luz. Con las cefeidas podemos medir distancias de unos pocos millones de años-luz.

»Claro que me preguntaréis: ¿cómo ha podido conocerse la relación periodo-luminosidad de las cefeidas, si para conocer su luminosidad hace falta conocer su distancia hasta nosotros? Seguramente vosotros mismos os responderéis que se encontró tal relación con estrellas de paralaje conocida, aunque tengáis entonces la duda de si hay suficientes cefeidas (¡tan luminosas!) cerca del Sol. Vuestra duda está en verdad justificada, ante lo cual me preguntaréis nuevamente cómo se dedujo la relación.

»No me interrumpáis tanto, pues os lo iba a decir de todos modos. Próxima a nuestra galaxia hay otra, llamada "Nube Menor de Magallanes". Su nombre nos trae el recuerdo de la trascendental expedición española. Uno de los marineros, Antonio Pigafetta, que nos describió el viaje, nos cuenta así el descubrimiento (para los pobladores del hemisferio norte): "No está el Polo Antártico tan estrellado como el Artico. Vense muchas estrellas menudas, agrupadas, que forman como dos nebulosas, no muy distantes entre sí, ni tampoco con demasiado resplandor. En el espacio entre ambas surgen dos estrellas mayores, tampoco de gran brillo y muy quietas". Estas dos "nebulosas" se llaman hoy "Nubes de Magallanes", y son dos galaxias satélites de la nuestra.

»La americana Leavitt pensó que todas las estrellas de la Nube Menor (incluidas sus cefeidas) estaban más o menos a la misma distancia. Así encontró la relación en 1908. Con esta relación, Hubble al detectar cefeidas en Andrómeda consiguió determinar su distancia. Estaba a más de dos millones de años-luz, longitud mucho mayor que todas las conocidas entonces, con lo cual empezaron a reconocerse las verdaderas dimensiones del Universo.

»No todas las variables son pulsantes. Hay algunas "variables de rotación". Si la estrella no tiene una superficie homogénea, al dar vueltas nos parecerá variable. En cierto modo, el Sol es un ejemplo, aunque su variabilidad es muy pequeña. A este tipo pertenecen los "púlsares", extrañísimas estrellas cuyo periodo es de sólo ¡0,01 a 4 segundos! La velocidad de rotación debe de ser enorme. Probablemente son muy pequeñas; se cree que un púlsar es una estrella de neutrones, y aparecen en el centro de un "resto de supernova". Habrá que explicar todo esto algún día, ¿verdad? Pero ya se ve que una supernova y un púlsar son consecuencia de acontecimientos catastróficos.

»Otras estrellas variables muy interesantes son las llamadas T-Tauri. Tiene su espectro "líneas prohibidas", o líneas que se producen sólo en regiones de muy baja densidad. Estas líneas prohibidas quizá se formen en las zonas más externas de una envoltura extensa. Están desplazadas al azul, lo que indica que esta envoltura está en expansión. Es como si la estrella T-Tauri estuviera perdiendo masa, expulsando un viento estelar. El Sol también expulsa un viento solar, como pueden medir los vehículos espaciales, pero el viento estelar de las T-Tauri debe de ser mucho más intenso. Se cree que hace mucho el Sol pasó por una fase T-Tauri, puesto que las T-Tauri serían estrellas recién nacidas.

42

Ley de Stefan

Por azar me encontraba solo, esperando, absorto en algún pensamiento insignificante, en una habitación extraña para mí, contigua a la cantina. En un rincón había una mesa cuadrada con un mantel de cuadros rojos y blancos. Sobre ella una libreta que más por despiste que por curiosidad comencé a ojear. En la primera página estaba escrito «Astrofísica» con la letra de Julia. En la última página había algunas reflexiones sobre las últimas charlas que, con su posterior permiso y con algunos cambios en la nomenclatura, voy a reproducir.

«Con esta manía de Alberto de no escribir fórmulas, a veces resulta más difícil entenderle. ¿Cómo puede saberse el radio de una estrella midiendo su luz solamente? Yo creo que debe ser así. Llamemos L a la luminosidad de la estrella, que será la energía q que emite la estrella por cada cm^2 y cada segundo, multiplicada por el área de la superficie de la estrella, $4\pi R^2$. Creo que a "q" a veces lo ha llamado "flujo". Así pues, $L = 4\pi R^2 q$. Toda esa energía, que pasa por la superficie de la estrella y es radiada en todas las direcciones, será la energía que pasa por la superficie de una esfera centrada en la estrella y que pasa por la Tierra. A un telescopio de superficie colectora A, sólo le llegará una parte de L; sólo la fracción $(A/4\pi r^2)L$, siendo r la distancia de la estrella a la Tierra. Y si queremos saber la energía por segundo que llega a una superficie unidad de 1 cm^2, habrá que dividir por A. Esta energía que llega por cm^2 y por segundo será también flujo, pero flujo aquí en la Tierra. Voy a llamarlo S, para distinguirlo de q, que es el flujo en la superficie de la estrella. Este flujo se calculará

$$S = \frac{L}{4\pi r^2} = \frac{4\pi R^2 q}{4\pi r^2} = \frac{R^2}{r^2} q$$

»Esto está de acuerdo con lo que dice Francisco. El flujo se pierde con el inverso del cuadrado de la distancia.

»Pero q debe de parecerse a lo que emite el cuerpo negro. Como

Alberto dijo: lo que emite un cuerpo negro a una frecuencia sólo depende de la temperatura. Como q es flujo para cualquier longitud de onda, seguro que q sólo depende de la temperatura en la estrella. ¿Qué relación matemática habrá entre q y la temperatura? Tendré que preguntarlo.

»Pero en fin, de alguna de las formas que Alberto ha dicho, con el espectro de la estrella puedo calcular T y por tanto puedo saber q. Si mediante el método de las paralajes, conozco r, y como S es lo que mido con el telescopio, con esta fórmula puedo conocer el radio de la estrella. ¡Qué bonito!

»Una estrella de la región superior del diagrama HR tendrá un valor de q relativamente bajo (puesto que la temperatura es relativamente baja). Como sé que $L = 4\pi R^2 q$, si L es alto y q bajo, R tendrá que ser muy alto, debe ser una estrella gigante.

»¿Y lo que dijo Alberto de las cefeidas? ¡Claro! Conociendo el periodo de variación de la luz, se puede conocer L. Como sé que $L = 4\pi r^2 S$, si conozco L y mido S, puedo determinar r, la distancia a la que está la estrella.»

Todo estaba perfecto. Pero acababa de leer estas líneas cuando entró Julia. Me quedé inmóvil al haber sido sorprendido en mi indiscreción, lo que la hizo sonreír.

—Al menos dime qué vale q en función de la temperatura...

—El otro día pinté en una servilleta la curva del cuerpo negro, indicando lo que se emitía a cada longitud de onda. Los físicos conocen muy bien la fórmula matemática correspondiente a esta curva. Entonces no hay más que sumar lo que se emite en cada longitud de onda (integrar) y sabremos lo que se emite en todas las longitudes de onda. El cálculo matemático es engorroso y te diré directamente el resultado

$$q = \sigma \, T^4$$

σ es la llamada constante de Stefan-Boltzmann, que vale $5{,}67 \times 10^{-5}$ erg s^{-1} K^{-4}. A esta fórmula se la llama ley de Stefan, en honor al físico austriaco que la descubrió. Claro que en el caso de las estrellas estamos observando a la vez varias capas exteriores, cada una con una temperatura diferente. Si a partir de q, quiere calcularse T, habrá que tener en cuenta que T será la temperatura «media» en las capas más externas de la estrella.

—¡Qué barbaridad! ¡La cuarta potencia! ¡El cuadrado del cuadrado!

—La energía radiante que los ojos puros de un ángel mirón —me tembló la voz— en el interior de un cuerpo negro verían en cada cm^3, aumenta según la cuarta potencia de la temperatura —continué más frío—. Así que, si se hace un agujerito pequeño en el cuerpo negro, saldrá un flujo de energía también proporcional a la cuarta potencia de la temperatura.

—Y si tapo con el dedo el agujerito para que no se escapen los fotones del cuerpo negro, ¿notaré que me empujan? Porque los fotones que de no estar mi dedo hubieran escapado del cuerpo negro empujarán a mi dedo —aseveró Julia—. Es como la presión de los líquidos y gases. Tanto empujar, ejercerán una fuerza por cm^2 que es una presión. Supongo que habrá una presión de fotones, o una presión de radiación, de igual modo que hay una presión de moléculas...

—En efecto.

—... y no sería nada de extrañar que esta presión de radiación fuera proporcional también a T^4...

—En efecto. Aunque como la presión se mide en distintas unidades, ahora la constante de proporcionalidad es otra. Puede escribirse para la presión p

$$p = \frac{4}{3c}\, \sigma\, T^4$$

—Aparece $4/3c$, con la velocidad de la luz... Me parece razonable. Me tengo que ir. Mira mi cuaderno todo lo que quieras.

Iba a escribir algo en su cuaderno. Finalmente no fui capaz más que de poner: «Volveré a finales de julio».

43

Un coche con ruedas cuadradas

En efecto; ahora sí que no exagero. Todavía existe en Astudillo un coche con las ruedas delanteras cuadradas, y está en la cochera de don Celestino, para más detalles. Cuando yo lo vi por primera vez estaba en una era, en medio del campo. Serían las doce de una noche limpia, fría e inmensa de un mes de julio castellano. Acababa de llegar a Astudillo, y mis amigos quisieron enseñarme el coche, antes de darme de «merendar» y dejarme dormir.

Entre grandes risotadas, me hicieron subir al techo del vehículo. Habían prolongado el techo hacia delante con una estructura metálica, sobre la que habían colocado una larga escalera transversalmente, que sobresalía por ambos lados del coche, a modo de alas de avión. Me invitaron a que me tumbara boca abajo sobre la escalera y mirara a través de un pequeño agujerito practicado en una tabla horizontal clavada a uno de los extremos sobresalientes de la escalera. Acto seguido me taparon la cabeza con un trapo negro, de forma que sólo podía ver a través de la mirilla de la tabla. Entonces oí la voz de Jesús:

—¡Batería!

—¡Ya está!

—Don Celestino: motor. Acelere poco a poco.

Me agarré fuertemente a la escalera. ¿Qué iban a hacer aquellos locos? ¿Poner aquel viejo trasto de ruedas cuadradas a correr por medio del campo conmigo encima? No se desplazó el coche, pero según don Celestino aceleraba, aquello producía una vibración creciente y un ruido infernal.

—¡Alberto! —gritó Jesús—. ¡Cuando veas una luz di: «Ya»!

No sé si por las ganas que tenía de que aquello acabara y bajar de allí, o por la animación de aquel momento, o porque... me pareció ver un resplandor por la mirilla...

—¡¡¡Yaaaa...!!!

El coche seguía rugiendo y vibrando como si fuera a destrozarse.

—¡No veo nada! —me pareció.

—¡¡Perfecto!!

El motor perdió revoluciones y se paró completamente, volviendo a la pasividad, aunque yo seguía agarrado tenazmente a la escalera.

—¿Ves algo ahora?

—¡¡¡No...!!! —grité como cuando estaba el motor en marcha—. Bueno... la verdad es que... antes tampoco he visto ninguna luz... o sí; creo que sí... No estoy seguro...

Me quitaron el trapo negro y me ayudaron a bajar. Dimos un par de vueltas alrededor del Seat 1500 de don Celestino, inspeccionándolo, y recuerdo cómo me llamaron la atención unas ruedas delanteras cuadradas, en uno de cuyos lados había un deslumbrante neumático plateado. Sobresalían las ruedas de la carrocería, como en los antiguos coches de carreras. Luego nos fuimos a «merendar», mientras ellos me explicaban la finalidad de aquel tiovivo.

Al día siguiente, a la luz del día, y tras la explicación de mis colegas, todo estaba más claro. Antes de que les explique el experimento, intentaré dibujarlo en esta servilleta (n.º 14).

—Todo ha salido perfectamente —decía don Celestino—. Pronto podremos comprobar la teoría de la Relatividad.

Este experimento de Astudillo pretendía medir la velocidad de la luz, y en cierto modo era una variante del método de Foucault. En la caja de un extremo de la escalera había una potente lámpara que enviaba su luz a través de un agujero a la rueda cuadrada con su espejo, situado debajo de la caja. El espejo de la rueda enviaba la luz al espejo de la puerta de un armario viejo (en primer plano en el dibujo) y éste a otro espejo de armario situado a la izquierda, fuera de la figura. Este segundo armario devolvía la luz a la otra rueda cuadrada, donde se reflejaba buscando la dirección vertical e incidiendo en la mirilla de la tabla del otro extremo de la escalera (servilletas n.ᵒˢ 14 y 15).

Cuando las ruedas estaban inmóviles y situadas más o menos con su diagonal vertical, el observador tumbado en la escalera podía ver la luz. Se tanteó moviendo ligeramente las ruedas hasta que esto fue posible. Posteriormente había que retrasar ligerísimamente la segunda rueda de modo que la luz no incidiera en la mirilla sino un «poquitín» detrás. Este era el momento inicial, cuando me hicieron tumbarme en la escalera. Debido a ese ligero retraso no podía verse nada por la mirilla. El retraso se había conseguido con un golpecito oportuno. Entonces el motor se ponía en marcha, al principio lentamente y no se apreciaba cambio alguno. Al ir acelerando el giro de las ruedas, sin embargo, llegaba un momento en que en el tiempo que tardaba la luz en recorrer el camino rueda-armario-armario-rueda, que era de unos

30 m, la segunda rueda había adelantado con su movimiento y compensado el retraso que inicialmente se le había dado. En ese momento la luz llegaba a la mirilla. A mayor velocidad de la rueda el adelanto era ya excesivo y dejaba de verse la luz. Leyendo el cuentakilómetros del coche, se tenía entonces una medida proporcional a la velocidad de la luz.

Esto en realidad era lo que sus autores habían pretendido. En la práctica la rudeza del dispositivo hacía que apareciesen luces por agujeros insospechados, no previstos, y debo decir que dudo de que fun-

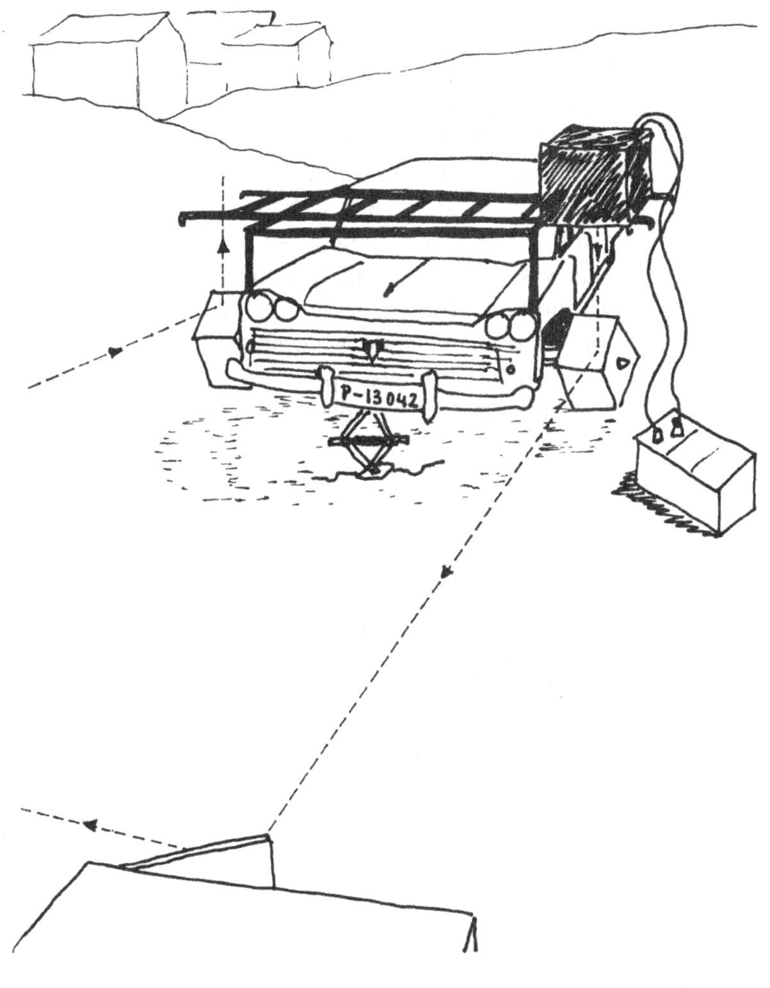

Servilleta n.º 14

cionara una sola vez. Cuando yo fui el encargado de gritar «Ya» marcó el cuentakilómetros 120 km/h, y dejó de verse la luz (aunque ahora creo que no vi nada) a 125 km/h.

Pero claro, se obtenía en todo caso un valor proporcional a la velocidad de la luz, no la misma velocidad de la luz. El calibrado era fácil. Los 120 km/h del cuentakilómetros correspondían a los 300 000 km/s. Pero ¿qué sentido tenía entonces el dispositivo?

Ellos no querían medir la velocidad de la luz, sino comprobar si ésta era siempre la misma. La lámpara de la caja no era más que una lámpara de calibrado. Una vez realizada la primera medida, la lámpara se debía quitar y dejar que las estrellas enviaran su luz, a través de la caja sin tapa, a la primera rueda.

De no ser cierto el Principio de la Invariancia de la Velocidad de la Luz, la contemplación del cielo a través de la mirilla debía ser singular, según pronosticaba Francisco. Como unas estrellas se estarían acercando y otras alejando, unas emitirían su luz hacia nosotros con mayor velocidad que otras, al menos si fuera cierta la hipótesis de «composición vectorial» de la que hemos ya hablado. Entonces unas estrellas aparecerían y se apagarían antes, al ir acelerando el motor, y otras más tarde. El movimiento al azar de las estrellas se traduciría así en que las estrellas irían apareciendo y desapareciendo del campo de visión de forma secuencial. Primero aparecerían las que se alejaban de nosotros y luego las que se acercaban.

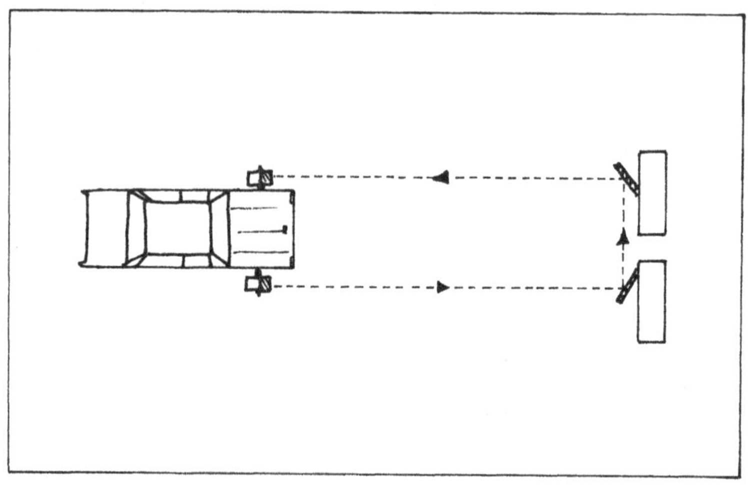

Servilleta n.º 15

Esta primera prueba había sido ya realizada antes de mi llegada, pero sobre el resultado había disparidad de opiniones. Cristóbal aseguraba que había visto todas las estrellas a la vez.

Aún pretendían un segundo experimento consistente en la observación de una estrella en el zenit en diferentes épocas del año. Fue Vega la estrella elegida, que a finales de julio, cuando llegué, pasaba cerca del zenit a eso de las diez horas solares de la noche. Según fueran pasando los días, iría pasando por el zenit más temprano, aunque lo bueno sería esperar al próximo mes de mayo cuando Vega pasaría por el zenit poco antes de amanecer. Durante el invierno, la estrella Vega sería sustituida por Capella. Al ser observada la estrella en diferentes épocas del año, variaría la velocidad de la Tierra debido a su movimiento de traslación y por tanto la velocidad relativa de Vega.

Dudo que en alguna ocasión se viera la alternancia oscuridad-luz-oscuridad a través de la mirilla, lo que en efecto hubiera sido la primera determinación campesina de la velocidad de la luz, pero estoy completamente seguro de que nunca pudo apreciarse diferencias de velocidad de la luz de estrellas diferentes, o de una misma estrella en diferentes épocas. Eso, más que probar la veracidad de la Teoría de la Relatividad, ponía de manifiesto la dificultad de tal experimento.

Un buen día, cuando la inutilidad de los esfuerzos realizados empezaba a sospecharse, quitamos el gato que levantaba las ruedas delanteras, y don Celestino arrancó el coche en dirección al pueblo. Con las ruedas cuadradas, el traqueteo hípico era divertidísimo y cantábamos al ritmo de los obligados botes.

Ante el asombro y regocijo de algunos vecinos, con gran ruido y alboroto, hizo su entrada triunfal por las calles recogidas de Astudillo aquel viejo y destartalado 1500 de ruedas cuadradas.

—Alberto... ¿qué pasa cuando un gas no está en equilibrio termodinámico?

—Pues que tiene un comportamiento más complicado. Por ejemplo, se puede mover...

—¡Qué cosa más rara! —murmuró don Celestino.

—... debido a las fuerzas que actúan sobre cada parte del fluido —seguí sin hacerle mucho caso—. Imaginemos que nos fijamos en lo que ocurre en una determinada región del espacio ocupado por el fluido. La velocidad puede cambiar con el tiempo, debido a las fuerzas. Pero además de las fuerzas habituales (como la gravedad) que actúan sobre cada partícula, hay otras tres causas o fuerzas que producen variaciones temporales de la velocidad en un punto. Una es la llamada fuerza del gradiente, otra, la fuerza de la viscosidad, y otra, la fuerza inercial.

—¿Qué es la fuerza del gradiente?

—Si en una región del espacio ocupado por el fluido hay mayor presión que en una región vecina...

—El gas se va de donde hay mayor presión a donde hay menos —concluyó con algo de ironía don Celestino.

—Mejor diríamos que existe esta tendencia. Puede ocurrir que la fuerza del gradiente se equilibre con otra fuerza y no produzca movimientos netos. En nuestra atmósfera, por ejemplo, la fuerza de la gravedad haría que la atmósfera cayera y se amontonara en el suelo. Pero no lo hace porque se equilibra con la fuerza del gradiente. En las capas bajas la presión es mayor y el aire iría hacia arriba. La atmósfera está quieta, al menos en la dirección vertical, porque la gravedad y la fuerza del gradiente están en equilibrio. Una estrella no colapsa por la fuerza del gradiente que lo impide.

—¿Qué es la fuerza de la viscosidad?

—Es una fuerza de rozamiento. Si una región del fluido se mueve más rápida que su vecina, ésta tenderá a frenar a aquélla, y aquélla a acelerar a ésta. En todo caso es una fuerza que actuará en aquella región del espacio ocupada por el fluido que estemos considerando.

—No hace falta que nos digas qué es la fuerza inercial...

—Sí que hace falta. La fuerza inercial de la Mecánica de Fluidos no es exactamente una fuerza de inercia de las que ya hablamos el año pasado, aunque ciertamente tiene algo que ver. Imaginemos un observador, como nosotros, fuera del fluido, observando una región del espacio. —Imité con mi mano un microscopio, acerqué el microscopio a la botella y mi ojo derecho al microscopio—. Observo que hay una variación temporal de la velocidad. —Abandoné el microscopio y me puse a nadar—. Imaginemos otro observador inmerso en el fluido, arrastrado por él y a la misma velocidad. Este observador apreciará otra variación temporal de la velocidad que probablemente no coincidirá con la que observo yo.

Todos me miraban con los ojos semicerrados y la boca semiabierta.

—La diferencia entre ambas variaciones temporales de velocidad es la fuerza inercial. Si yo no participo en el movimiento del fluido tendré que incluir a esta fuerza inercial, como una de las fuerzas que actúan sobre la posición que estoy inspeccionando. —Volví a utilizar el microscopio—. Es un poco difícil de imaginar, pero con sólo cuatro meses que os paséis pensándolo veréis que tengo razón.

Mudos.

—Es que es una fuerza endiablada. Si inicialmente todas las regiones espaciales tienen la misma velocidad todo puede ir así de sencillo siempre. Pero si en algún punto se produce una velocidad ligeramente diferente, se producen fuerzas inerciales que producen variaciones temporales de velocidad diferentes en cada punto, lo que a su vez genera diferentes fuerzas inerciales... y así sucesivamente. Al final se produce una gran complejidad en el movimiento que se llama «turbulencia».

Me di cuenta de que no me estaban entendiendo, aunque al pronunciar la palabra «turbulencia» quedaron conformes.

—Así que la fuerza inercial resulta de las diferencias de variación temporal entre los observadores seco y húmedo —concluyó Cristóbal— y es la culpable de la generación de la turbulencia.

—Pero la turbulencia no siempre se produce. La viscosidad puede amansarla. La viscosidad tiende a que todas las regiones del fluido se muevan igual, y por tanto a eliminar la complejidad que caracteriza la turbulencia. La viscosidad apacigua la turbulencia y su tendencia se opone a la de la fuerza inercial. Claro que la fuerza inercial puede también tener otros efectos más mansos y regulares, por ejemplo, incluye fuerzas como la centrífuga, que ya habíamos catalogado como una fuerza de inercia.

—Si la turbulencia es compleja, me imagino que será muy difícil de tratar matemáticamente —opinó Francisco— y que su presencia no será muy admitida con agrado por los físicos.

—No sé qué decirte... Además, debemos nuestra existencia a la turbulencia. Siempre que observemos algo complejo, debemos pensar en la turbulencia. Por ejemplo, la superficie terrestre es compleja. Pensemos en la turbulencia. Sin ella, debido a la gravedad, la superficie terrestre sería una superficie perfectamente esférica. Los mapas son complejos. Ya sean mapas físicos, políticos, de carretera, de tipos de cultivo, etc. Si no fuera por la turbulencia, cualquier mapa de la Tierra sería un folio blanco. Y sin esta complejidad la vida sería inimaginable.

—Pero yo no veo movimientos complejos en la superficie terrestre —dijo Francisco pisando el suelo.

—Un poco más abajo...

45

El Principio Cosmológico

—Todavía no hemos hablado de lo que es una estrella, ni de las galaxias, ¿y quieres, Francisco, que hablemos de Cosmología?

—Es que verás, Alberto... cuando estuviste ayer hablando de Mecánica de Fluidos, me entraron unas enormes tentaciones de aplicar aquellas ideas al «fluido cósmico», a un fluido que fuera todo el Universo. No sé cuáles serían las moléculas de ese fluido, quizá galaxias, o estrellas, o simplemente átomos de hidrógeno; pero sea un fluido de lo que fuere, las ideas de ayer se pueden aplicar... ¿Cómo se mueve el Universo? Pero... si hay que esperar, esperaremos.

—Pues sí, hay que esperar. El problema cosmológico es un problema de Relatividad General, y hasta ahora sólo hemos hablado de la Relatividad Restringida. Además, hacen falta todavía muchos datos —comenté—. Hace falta más Física, más Astronomía, y hace falta hablar del Principio Cosmológico.

—¿Y qué dice el Principio Cosmológico?

—Ya vimos cómo Copérnico concluyó que no estábamos en el centro del Universo, sino que girábamos en torno al Sol. Pero el Sol es una estrella más entre otras muchas...

—No. El Sol está solito en el Universo —dijo Elvira, una nieta adolescente de don Celestino, que se acercó a traer no sé qué recado a su abuelo.

—Y la Luna está con el mes —respondió solemnemente su abuelo despidiéndola.

—El Sol no es el centro del Universo, ni lo es nuestra galaxia. Vivimos en un lugar cualquiera del Universo. Cualquier otro habitante del Universo vería lo mismo que nosotros. Exactamente, lo que dice el Principio Cosmológico es que todos los lugares del Universo son iguales, tienen la misma temperatura, la misma densidad, la misma composición química... todas sus propiedades son las mismas. El Universo es homogéneo...

—¿Cómo puede alguien decir esto? —se enfadó Jesús—. Esto es

un punto del Universo —señaló con el índice un punto de la mesa— y esto es otro —metió el índice en el vino—. Es evidente que ni tienen la misma densidad ni la misma composición química.

—En efecto, en efecto. Pero el Principio Cosmológico dice que hay homogeneidad cuando se consideran escalas de longitudes mucho mayores, prescindiendo de estos detalles a escala tan pequeña.

—Pues no creo que un habitante metido en el Sol viera el Universo como lo vemos nosotros en esta cantina.

—Hablo de escalas mucho mayores aún. Tampoco pasa lo mismo en el interior de una estrella y en el espacio interestelar; ni en el seno de una galaxia y en el espacio intergaláctico. Me refiero a una escala mucho mayor. Las galaxias se agrupan en cúmulos de galaxias, y los cúmulos, en supercúmulos. A la escala de longitudes algo mayor que el tamaño de un supercúmulo es a la que me refiero. Entonces es cuando observamos que el Universo es homogéneo; que hay homogeneidad en el espacio.

—¿Y qué escalas de longitud son éstas?

—Pues algo así como cientos de millones de años-luz. Si nos fijamos en las propiedades de la materia y la radiación a esta escala de longitud, y no prestamos atención a las pequeñas diferencias de detalle que tienen lugar a escala menor, el Universo parece ser homogéneo. Por ejemplo, no parece haber más materia por allí que por allá. —Extendí mis brazos en diagonal—. Establecemos el Principio Cosmológico de esta forma, y vemos que es compatible con la distribución de las galaxias más lejanas.

»Pero no solamente la materia parece presentar esta homogeneidad. También la radiación. En ondas de radio, en la región de las ondas milimétricas, se observa una radiación cuerpo-negro. La distribución de intensidad con la longitud de onda se ajusta a la curva de un cuerpo negro a 2,7 K.

Esta radiación, como corresponde a un cuerpo negro, viene de todas las direcciones del espacio con igual intensidad; estos fotones que apenas son absorbidos por la materia interestelar, vienen de muy lejos; lo que sugiere que esta radiación indica también la homogeneidad en el espacio del Universo.

—¡¿Un cuerpo negro a 2,7 K?! —exclamó Julia desde el mostrador.

—Ya hablaremos de esto, ya hablaremos de esto...

—¡Qué hermoso principio el Cosmológico! —se extravió Cristóbal—. Claro que... si no lo aceptáramos, ¿qué podríamos decir de la evolución del Universo? Si a 10^{20} años-luz de distancia, donde no se ve nada, todo fuera diferente, si allí no hubiera ni las mismas leyes de la Física, ¿cómo íbamos a poder reflexionar sobre el Universo?

—En efecto, estamos obligados en cierto modo a aceptar este Principio, que no está en contradicción con los hechos observados, sino todo lo contrario.

46
La expansión del Universo

—Si todos los puntos del espacio son iguales y tienen las mismas propiedades, ¿por qué no vamos a pensar que lo mismo ocurre con el tiempo? —argumentaba Cristóbal—. Podríamos establecer un principio más general según el cual todos los instantes de tiempo fueran equivalentes.

—Ese principio que amplía el Principio Cosmológico, admitiendo la Estacionareidad del Universo en el tiempo, se llama Principio Cosmológico Perfecto. Pero he de avisaros que la mayoría de los cosmólogos aceptan actualmente el Principio Cosmológico, pero no el Principio Cosmológico Perfecto. La razón es que las observaciones no parecen sugerir en absoluto que el Universo sea estacionario.

»Hay una teoría muy razonable y admitida sobre la evolución y muerte de las estrellas. De los residuos de una estrella moribunda pueden nacer nuevas estrellas, pero este proceso es irreversible. En una galaxia se va perdiendo paulatinamente la capacidad de formación estelar. Las galaxias acabarán dejando de lucir. Se apagarán.

»Pero hay una observación más clara que sugiere la evolución temporal de nuestro Universo. Me refiero a su "expansión". Se llama corrimiento al rojo z, al desplazamiento relativo de una raya espectral de su posición normal. Si observamos una raya espectral de longitud de onda λ, y su posición en un espectro obtenido indica un desplazamiento al rojo dado por $\triangle\lambda$, al cociente $\triangle\lambda/\lambda$ es a lo que se llama "corrimiento al rojo", z.

»Cuando empezaron a determinarse los valores de z de diferentes galaxias, cuyas distancias habían sido determinadas previamente, con métodos válidos para las más cercanas, se encontró un resultado desconcertante. Todas las galaxias se alejaban, ninguna se acercaba. (Hay que exceptuar algunas, como Andrómeda, que por hallarse muy cerca está gravitatoriamente enlazada con la nuestra.) Además, existía una relación sencilla entre z y r (la distancia de la galaxia). Ambas magnitudes eran proporcionales:

$$z = K\, r$$

donde K es una constante. A esta ley se la llama ley de Hubble, en honor a su descubridor, prestigioso astrónomo americano. Para interpretar adecuadamente la ley de Hubble, hay que saber primero qué tipo de efecto causa el desplazamiento al rojo. Vosotros, ¿qué creéis? ¿Qué es lo que produce el desplazamiento al rojo?

—Yo diría que es el efecto Doppler, aunque en realidad no hemos estudiado aquí otras posibles causas. El alejamiento de las galaxias origina el desplazamiento al rojo. La ley de Hubble, entonces, significaría que las galaxias más distantes se alejan más deprisa —dijo Jesús.

—En efecto, yo también creo que esta explicación es la más ingenua y sencilla. Como demostró Julia, el desplazamiento Doppler venía dado por $\triangle\lambda/\lambda = v/c$, así que la ley de Hubble se escribiría entonces:

$$v = H_0\, r$$

donde v es la velocidad de alejamiento, y H_0 una nueva constante (igual a Kc) que se llama constante de Hubble. No es tan sencillo determinar su valor, pero viene a ser del orden de:

$$H_0 = 2 \times 10^{-18}\ \mathrm{s}^{-1}$$

»Si la velocidad de alejamiento de las galaxias hubiera sido siempre constante, y diéramos marcha atrás a su movimiento actual, resultaría que todas las galaxias se encontraron "aquí", hace un tiempo. Este tiempo, que también se llama tiempo de Hubble, se calcula fácilmente con:

$$t_0 = \frac{1}{H_0} = 5 \times 10^{17} \text{ segundos}$$

es decir, unos 2×10^{10} años.

»Claro está que no es la Tierra el punto del cual partió la expansión. Nosotros, como observadores del Universo, hemos encontrado la ley de Hubble. Cualquier otro observador del Universo, en cualquier punto lejano, debe obtener exactamente la misma ley, y con el mismo valor de la constante de Hubble, de acuerdo con el Principio Cosmológico. Todos los ángeles mirones concluyen que todas las galaxias arrancaron de sus pies hace 2×10^{10} años. En otras palabras, hace 2×10^{10} años todas las galaxias estaban juntas en el mismo punto. Toda la materia del Universo estaba concentrada en un punto, lo que supone una singularidad en el tiempo. A este tiempo se le llama tiempo cero, porque podría identificarse con el origen del Universo. Algo catastrófico ocurrió entonces, el Universo sufrió una explosión de la que ahora vemos como resultado una expansión.

—Entonces está claro por qué el Universo no está en estado estacionario —concluyó Jesús—. Si las galaxias se alejan todas de todas, ¿cómo va a ser la densidad constante? Y el que la densidad sea constante está exigido por el Principio Cosmológico.

47

Explicación de la expansión del Universo

Serían las dos de la noche cuando don Celestino me despertó.

—Francisco y Julia han venido. Dicen que quieren verte.

Naturalmente me levanté con rapidez, y en pijama seguí a don Celestino con algo de nerviosismo, pues preveía que algo desagradable había pasado o iba a pasar.

—Francisco, Julia, ¿qué pasa?

—Pues que... estábamos hablando Julia y yo...

Don Celestino sacó un mantel, unos vasos y una vela.

—... que hay cuatro posibilidades para el Universo.

Sacó una servilleta en la que estaba escrito:

ESPACIO	TIEMPO
infinito	eterno
infinito	limitado
finito	eterno
finito	limitado

—Cuando ponemos «limitado» en el tiempo quiere decir que el Universo o ha tenido un principio o tendrá un fin, o las dos cosas. Cuando ponemos que es «finito» en el espacio queremos decir que su masa no es infinita y que por tanto no puede ocupar un espacio infinito. Creemos que la primera combinación es imposible por la paradoja de Olbers. O bien no hay infinitas galaxias, o bien, aunque las haya, están desde hace poco tiempo, y la luz de casi todas ellas no ha tenido tiempo de llegar hasta nosotros. De otra forma, la luz que llegaría a la Tierra sería infinita. ¿Podemos entonces tachar la primera posibilidad.

—Tachémosla.

La vela animaba tenebrosamente la conversación.

—La tercera posibilidad no nos gusta. En un tiempo eterno, la atracción gravitatoria acabaría produciendo el choque de todas las galaxias en el centro. Ya hablamos de esto cuando discutimos la paradoja de Olbers. Si el Universo es eterno, las estrellas se precipitarían las unas contra las otras, a no ser que estuvieran girando dentro de su galaxia. De esta forma evitarían la caída, pues la fuerza centrífuga compensaría la gravedad creada por todas las estrellas de la galaxia. Entonces... ¿por qué las galaxias no se precipitan las unas contra las otras? Podemos responder igualmente que las galaxias están girando dentro de su cúmulo de galaxias, con lo cual hay también una fuerza centrífuga que impide la caída. Los cúmulos no chocan entre sí porque están girando dentro de su supercúmulo. Pero este razonamiento no puede prolongarse indefinidamente, porque al final acabaremos concluyendo que el Universo entero tiene que estar girando, para evitar su colapso. Pero ¿qué sentido tiene esta frase? El Universo está girando, ¿con respecto a qué? El Universo es todo... El que el Universo como un todo esté «absolutamente» girando parece tan absurdo como el decir que el Universo se desplaza, ¿con respecto a qué?

Las gotitas de cera creaban asombrosas estalactitas.

—¿Tachamos entonces la tercera posibilidad?

—Tachémosla.

—Al eliminar la primera y la tercera posibilidades, queda eliminada la posibilidad de que el tiempo dure eternamente. Si ha habido un principio o un final, todos los instantes de tiempo no pueden ser equivalentes. El Principio Cosmológico Perfecto no se cumple, de acuerdo con lo que decías esta tarde. ¿Tachamos pues el Principio Cosmológico Perfecto?

—Tachémoslo. —Aunque empezaba a temer tanta tachadura. La dirección de aquellos razonamientos era compatible con las ideas cosmológicas actuales, pero las conclusiones podían ser cándidamente tajantes y eliminar alguna hipótesis cosmológica interesante aunque heterodoxa.

—La segunda posibilidad nos gusta un poco menos, porque es la simétrica de la tercera. ¿Por qué van a ser diferentes el espacio y el tiempo de partida? Si el tiempo dura o ha durado un número limitado de años, ¿por qué el número de kilómetros ocupado por la materia, o por la luz, va a ser infinito? Sin embargo, este razonamiento es bastante sentimental y el Principio Cosmológico ya había otorgado papeles diferentes al espacio y al tiempo. Así que no somos capaces de rechazar esta posibilidad.

La llama, con seriedad, abandonó su danza y se convirtió verticalmente en humo. Francisco volvió a hablar y la llama recobró su juego.

—La cuarta tiene también dificultades. Si el Universo ocupa un espacio finito, deberá tener un centro y unos bordes. Evidentemente, un ángel mirón en el borde no vería lo mismo que otro en el centro. Vería galaxias en la dirección del centro, pero ninguna en la dirección opuesta. En cambio, el ángel mirón situado en el centro vería igual número de galaxias en todas las direcciones. Esto no es que sea absurdo, pero es incompatible con el Principio Cosmológico, según el cual todos los puntos del Universo son equivalentes.

En efecto, el cándido razonamiento de Julia y Francisco les había llevado a recelar ahora de una de las posibilidades más interesantes.

—Como el Principio Cosmológico es tan atractivo, ¿tachamos la cuarta posibilidad?

—Tachémosla —dije con una mueca de dolor, queriendo y temiendo ver el final de todo aquello.

—Entonces sólo queda la segunda. El Universo es infinito en el espacio, hay infinitas galaxias, pero es limitado en el tiempo. O ha tenido un principio o tendrá un fin.

Iba a tachar la cuarta posibilidad, pero detuve su mano sin poderlo remediar. Aquel gesto sumió a Francisco en una profunda recapacitación. Los cuatro intercambiamos repetidas miradas silenciosas. Finalmente solté el brazo de Francisco al mismo tiempo que él soltaba el bolígrafo.

—Tacha, táchalo.

—No, no, que no lo tacho.

—Táchalo, táchalo.

—Que no y que no.

—Táchalo tú, Julia.

—No, no, no. Táchalo tú.

—Don Celestino, ¿quiere tacharlo usted?

—Ni hablar. Que lo tache Julia.

—Pues no tachamos ni la segunda ni la cuarta —zanjé.

—Consideremos un punto cualquiera del Universo —prosiguió Francisco—. Por ejemplo, este punto. ¿Qué movimiento puede tener la materia en torno a él, en torno a este punto en el que viajamos nosotros? En este mismo punto, claro está, la velocidad es cero. Miremos en una dirección cualquiera y preguntémonos cuál es la velocidad de un elemento del Universo en esa dirección a... un metro de distancia. Supongamos que vemos que allí la materia se desplaza hacia la izquierda de mi brazo —tenía su brazo extendido hacia aquella hipotética dirección— y que se desplaza por ejemplo a 1 m/s. Esa dirección es una dirección cualquiera; si me fijo en lo que pasa a 1 metro de distancia en otra dirección, he de ver igualmente que la velocidad es también hacia la izquierda y de 1 m/s. Si todos los puntos son iguales también tienen que ser iguales todas las direcciones. Entonces, si miro en cualquier dirección de este plano —su brazo extendido recorrió el horizonte—, veo que el fluido a 1 metro gira alrededor de mí, hacia la izquierda. Ahora miro en todas las direcciones de este otro plano. —Se acostó sobre la mesa y su brazo recorrió un semicírculo vertical—. Todos los puntos de este otro plano deben también girar a mi alrededor. —Su postura empezaba a ser cómica—. Ahora bien, estos dos círculos de radio 1 metro se cortan en dos puntos. En cualquiera de los dos puntos de corte, el fluido ha de moverse a la vez en dos direcciones diferentes, correspondientes a los giros de los dos círculos. Esto es absurdo. Por lo tanto, si se cumple el Principio Cosmológico, es imposible que yo vea, mirando en una determinada dirección y a una determinada distancia, que el fluido cosmológico se mueva perpendicularmente a esa dirección.

Al decir esto, estaba encima de la mesa con una pierna levantada, y su brazo describía círculos que pasaban entre sus piernas. Le invitamos a que se sentara.

—Así pues, al mirar en una determinada dirección, el fluido cósmico debe moverse en esa dirección. Tampoco puede moverse en una dirección intermedia, pues para la parte transversal de la velocidad, podríamos aplicar perfectamente el razonamiento anterior. Luego el fluido cósmico o bien se aleja de mí, o bien se acerca, o bien, claro está, está quieto. Pero quieto no puede estar, puesto que entonces la densidad no variaría y tendríamos un Universo estático, cosa que ya habíamos rechazado. Luego el fluido cósmico o se acerca a mí o se aleja de mí. O veo expansión o veo contracción.

La vela, misteriosamente, respetó nuestro repentino silencio.

—Pues ahora yo miro hacia allá —señaló Francisco a los ojos sorprendidos de don Celestino— a 1 metro de distancia, donde está el doctor. Supongamos que veo que allí la velocidad del fluido cósmico es de alejamiento (expansión) y de 1 m/s. Pero don Celestino tiene que ver lo mismo que yo.

Pidió a Julia que se desplazara de tal forma que Francisco, don Celestino y Julia quedaron en línea recta y por este orden. Luego, a mí me colocó detrás de Julia; todos separados por 1 metro de distancia y de espaldas a Francisco.

—Yo he de ver que Julia se aleja de mí a 2 m/s, para que don Celestino vea que Julia se aleja de él con 1 m/s (la misma velocidad con que yo veo que él se aleja de mí). Pero entonces, Alberto ha de moverse alejándose de mí, para que don Celestino vea que se mueve con 2 m/s y Julia con 1 m/s. Sólo así, los tres veremos el movimiento del fluido cósmico exactamente de la misma manera. Don Celestino está a 1 m, se aleja a 1 m/s; Julia a 2 m, se aleja a 2 m/s; Alberto a 3 m, se aleja a 3 m/s. Claro está que si don Celestino se alejara a H m/s, Julia se alejaría a $2H$ m/s y Alberto a $3H$ m/s. Luego:

$$v = H\,r$$

en cualquier dirección que miremos.

Confieso que me acerqué a la servilleta que Francisco utilizó para escribir la fórmula, con una mezcla de admiración e incredulidad. ¿Sería posible que un paleto de pueblo, haciendo gimnasia encima de una mesa y ejercicios de instrucción militar con nosotros, llegara a explicar la expansión del Universo?

—Claro que H puede ser positivo —seguía Francisco—, y entonces se podrá hablar de expansión del Universo; o negativo, en caso de contracción. H además no tiene por qué valer siempre lo mismo. Su valor, y en principio incluso su signo, puede variar al transcurrir el tiempo. Para comprobar esta fórmula, sólo podemos hacerlo en el momento actual. Sabemos que en el momento actual la fórmula se cumple, por lo que esta tarde nos dijo Alberto, y que ahora la función H del tiempo vale H_0 igual a 2×10^{-18} s^{-1}, aunque aún no hemos pensado cuánto valía H en el pasado y cuánto valdrá en el futuro. Pero el caso es que con este argumento vemos que la expansión del Universo no es solamente un hecho observacional, sino una consecuencia del Principio Cosmológico.

48

Cosmología Newtoniana

La noche seguía. Don Celestino nos había proporcionado unas mantas y una copita de coñac. Cuatro personas arrebujadas en sus mantas, alrededor de una mesa en cuyo centro había una embrujada vela, conversábamos animadamente mientras un viejo reloj daba las tres. Casi daba miedo aquella especie de aquelarre científico, cuando una cara de ojos atormentados y nariz chata, ancha y blanca, se dibujó en la ventana.

—Pasa, Cristóbal.

—¡Esto no se hace! ¡No os lo perdono! ¿Qué hacéis aquí? Estáis hablando de Astrofísica, ¿verdad? Vosotros solitos. ¿Por qué no me habéis avisado?

Ofrecí un vasito pequeño, lleno hasta el borde, a nuestro buen amigo.

—La pregunta es, entonces —seguía Francisco—, cómo disminuye la densidad del fluido cósmico cuando el movimiento viene indicado por la fórmula anterior (o bien, cómo aumenta si en lugar de expansión puede haber contracción). Imaginemos una esfera de radio r a mi alrededor. En un segundo de tiempo, variará la masa del fluido cósmico en esta esfera, no porque varíe el volumen de la esfera, que será siempre

$$\frac{4}{3}\pi r^3$$

sino porque varía su densidad. Si $\triangle\rho$ es lo que «aumenta» la densidad en un segundo, la variación de la masa sería

$$\triangle\rho\left(\frac{4}{3}\pi r^3\right)$$

—Julia iba anotando en un papel lo que Francisco decía—. Pero esta cantidad tiene que ser igual y de signo contrario a la masa que atraviesa en un segundo la superficie de mi esfera.

La vela, que participaba en nuestra conversación desde hacía rato, asentía.

—Si la esfera es muy grande, pasará por la superficie de la esfera una masa que también se calculará con «densidad por volumen», pero ahora el volumen será la superficie $4\pi r^2$ por la «altura». Al decir «altura», quiero decir la distancia en dirección perpendicular a la superficie (es decir, en dirección radial) de valor «velocidad por un segundo». En efecto, las partículas del fluido cósmico que estén alejadas de mi superficie esférica en más de «velocidad por un segundo» no la atravesarán, no llegarán a tiempo. La masa que se ha escapado en un segundo es, por lo tanto, la densidad por la superficie $4\pi r^2$, por la velocidad v, y por 1. Hemos pues calculado lo que disminuye la masa de dos formas diferentes, y que deben ser iguales. Si lo que aumentaba la masa era

$$\left(\triangle\rho \, \frac{4}{3} \, \pi r^3 \right)$$

lo que disminuye será esta misma cantidad con signo menos, es decir (apúntalo, Julia):

$$-\frac{4}{3} \, \pi r^3 = \rho \, 4\pi r^2 \, v$$

Julia tomó ahora la palabra:

—Aquí se simplifica casi todo. Como además sabemos que $v = Hr$, también se simplifica el radio y nos acaba quedando ($\triangle\rho = -3H\rho$), y si en lugar de un segundo hubieran sido $\triangle t$ segundos, habría aún que multiplicar por $\triangle t$, es decir

$$\frac{1}{\rho} \, \frac{\triangle\rho}{\triangle t} = -3H$$

luego la disminución temporal y relativa de la densidad se obtiene fácilmente: se multiplica el valor de H por 3. Os recuerdo que $\triangle\rho$ es lo que aumenta la densidad cada vez que transcurre un tiempo $\triangle t$. Este tiempo $\triangle t$ tiene que ser pequeño.

—Pero bueno —intervine—, esta misma tarde hemos empezado a hablar de Cosmología, y ¿ya estáis sacando sorprendentes conclusiones?

—En realidad —contestó Francisco—, estas cosas las venimos pensando Julia y yo desde hace un tiempo. Incluso las hemos comentado a veces, en la tertulia de la cantina, cuando tú estabas ausente. Son más bien cálculos de Julia.

—¡Qué va, qué va!... —protestó Julia.

—En efecto, a veces han hablado de estos cálculos —confirmó don Celestino—, pero como nunca ponen un ejemplo, no me he enterado muy bien.

—Ahora H vale 2×10^{-18} s^{-1}. Luego en cada cm^3 y cada segundo la disminución relativa de densidad es 6×10^{-18} s^{-1}. Si a esta cantidad la multiplicamos ahora por la densidad actual del Universo, sabremos la disminución de masa que tiene efectivamente lugar en cada cm^3 y cada segundo del Universo —dijo Julia—. Pero ¿cuánto es la densidad actual del Universo?

Me tocaba a mí dar esta información.

—Es muy difícil de calcular. Hay que contar galaxias, determinar su masa, conocer su distancia...

—¿Cómo se sabe la masa de una galaxia? ¿Cómo se sabe su distancia? —inquirió Cristóbal.

—Es mejor que de esto hablemos otro día, para no interrumpir el razonamiento de Francisco y Julia. Ahora voy a deciros cuál es el valor actual de la densidad del Universo. Es de aproximadamente 10^{-30} g cm^{-3}. Pero os prevengo que es un valor muy dudoso pues su estimación es muy difícil.

Julia hizo algunos cálculos.

—¡Sólo unos 3 átomos de hidrógeno en un volumen como el de esta habitación! Pero a lo que íbamos. En cada segundo y en cada cm^3 se pierden, debido a la expansión del Universo, $6 \times 10^{-18} \times 10^{-30} = 6 \times 10^{-48}$ gramos.

—Hace algunos años —añadí yo—, unos ilustres científicos propusieron una interesante teoría cosmológica llamada del «estado estacionario», según la cual la densidad del Universo no variaba (aceptaban el Principio Cosmológico Perfecto), y para compensar la pérdida de masa que habéis calculado, ellos suponían que había una «creación» de materia de unos 6×10^{-48} g cm^{-3} s^{-1}. Nadie podía decirles que no, porque esta pequeñísima «creación» era indetectable en cualquier laboratorio. Cuando a uno de estos autores de la teoría (Hoyle, Bondi y Gold) se le preguntaba que cómo podía admitirse que la materia fuera «creada» de la nada, respondía que casi todo el mundo creía que el Universo fue creado en seis días, lo cual era más difícil de «hacer» que su pequeña creación continua. Esta teoría está hoy desechada.

49

Ecuación del movimiento del Universo

El reloj dio cuatro campanadas. En ese momento me adormecí algo. Con los ojos semicerrados contemplaba la decoración. A mi derecha un cuadro de la Virgen, a mi izquierda la Sagrada Familia y al frente san Pedro. ¡De pronto, san Pedro se movió! Me desperté sobresaltado y entonces me di cuenta de que no era un cuadro, sino la ventana, y no era san Pedro, sino Jesús, que enseguida entró malhumorado en la habitación:

—¿Qué hacéis aquí? ¿Por qué no encendéis la luz? ¿Para pasar desapercibidos? Pues me he dado cuenta...

Ofrecí un vasito pequeño, lleno hasta el borde, a nuestro buen amigo, e insté a Julia y a Francisco a seguir.

—Nos preguntamos, pues, cómo va cambiando el «tamaño» del Universo. Si el Universo fuera infinito, parece que esta pregunta carece de sentido. Pero de alguna forma habrá que expresar el hecho de que si se va expansionando se va haciendo grande. Fijémonos en algún objeto concreto del Universo. Por ejemplo... por ejemplo...

—En el centro del cúmulo de galaxias llamado Coma —sugerí para ayudarle un poco.

—Coma. Actualmente este punto está a una distancia R_0. Pero debido a la expansión, este objeto estará en el futuro a una distancia mayor R. El valor de R, siempre que se especifique el objeto al que nos referimos, nos sirve para caracterizar el tamaño del Universo, incluso aunque éste sea infinito y no tenga bordes. Anteriormente utilicé r minúscula para hablar de distancias que no se alargaban debido a la expansión. Como debe ser, pues se mueve la masa, no el espacio... ¿qué te pasa, Alberto?

—Sigue, sigue. Otro día volveremos sobre lo que acabas de decir.

Pero Francisco se sumió en profundos pensamientos y fue incapaz de seguir. Julia le relevó.

—Pero ahora R es la distancia a un objeto concreto que "flota" en la expansión. Luego irá aumentando con el tiempo. Imaginemos una esfera de radio R. La masa dentro de esta esfera no variará. Es decir, el producto

$$\frac{4}{3}\pi R^3$$

por la densidad, será constante. Como

$$\frac{4}{3}\pi$$

es ya constante, podremos decir que el producto ρR^3 es siempre lo mismo, su valor será siempre igual a su valor actual, $\rho_0 R_0^3$. Por lo tanto el tamaño del Universo varía según:

$$R \propto \frac{1}{\sqrt[3]{\rho}}$$

»El signo $\propto$, que escribo yo, significa "proporcional a". Es lo mismo que escribir directamente $R = \text{constante}/\sqrt[3]{\rho}$. Esta constante sería $R_0\sqrt[3]{\rho_0}$. La fórmula anterior se leería "R es proporcional al inverso de la raíz cúbica de la densidad". Si supiéramos cómo varía H con el tiempo, sabríamos cómo varía ρ con el tiempo, y con esta fórmula, sabríamos cómo va variando el tamaño del Universo.

—¿Y cómo sabemos cómo varía H? —preguntó Cristóbal.

—Muy sencillo —exclamó Francisco, con un optimismo sorprendente—. El fluido cósmico obedecerá a las leyes de los fluidos, es decir, a la Mecánica de Fluidos, de la que nos habló Alberto. ¿Por qué varía la velocidad de expansión en cualquier punto, por ejemplo en el centro del cúmulo de Coma? Debido a fuerzas que producen esta aceleración. Alberto nos dijo que había que considerar como fuerzas las fuerzas ordinarias que actúan sobre cada partícula, y por tanto sobre una región del fluido, más otras tres fuerzas: la de viscosidad, la de gradiente y la inercial.

»La del gradiente será cero, porque de acuerdo con el Principio Cosmológico no puede haber gradientes de presión. Todos los puntos son equivalentes y tienen la misma presión.

»La fuerza de viscosidad también se anulará, pues en la expansión no se deslizan unas capas de fluido sobre otras.

»Luego queda la fuerza inercial y la que actúa sobre las partículas, que, supongo yo, será la fuerza de gravedad creada por todo el Universo.

»Pero la fuerza de la gravedad debe de ser nula, pues si el Universo es infinito y homogéneo, a una galaxia la atraerán de igual modo por uno y por otro lado, de forma que la fuerza neta será cero.

»Sólo queda la fuerza de inercia, que será igual a la aceleración que experimentaría un observador que nosotros viéramos flotando en el fluido cósmico. Alberto nos dijo que la fuerza inercial era importante en la turbulencia. Aquí no hay turbulencia, pero un observador que se moviera con el fluido cósmico apreciaría, según nosotros, una aceleración, pues cuanto más se alejara, más rápido iría aún más lejos, donde le tocaría alejarse con una velocidad mayor. Yo no me muevo, y como cualquier observador del Universo, tengo derecho a decir "yo estoy en reposo" y voy a ver cómo se mueve lo demás. Pero cualquier "observador que fuera observado por mí" experimentaría (según mi punto de vista) una aceleración. Esta aceleración por la masa de una partícula del fluido cósmico daría la fuerza inercial con signo menos.

—¿Cómo?

—Vamos a ver —se despeinaba inútilmente Francisco—. El observador que yo observo está a una distancia r. Luego se mueve con una velocidad Hr. Al cabo de un pequeño tiempo t, debido a esta velocidad se encontrará ya en un lugar más alejado, a una distancia $r + Hrt$. Pero a esta nueva distancia, su velocidad será $H(r + Hrt)$. La aceleración será obtenida como la diferencia entre estas dos velocidades, $H(r + Hrt)$ menos Hr, dividida por el tiempo. Resto y me sale que la fuerza inercial es H^2r. Para $r = 0$, no hay aceleración. Por eso, cuando me observo a mí mismo, veo que no estoy acelerado. Pero yo veo que cualquier otro observador que observo sí que sufre una aceleración. Con sentido contrario se tendrá la fuerza de inercia, $-H^2r$, por unidad de masa.

Don Celestino se había dormido.

—Calculemos ahora la aceleración $\Delta v/\Delta t = \Delta(Hr)/\Delta t = r\,(\Delta H/\Delta t)$ e igualemos. El signo Δ significa incremento. En un incremento de t, Δt, la velocidad aumenta en Δv, y la función H aumenta en ΔH. Se simplifica r y nos queda

$$\frac{\Delta H}{\Delta t} = -H^2$$

»Esta ecuación nos dirá cómo varía H con el tiempo. ¡Será la ecuación del movimiento del Universo!

La luz se apagó. Daba el reloj las cinco de la madrugada.

50

El Universo de Milne y el Big Bang

Al día siguiente acudimos todos a la cantina con expectación y nerviosismo. La conversación se había desvanecido en un momento crucial. Pronto estábamos todos sentados y en disposición de oír a Francisco.

—Tengo tres ecuaciones

$$\frac{\triangle H}{\triangle t} = -H^2$$

$$\frac{1}{\rho}\frac{\triangle \rho}{\triangle t} = -3H$$

$$\rho R^3 = \rho_0 R_0^3$$

»Si soluciono la primera, sé cómo varía H con el tiempo. Ya conozco H. Entonces voy a la segunda, y calculo la densidad. Ya sé cómo varía la densidad con el tiempo. Entonces voy a la tercera y calculo R. Ya sé cómo varía R en cada tiempo, y por tanto sabré cómo va variando el tamaño del Universo. El problema es que... yo no sé cómo se resuelve la primera ecuación.

—Es lo que se llama una ecuación diferencial.

—¡Ah! —dijo don Celestino, con voz exageradamente grave.

—Pues como ni Julia ni yo sabíamos resolver matemáticamente este problema, hicimos lo siguiente. En el momento actual conocemos H_0, ρ_0 y R_0. Hacemos que $\triangle t$ sea muy pequeño, y entonces vemos la modificación que se hubiera producido en el valor de H. Luego hacemos que el tiempo avance otro poquito, y volvemos a calcular el nuevo valor de H. Eligiendo $\triangle t$ muy pequeñito, pasito a pasito, podemos ir calculando el valor de H en cualquier instante. Hace falta una gran paciencia, pero los primeros resultados que se obtienen dan ya cierta experiencia y permiten prever los siguientes resultados.

Lo que habían hecho Francisco y Julia se llama técnicamente «una integración numérica» de la ecuación diferencial. Es lo que suele resolverse con un ordenador, puesto que, efectivamente, un ordenador tiene mucha paciencia.

—Con la segunda ecuación hicimos lo mismo, una vez que conocíamos cuánto valía H. Así determinamos ρ, y con la tercera ecuación encontramos directamente R. Como valor de R_0 tomamos 10^8 años-luz. Es decir, para ver un aumento del tamaño del Universo nos fijamos en un objeto que ahora estuviera a $R_0 = 10^8$ años-luz. Calculando, calculando... obtuvimos la siguiente tabla:

	H (s^{-1})	ρ (g cm^{-3})	R (años-luz)
Ahora	2×10^{-18}	10^{-30}	10^8
Dentro de 10^9 años	1.88×10^{-18}	0.81×10^{-30}	1.072×10^8
Dentro de 2×10^9 años	1.77×10^{-18}	0.67×10^{-30}	1.141×10^8
Dentro de 3×10^9 años	1.67×10^{-18}	0.56×10^{-30}	1.21
4×10^9	1.58×10^{-18}	0.48	1.28
5	1.50	0.41	1.35
6	1.43	0.35	1.42
7	1.37	0.30	1.49
8	1.31	0.27	1.55
9	1.25	0.24	1.61
10	1.21	0.21	1.68

»Nosotros no hemos tenido tanta paciencia como el ordenador y sólo hemos llegado hasta ver qué pasaba con los datos de H, ρ, y R dentro de 10^{10} años, calculando paso a paso cuáles eran sus valores cada 10^9 años. Pero aun así, salen resultados curiosos.

»Mirad. Aquí están los valores puestos en una gráfica, en la servilleta n.º 16. Los valores del tiempo son a partir de hoy, y hay que multiplicarlos por 10^9 años; a los valores de H por 10^{-18} s^{-1}; a los de la densidad por 10^{-30} g cm^{-3}, y a los de R por 10^8 años-luz.

»Se observa que la separación R a una galaxia concreta va aumentando según pasa el tiempo, y que lo hace "linealmente", es decir, según una "línea recta". En cambio H y ρ van siempre disminuyendo, pero cada vez disminuyen más despacio.

»Sólo hemos ido hacia el futuro en nuestros cálculos. No hemos retrocedido hacia el pasado. Pero es fácil adivinar lo que ha ocurrido, fijándose en estas gráficas. Empecemos estudiando R en función de t, o bien a qué distancia estaba en el pasado una galaxia que hoy está a 10^8 años-luz. Como la curva (R,t) es una línea recta, podemos prolongarla hasta que sea $R = 0$. La galaxia ya no podría estar más cerca de nosotros. Esto ocurriría para... —iba prolongando la recta— para... $t = -1,5 \times 10^{10}$ años. Así pues, hace $1,5 \times 10^{10}$ años todas las galaxias estaban aquí mismo. Podemos decir que el origen del Universo ocurrió hace $1,5 \times 10^{10}$ años. Entonces empezó a expandirse y se seguirá expandiendo.

»Vamos a estudiar ahora la gráfica (ρ,t). Da la impresión de que si prolongamos hacia el pasado hasta $t = -1,5 \times 10^{10}$ años, la densidad se haría infinita. Lo cual es lógico. Si todas las galaxias están "aquí mismo", en el momento del origen del Universo su densidad sería infinita. Claro que no es fácil prolongar tanto la curva.

El primer comentario fue mío:

—El Universo que acabas de describir es esencialmente lo que imaginó un astrónomo llamado Milne. Y por esta razón se le llama «Universo de Milne». A ese momento del pasado en el cual la densidad es infinita, y a partir del cual se produce la expansión, se llama «Big Bang», lo que en español se diría «Gran Pum». Así pues, el modelo de Milne de Universo es un modelo Big Bang, pero no es el único. Hay otros modelos Big Bang. La gran mayoría de los cosmólogos actuales acepta la idea de un Big Bang, y aunque, claro está, la verdad tampoco se decide democráticamente, esta creencia es hoy la ortodoxa.

—Según Francisco, en el origen del Universo, todas las galaxias estaban «aquí mismo». —Jesús golpeó con el puño la mesa—. Entonces, ¿fue «aquí mismo» donde se produjo el Big Bang?

—Así es; en efecto —respondimos Francisco y yo.

—¿Cómo puede ser? Entonces este lugar sería un lugar privilegiado del Universo. Sin embargo, el Principio Cosmológico nos decía que no hay puntos privilegiados en el Universo.

Dejé a Francisco que contestara:

—El Big Bang se produjo aquí, y se produjo en todos los lugares del Universo. Si el Universo es finito en el espacio, este punto era todos los puntos. Si el Universo es infinito, no logro imaginarme cómo sería el tamaño de un Universo tan reducido como para tener densidad infinita. Un Universo infinito, infinitamente comprimido, ¿cómo es? ¿Puntual o infinitamente extenso? Ni lo sé ni me importa, pues aunque fuera infinitamente extenso, la explosión inicial se produjo a la vez, en todos los puntos del Universo.

164

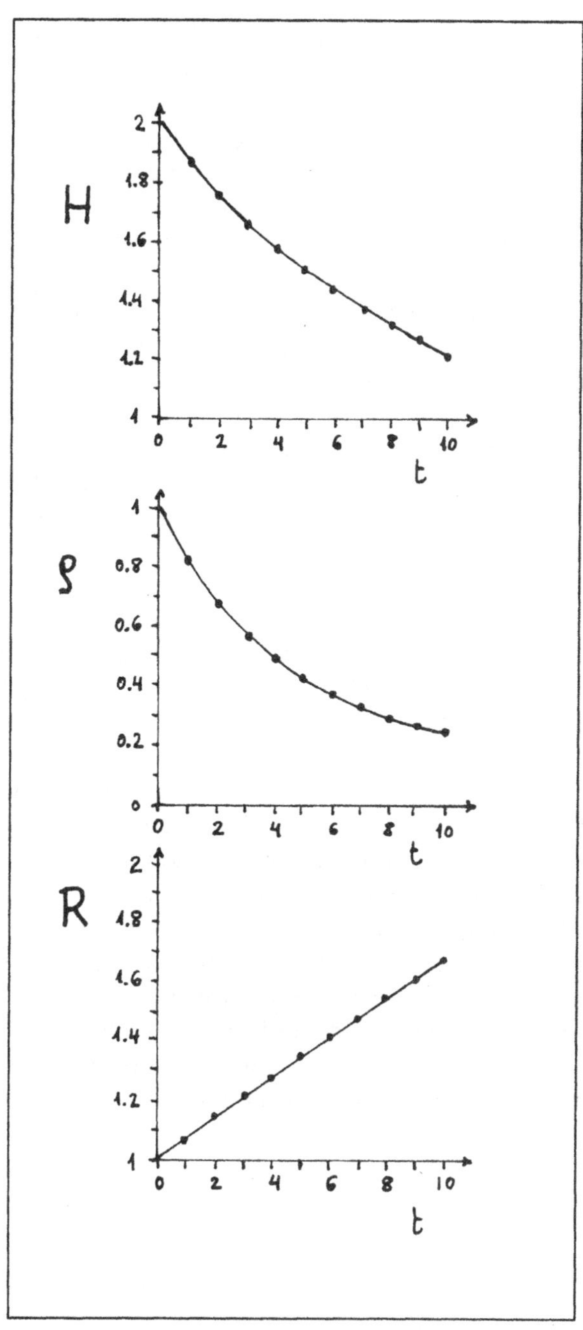

Servilleta n.º 16

—No nos intrigue más don Alberto. El Universo, ¿es finito o infinito en el espacio? —protestó don Celestino.

—No se sabe, aunque puede decirse mucho sobre el Universo sin dilucidar esta cuestión. Lo que sí os anticipo es que puede que el Universo sea finito y no estar en contradicción con el Principio Cosmológico. Puede que el Universo sea finito y no tenga bordes. Pero esto sólo puede entenderse mediante la Teoría General de la Relatividad, de la que no hemos hablado todavía.

—Pues ahora quería preguntar algo a Francisco. Si es verdad que $v = Hr$, para un valor de r suficientemente grande la velocidad v sería superior a la velocidad de la luz... lo que sabemos que no es posible...

—En el razonamiento que nos llevó a concluir esta fórmula, estuvimos suponiendo que las velocidades se sumaban clásicamente. Si hubiéramos hecho correcciones relativistas nos hubiera salido que $v = Hr$, sólo para distancias pequeñas. Para distancias mayores las velocidades de las galaxias deben de ser inferiores a las previstas por esta fórmula, y tender a la velocidad de la luz para una distancia infinita. Las observaciones también parecen indicar que la curva (v,r) no es una recta, sino que se comba para distancias muy grandes —contesté por Francisco—. Ahora voy a hablaros de otros modelos «Big Bang» del Universo, que son muy parecidos al que Julia y Francisco han imaginado.

»Habéis hecho la suposición de que la gravedad es nula, al considerar las fuerzas que actúan sobre el fluido cósmico. Si el Universo es infinitamente extenso e infinitamente poblado de galaxias, la fuerza de la gravedad en una dirección, debido a las galaxias que se encuentran en esta dirección, se verá compensada por la fuerza de la gravedad producida por las galaxias situadas en la dirección contraria. Esta fue vuestra suposición. Pero puede no ser correcta.

»Podría no serlo en el caso de un Universo finito, aunque vosotros rechazasteis esta posibilidad. Pero incluso la hipótesis puede ser no apropiada en el caso de un Universo infinito.

51

El Teorema de Birkhoff

Como la noche anterior habíamos dormido poco, nos fuimos antes a casa. Me metí en la cama y quedé inmerso en un espeso sueño.

Al día siguiente me encontré en el campo, siguiendo inexorablemente un sendero que me llevó a la casa de la bruja de Astudillo. La bruja me invitó a seguirla por la cueva que había en el interior de su casa. Era la cueva increíblemente larga y de estructura laberíntica, con unos tramos románicos, otros góticos, unos secos, otros inundados, habilitados como bodega los rincones más amplios, como suelen ser las bodegas de Astudillo. Habríamos recorrido unos 5 km de cueva, cuando llegamos a una habitación donde nos esperaban mis amigos de las tertulias de Astrofísica.

En el centro de la sala comenzaba a descender una vieja escalera de caracol. Por ella se metió la bruja y todos la seguimos. Descendimos durante varios días y empezamos a sentirnos ingrávidos, de forma que cada vez era más costoso seguir descendiendo. Al fin terminó la escalera y nos encontramos en una sala tan amplia que no se veían las paredes opuestas.

Estábamos flotando, completamente ingrávidos como los astronautas en el espacio. Sin embargo, nosotros estábamos en el interior de la Tierra, que parecía completamente hueca. Julia se desperezaba ingrávida, Cristóbal era un ángel mirón... todos levitábamos con una sensación inenarrablemente placentera.

La bruja encogió sus piernas en la pared para tomar impulso y se lanzó al vacío. Los demás la imitamos. Yo fui el último en salir, pero lo hice con mayor velocidad y poco a poco me fui acercando al grupo de antorchas que me precedía. Me frené suavemente con la mano de Julia.

Al cabo de algunos meses llegamos a la pared opuesta. Como la bruja no nos decía nada sobre aquella extraña excursión, todos me miraron pidiendo una explicación. Naturalmente, yo había estado calculando y podía responder de forma satisfactoria.

—Amigos, sin duda estamos en el interior de la Tierra, que no es sólido como se pensaba, sino completamente hueco.

Saqué una servilleta (n.º 17) y comencé a dibujar.

—Este hombre, en un punto cualquiera de la zona hueca de la Tierra, no puede sentir la gravedad. La razón es que la parte A atraerá a este hombre hacia la parte superior de mi dibujo, mientras que la parte B lo atraerá hacia abajo. La parte A es más pequeña, pero está más cerca, de forma que la gravedad que crean ambas partes sobre este campesino son iguales y de signo contrario. Se compensan exactamente. Es fácil probarlo matemáticamente y estoy seguro que incluso vosotros podéis hacerlo. Es además muy interesante el que este resultado no dependa del espesor de la parte sólida de la Tierra.

»Imaginemos que alguien rellena el inmenso hueco existente en el interior de la Tierra. Nos preguntamos cuál será la fuerza de la gravedad que actúa sobre una masa situada en el punto P. Pues bien, sabemos, y lo hemos vivido, que la parte anteriormente sólida de la Tierra, es decir, la materia situada fuera de la esfera de radio r, no produce ninguna gravedad en absoluto sobre el punto P. En efecto, P era también un punto de la parte anteriormente hueca de la Tierra y sobre una masa en O no había antes gravedad. Sólo puede haber ahora una gravedad creada por el relleno reciente, es decir, por la materia contenida dentro de la esfera de radio r.

»También es fácil probar lo siguiente: la gravedad que crea la materia contenida dentro de la esfera de radio r es la misma que ejercería toda esta materia concentrada en el punto central.

»Así pues, la materia exterior a la esfera de radio r no crea gravedad en P y la materia interior crea una gravedad igual a la que crearía si estuviera concentrada en el centro. Este teorema es válido incluso si este espesor es tan grande como queramos.

»También es notorio que este resultado, que se obtiene fácilmente con la Teoría de la Gravitación de Newton, es también cierto con la Teoría de la Gravitación de Einstein. En este segundo caso, este resultado fue demostrado por Birkhoff, y se llama Teorema de Birkhoff. Estrictamente no puede extrapolarse a un Universo infinito en el caso de la Mecánica de Newton, pero debido a este resultado relativista, consideraremos el Teorema de Birkhoff válido en cualquier situación.

Subimos apresuradamente las escaleras de caracol, tras atravesar nuevamente la Tierra. Nuestros cuerpos fueron recobrando su peso y al llegar a la superficie la luz dañó nuestros ojos. Me ayudaba a salir de la cueva la mujer de don Celestino, al tiempo que cariñosamente me seguía regañando:

—¡Arriba, gandul!

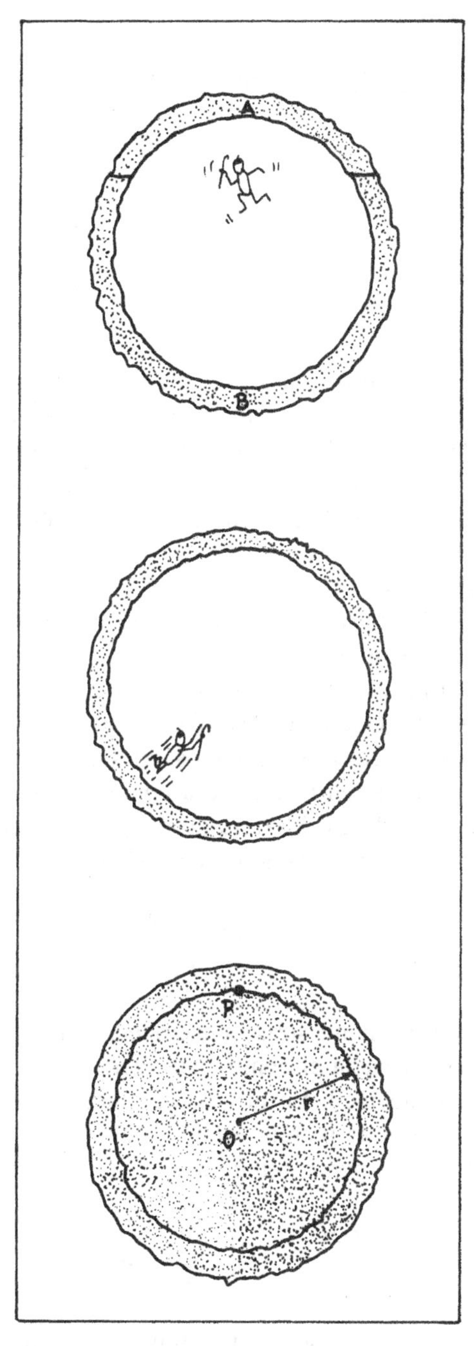

Servilleta n.º 17

52

La gravedad frena la expansión

Naturalmente, aproveché mi sueño para convencer a Francisco de que en sus modelos de Universo, incluso si éste era infinito, debía incluir la fuerza de la gravedad. Al contárselo, sin embargo, repetí firmemente que la Tierra no es realmente hueca. Especialmente Cristóbal se mostraba encantado con la posibilidad de que hubiera bajo nuestros pies un espacio libre sin gravedad.

—Aprovechemos las figuras anteriores para estudiar el Universo (servilleta n.º 18). Ahora la parte externa está tan lejos del punto central O, que no la pintamos. Eso sí, suponemos que, por muy alejada que esté, tiene forma esférica. Esta esfera exterior tiene un radio indefinidamente grande. Queremos estudiar cómo varía la posición r de una galaxia típica G. Nosotros estamos en O, y diremos que G es atraída hacia O, como si en O estuviera concentrada toda la masa del fluido cósmico contenida en la esfera de radio r. Esta fuerza que actúa por unidad de masa sobre el fluido cósmico situado en G será:

$$F = -G \frac{(4/3)\, \pi r^3 \rho}{r^2}$$

y habrá que incluirla en nuestras ecuaciones. Pongo el signo menos porque esta fuerza es hacia el centro, no hacia fuera.

—Es relativamente fácil. En el cálculo anterior, la aceleración era $r\,(\Delta H/\Delta t)$, y la fuerza de inercia $-H^2 r$. Todo iba multiplicado por r. Dividiendo nuevamente por r, tendremos

$$\frac{\Delta H}{\Delta t} = -H^2 - \frac{4}{3}\pi G \rho$$

»Esta será ahora la ecuación del movimiento del Universo. Las otras dos ecuaciones que teníamos que resolver seguirán ahora siendo las mismas.

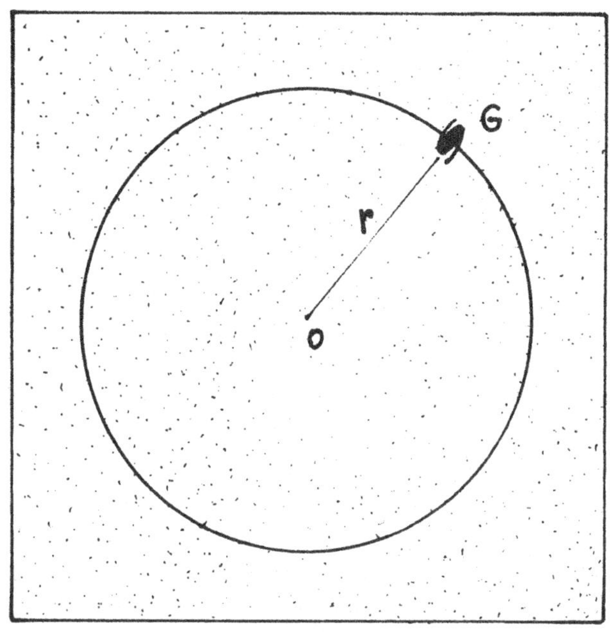

Servilleta n.º 18

—A calcular otra vez... —dijo don Celestino—. ¿Cuánto tiempo os llevará hacer estas cuentas?

—La verdad es que no tanto.

—Os sugiero una cosa —les dije—. En el cálculo anterior tomasteis como valor de la densidad 10^{-30} g cm^{-3}. Realmente este valor se conoce muy mal. Además de emplear este valor, os recomiendo que repitáis los cálculos con otros, por ejemplo, con una densidad mucho más alta, 10^{-29} g cm^{-3} o algo así.

—Entonces tardaremos un poco más —contestó Francisco—. Pero si tú lo recomiendas, por algo será. Jesús, ayúdanos un poco.

53

Expansión indefinida o colapso

Al día siguiente los cálculos estaban hechos. Julia se sentó con nosotros mientras Francisco enseñaba orgulloso sus resultados.

—Primero volvimos a considerar, como cuando reprodujimos el Universo de Milne, que hoy la densidad es 10^{-30} g cm^{-3}.

Nos enseñó la siguiente tabla:

—Con lo que dibujamos la gráfica de R/R_0 en la servilleta n.° 19, factor que nos dice cómo ha evolucionado en tamaño el Universo, ya que R es la distancia de una galaxia que hoy está a la distancia R_0.

»Como vemos, sale muy parecido a lo del otro día. Unicamente cerca del Big Bang parece que la curva se tuerce un poco, aunque entonces las variaciones son tan rápidas que me temo que los cálculos no son muy apropiados. Habría que haber tomado Δt más pequeño. La conclusión es que la inclusión del efecto de la gravedad apenas modifica la visión del Universo de Milne.

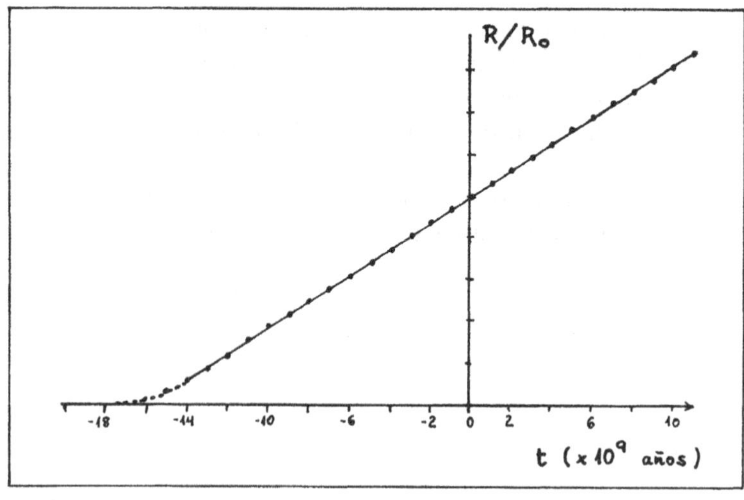

Servilleta n.° 19

»A continuación, según la sugerencia de Alberto, supusimos que la densidad actual del Universo no es de 10^{-30} g cm^{-3}, sino diez veces mayor, 10^{-29} g cm^{-3}. Obtuvimos la siguiente tabla, con lo que dibujamos la gráfica que os muestro en la servilleta n.º 20.

con $\rho_0 = 10^{-30}$ g cm^{-3}			
	H	ρ	R/R_0
Ahora	2×10^{-18} s^{-1}	1×10^{-30} g cm^{-3}	1
Dentro de 10^9 años	1.85×10^{-18} s^{-1}	8.27×10^{-31} g cm^{-3}	1.06
Dentro de 2×10^9 años	1.72×10^{-18} s^{-1}	6.94×10^{-31} g cm^{-3}	1.13
Dentro de 3×10^9 años	1.61×10^{-18} s^{-1}	5.90×10^{-31} g cm^{-3}	1.19
Dentro de 4×10^9 años	1.51×10^{-18} s^{-1}	5.07×10^{-31} g cm^{-3}	1.25
Dentro de 5×10^9 años	1.43×10^{-18} s^{-1}	4.39×10^{-31} g cm^{-3}	1.32
Dentro de 6×10^9 años	1.36×10^{-18} s^{-1}	3.83×10^{-31} g cm^{-3}	1.38
Dentro de 7×10^9 años	1.29×10^{-18} s^{-1}	3.37×10^{-31} g cm^{-3}	1.44
Dentro de 8×10^9 años	1.23×10^{-18} s^{-1}	2.99×10^{-31} g cm^{-3}	1.50
Dentro de 9×10^9 años	1.17×10^{-18} s^{-1}	2.66×10^{-31} g cm^{-3}	1.55
Dentro de 10×10^9 años	1.12×10^{-18} s^{-1}	2.38×10^{-31} g cm^{-3}	1.61
Dentro de 11×10^9 años	1.08×10^{-18} s^{-1}	2.14×10^{-31} g cm^{-3}	1.67
Hace 10^9 años	2.15×10^{-18} s^{-1}	1.20×10^{-30} g cm^{-3}	0.94
Dentro de 2×10^9 años	2.32×10^{-18} s^{-1}	1.46×10^{-30} g cm^{-3}	0.88
Dentro de 3×10^9 años	2.53×10^{-18} s^{-1}	1.81×10^{-30} g cm^{-3}	0.82
Dentro de 4×10^9 años	2.78×10^{-18} s^{-1}	2.27×10^{-30} g cm^{-3}	0.76
Dentro de 5×10^9 años	3.01×10^{-18} s^{-1}	2.93×10^{-30} g cm^{-3}	0.70
Dentro de 6×10^9 años	3.45×10^{-18} s^{-1}	3.87×10^{-30} g cm^{-3}	0.64
Dentro de 7×10^9 años	3.92×10^{-18} s^{-1}	5.29×10^{-30} g cm^{-3}	0.57
.	.	.	.
.	.	.	.
.	.	.	.
Dentro de 10×10^9 años	6.56×10^{-18} s^{-1}	1.82×10^{-29} g cm^{-3}	0.38
Dentro de 12×10^9 años	1.14×10^{-17} s^{-1}	6.70×10^{-29} g cm^{-3}	0.25
.	.	.	.
.	.	.	.
Dentro de 15×10^9 años	7.84×10^{-17} s^{-1}	5.64×10^{-27} g cm^{-3}	0.06
Dentro de 16×10^9 años	4.17×10^{-16} s^{-1}	2.25×10^{-25} g cm^{-3}	0.016
Dentro de 17×10^9 años	1.17×10^{-14} s^{-1}	2.45×10^{-22} g cm^{-3}	1.59×10^{-3}
Dentro de 18×10^9 años	1.06×10^{-11} s^{-1}	2.43×10^{-16} g cm^{-3}	1.60×10^{-5}
Dentro de 19×10^9 años	9.87×10^{-6} s^{-1}	2.44×10^{-4} g cm^{-3}	1.64×10^{-9}
Dentro de 20×10^9 años	10^{-7} s^{-1}	10^{20} g cm^{-3}	1.75×10^{-17}
¡¡¡ Big Bang !!!			

»Observad que la función H se hará negativa dentro de unos 10^{10} años; que más o menos por entonces, las galaxias dejarán de alejarse, y comenzarán a acercarse; que la densidad tendrá un valor mínimo, y luego comenzará a crecer de nuevo; y que el tamaño del Universo, que iba hasta entonces en aumento, empezará a disminuir. He aquí la gráfica.

»Nuevamente pensamos que los puntos muy próximos al Big Bang o al colapso final son poco de fiar. Así pues, concluiríamos que, con el cálculo anterior para $\rho_0 = 10^{-30}$ g cm^{-3}, se produjo un Big Bang hace unos $1,6 \times 10^{10}$ años, y la expansión desde entonces parece no frenarse.

»En cambio, en el segundo cálculo, con una gran densidad actual de 10^{-29} g cm^{-3}, resulta que se produjo un Big Bang bastante después que lo hiciera en el modelo anterior, hace unos 10^{10} años, pero la expansión se ha ido frenando, frenando; se alcanzará un máximo de tamaño dentro de otros 10^{10} años; a partir de entonces la gravitación será capaz de convertir la expansión en contracción. Esta irá aumentando progresivamente hasta que se produzca otra catástrofe dentro de unos $2,7 \times 10^{10}$ años, fecha en que el Universo colapsará y volverá a recobrar su densidad infinita, como al principio.

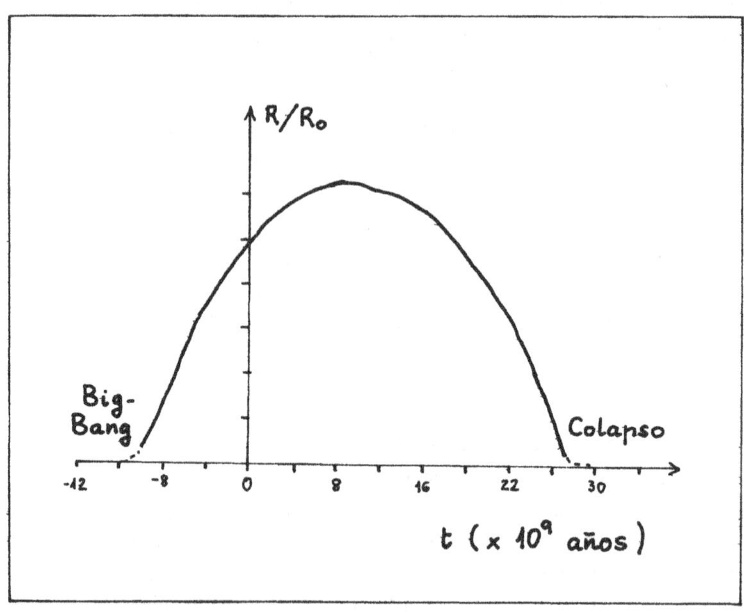

Servilleta n.º 20

Finalmente, Francisco cerró con seriedad su cuaderno y aguardó nuestros comentarios.

—La pregunta es evidente —comenzó don Celestino—. Si $\rho_0 = 10^{-30}$ g cm^{-3}, el Universo se expandirá eternamente. Si $\rho_0 = 10^{-29}$ g cm^{-3}, el Universo detendrá su expansión y colapsará. Entonces, para ρ_0 con

con $\rho_0 = 10^{-29}$ g cm^{-3}			
	H	ρ	R/R_0
Ahora	2×10^{-18} s^{-1}	1×10^{-29} g cm^{-3}	1
Dentro de $\ 1 \times 10^9$ años	1.61×10^{-18} s^{-1}	8.49×10^{-30} g cm^{-3}	1.06
Dentro de $\ 2 \times 10^9$ años	1.31×10^{-18} s^{-1}	7.45×10^{-30} g cm^{-3}	1.10
Dentro de $\ 3 \times 10^9$ años	1.06×10^{-18} s^{-1}	6.71×10^{-30} g cm^{-3}	1.14
.	.	.	.
.	.	.	.
.	.	.	.
Dentro de $\ 5 \times 10^9$ años	6.70×10^{-19} s^{-1}	5.79×10^{-30} g cm^{-3}	1.20
Dentro de $\ 7 \times 10^9$ años	3.54×10^{-19} s^{-1}	5.34×10^{-30} g cm^{-3}	1.23
Dentro de $\ 9 \times 10^9$ años	7.33×10^{-20} s^{-1}	5.19×10^{-30} g cm^{-3}	1.24
Dentro de 11 $\times 10^9$ años	-1.99×10^{-19} s^{-1}	5.32×10^{-30} g cm^{-3}	1.23
Dentro de 13 $\times 10^9$ años	-4.85×10^{-19} s^{-1}	5.74×10^{-30} g cm^{-3}	1.20
Dentro de 15 $\times 10^9$ años	-8.13×10^{-19} s^{-1}	6.54×10^{-31} g cm^{-3}	1.15
Dentro de 17 $\times 10^9$ años	-1.22×10^{-18} s^{-1}	7.97×10^{-31} g cm^{-3}	1.08
Dentro de 19 $\times 10^9$ años	-1.78×10^{-18} s^{-1}	1.06×10^{-29} g cm^{-3}	0.98
Dentro de 21 $\times 10^9$ años	-2.63×10^{-18} s^{-1}	1.58×10^{-29} g cm^{-3}	0.86
Dentro de 23 $\times 10^9$ años	-4.13×10^{-18} s^{-1}	2.86×10^{-29} g cm^{-3}	0.70
Dentro de 25 $\times 10^9$ años	-7.43×10^{-18} s^{-1}	7.28×10^{-29} g cm^{-3}	0.52
Dentro de 27 $\times 10^9$ años	-1.87×10^{-17} s^{-1}	4.06×10^{-28} g cm^{-3}	0.29
Dentro de 29 $\times 10^9$ años	-1.41×10^{-16} s^{-1}	2.72×10^{-26} g cm^{-3}	0.07
Dentro de 31 $\times 10^9$ años	-1.65×10^{-13} s^{-1}	5.78×10^{-20} g cm^{-3}	5.57×10^{-4}
Dentro de 33 $\times 10^9$ años	-0.51	$6\ \ \ \times 10^5$ g cm^{-3}	2.55×10^{-12}
	¡¡¡ Colapso !!!		
Hace $\ \ 1 \times 10^9$ años	2.38×10^{-18} s^{-1}	1.22×10^{-29} g cm^{-3}	0.94
Hace $\ \ 3 \times 10^9$ años	3.54×10^{-18} s^{-1}	2.06×10^{-29} g cm^{-3}	0.79
Hace $\ \ 5 \times 10^9$ años	5.86×10^{-18} s^{-1}	4.52×10^{-29} g cm^{-3}	0.60
Hace $\ \ 7 \times 10^9$ años	1.22×10^{-17} s^{-1}	1.70×10^{-28} g cm^{-3}	0.39
Hace $\ \ 9 \times 10^9$ años	4.86×10^{-17} s^{-1}	2.81×10^{-27} g cm^{-3}	0.15
Hace 11 $\times 10^9$ años	2.79×10^{-15} s^{-1}	1.41×10^{-23} g cm^{-3}	8.91×10^{-3}
Hace 13 $\times 10^9$ años	3.27×10^{-8} s^{-1}	2.46×10^{-9} g cm^{-3}	1.60×10^{-7}
Hace 15 $\times 10^9$ años	8.77×10^{20} s^{-1}	1.83×10^{48} g cm^{-3}	0
	¡¡¡ Big Bang !!!		

algún valor intermedio entre 10^{-30} y 10^{-29} g cm^{-3}, habrá un punto crítico en el cual «ni lo uno ni lo otro», ni expansión indefinida ni contracción, o, por decirlo de algún modo, contracción en un tiempo infinito. ¿Cuál sería el valor de la «densidad crítica» actual para obtener este Universo crítico?

—No lo hemos calculado, pues todas estas cuentas llevan mucho tiempo. Habría que repetir el cálculo miles de veces, porque habría que proceder por tanteo —respondió Francisco—. Además, para Universos próximos al crítico, habría que iterar hasta valores muy altos del tiempo para el futuro, por lo menos hasta encontrar el máximo de la curva (R,t). Esto era tan costoso que, puesto que el mecanismo ya estaba comprendido, Alberto nos podría dar directamente el valor de la densidad crítica.

Me vi pues obligado a intervenir.

—Empezaré informándoos que este Universo crítico, en el cual ahora la densidad es la crítica (y en todo momento la densidad es la crítica) se llama Universo de Einstein-de Sitter. En cuanto al valor de la densidad crítica pues... la verdad, no me acuerdo. Sólo os puedo decir lo que sabéis. Está entre 10^{-30} y 10^{-29} g cm^{-3}. Y además no me he traído ningún libro donde lo ponga. Cuando vuelva a mi casa os llamaré por teléfono... Lo siento.

Todos se quedaron un poco defraudados cuando Cristóbal cambió de tema:

—En el segundo cálculo de Francisco, Julia y Jesús, cuando se acaba el Universo en un catastrófico colapso... quizás haya un «rebote», y tras el colapso haya otro Big Bang...

—En efecto —le contesté—. Entonces se produciría un Universo oscilante. No se puede saber qué pasaría tras el colapso, porque el comportamiento de la materia a estas altísimas densidades, próximas a infinito, no se conoce bien, y probablemente nunca pueda conocerse. Ya hablaremos sobre de qué está hecho el Universo en estas etapas primitivas.

—Supongamos que hay un rebote y tras el colapso viene un segundo Big Bang —añadió Jesús—. El Universo volvería a repetirse un número indefinido de veces, y se seguiría repitiendo durante toda la eternidad. Pienso que un Universo oscilante, en realidad, sí que sería compatible con el Principio Cosmológico Perfecto. Como hicimos con el espacio cuando no nos fijábamos en pequeños detalles, y sólo contemplábamos escalas de cientos de millones de años-luz, ahora podríamos decir que se cumple el Principio Cosmológico Perfecto siempre que se consideren grandes periodos de tiempo; periodos de tiempo muy superiores al periodo de oscilación del Universo; es decir, periodos de tiempo de cientos de miles de millones de años.

—Así es, en efecto. Aunque no sabemos qué ocurriría en ese colapso cósmico. Por otra parte, no hay que olvidar que las medidas de la densidad actual, aunque afectadas por un gran error, parecen indicar que no estamos en un Universo ni oscilante, ni con colapso; ni siquiera parece que vivamos en un Universo de Einstein-de Sitter. Parece que vivimos en un Universo al que le espera una expansión indefinida.

—Es un poco raro, de todas formas, que la densidad real y la crítica de Einstein-de Sitter sean tan parecidas que no se diferencian ni siquiera en un orden de magnitud —comentó Francisco.

Tras disolverse la reunión, volví a casa y allí, desde un armario, saltaron hasta mí mis notas sobre Cosmología. Busqué el valor de la densidad crítica. Lo encontré. Al día siguiente lo comunicaría a mis amigos.

54

El Universo de Einstein-De Sitter

—¡Hola! En casa de don Celestino encontré el dato que buscaba. El valor de la densidad crítica es...

—Siete.

—¿Cómo dices?

—7×10^{-30} g cm^{-3}.

—En efecto... ¿dónde lo has leído?

Don Celestino dio tres golpecitos en el cerebro de Francisco, quien, con especial timidez, empezó a explicarnos su nuevo cálculo. Lanzó sus llaves hacia arriba.

—Mis llaves suben y luego bajan, imitando al Universo, que primero se expande y luego se contrae. Si yo lanzo las llaves hacia arriba con una gran fuerza, las llaves no volverán a caer, porque habré conseguido que escapen del campo gravitatorio terrestre. Habrá una velocidad mínima o crítica. Si lanzo mis llaves con velocidad menor, volverán a caer; si las lanzo con velocidad mayor, escaparán de la Tierra.

—El símil es adecuado. A esa velocidad se la llama velocidad de escape.

—Me pregunté entonces cuál sería esa velocidad de escape. Después de pensarlo un rato vi que esto debía ocurrir cuando la energía potencial y cinética fuesen iguales. La energía potencial tiene que ser $(GM_{\oplus}/R_{\oplus})m$, siendo m la masa de las llaves; y la energía cinética

$$\frac{1}{2} m v_{e}^{2}$$

siendo v_e la velocidad de escape. $M_{\oplus}$ y $R_{\oplus}$, claro está, son la masa y el radio de la Tierra. Así obtuve que la velocidad de escape de la Tierra, en un punto de la superficie de la Tierra, es de unos 11 km/s. Esta es una gran velocidad, por lo que si lanzo mis llaves hacia arriba, no hay peligro de que no vuelvan.

Las lanzó y quedaron enganchadas en una lámpara.

—¿Recordáis el dibujo de la servilleta n.º 18? Sácalo Jesús. La Galaxia G se ve atraída por O, como si en O estuviera concentrada la masa (4/3) πr^3 ρ_0. La energía potencial de una masa m situada en G será entonces:

$$\frac{G\,(4/3)\,\pi r^3 \rho_0}{r}$$

lo que se iguala a la energía cinética de escape,

$$\frac{1}{2}\,m v_e^2$$

»La velocidad de escape v_e será también igual a $H_0 r$. Haciendo esta igualación, resulta entonces que puedo despejar la densidad crítica. Ahora, en nuestros días

$$\rho_0 = \frac{3}{8\pi}\frac{H_0^2}{G}$$

»Haciendo los cálculos se obtiene entonces fácilmente que, ahora, la densidad crítica es, en efecto, 7×10^{-30} g cm^{-3}, como dije al principio.

No tuve más remedio que beber completamente el contenido de mi vaso.

—Seguí entonces ingenuamente haciendo cálculos sobre cómo sería el Universo de Einstein-de Sitter. En la fórmula anterior he puesto un subíndice cero en ρ y H, porque hice el cálculo para el momento actual. Ahora bien, lo podía haber hecho para cualquier otro momento, lo que significa que la fórmula anterior sigue siendo válida aunque le quitemos los subíndices cero. Recordáis la ecuación del movimiento del Universo en la que aparece ρ. Si sustituyo ρ por su valor dado por esta última fórmula, me queda la ecuación del movimiento del Universo de Einstein-de Sitter. Resulta una ecuación tan sencilla como

$$\frac{\triangle H}{\triangle t} = -\frac{3}{2}H^2$$

que se parece muchísimo a la ecuación del movimiento del Universo de Milne, que integramos el otro día. Sería incluso la misma si en lugar del tiempo consideráramos el tiempo multiplicado por 3/2 como variable. Al estudiar la tabla de valores del Universo de Milne, me di casualmente cuenta de que entre H y t había una relación muy sencilla, si empezaba a contar el tiempo t a partir del momento del Big Bang.

En el Universo de Milne era $H = 1/t$, sencillamente. Luego en el Universo de Einstein-de Sitter debería ser

$$H = \frac{2}{3}\frac{1}{t}$$

»Esta fórmula incluso podía ser aplicada al momento actual, obteniéndose t_0, el tiempo actual desde el Big Bang, que sería sencillamente $3/(2H_0)$, es decir, unos $2,4 \times 10^{10}$ años.

»Finalmente, me dediqué a calcular R, la distancia a una galaxia típica, o mejor, a calcular el cociente R/R_0, siendo R_0 la distancia a esa galaxia en el momento actual. Ya sabemos que $(R/R_0)^3$ es igual al cociente ρ/ρ_0 y, con las fórmulas que he escrito antes para calcular la densidad, este cociente será también $(H_0/H)^2$ y, de acuerdo con la fórmula anterior, este cociente es también $(t/t_0)^2$. Por lo tanto

$$\left(\frac{R}{R_0}\right)^3 = \left(\frac{t}{t_0}\right)^2$$

con lo cual ya puedo calcular cuánto vale R en función de t; es decir, puedo saber el tamaño del Universo para cada momento después del Big Bang.

—Me gusta este Universo —pensaba Cristóbal—. ¡Lástima que no sea el nuestro! ¡Mira que... si al hacer nuevas observaciones los astrónomos se dan cuenta de que ρ_0 es 7×10^{-30} en lugar de 10^{-30} g cm^{-3}.

—En realidad, los cosmólogos actuales piensan que así es el Universo precisamente y que si no se observa la densidad necesaria, es porque hay una «materia oscura» que no puede observarse. Algún día hablaremos de la «materia oscura» del Universo.

55

Disminución de la temperatura del Universo

—Si el Universo se está expandiendo —comencé al día siguiente en la cantina—, en épocas pasadas tuvo que ser más denso. La materia muy comprimida tiene un comportamiento diferente. La pregunta que quisiera plantearos hoy es: ¿cómo fue el Universo en épocas pasadas? ¿Qué ha ocurrido en el Universo desde el Big Bang hasta ahora? ¿Ha habido siempre galaxias? ¿Ha habido siempre átomos?

»Por de pronto, hemos de tener en cuenta un hecho bien conocido. Cuando un gas se expande, se enfría; cuando un gas se comprime, se calienta. ¿Cómo podría explicaros esto...?

—No me parece muy difícil de explicar —repuso Francisco—. Supongamos que inicialmente el gas está expandido. En el proceso de contracción, las moléculas adquieren una gran velocidad hacia el centro. Esta energía cinética no se puede perder, y como el movimiento hacia el centro no puede continuar indefinidamente, esta energía aparecerá como velocidad de unas moléculas con respecto a las otras, en el movimiento caótico que se interpreta como una temperatura alta. En la expansión pasa lo contrario; parte de la energía cinética correspondiente a una alta temperatura tiene que transformarse en energía cinética de expansión. El movimiento caótico de agitación térmica se invierte en movimiento radial hacia fuera.

—Por lo tanto, el Universo ha ido enfriándose desde el Big Bang. Si miramos hacia atrás en el tiempo, encontraremos estados cada vez más densos y calientes. ¿Cómo se comporta la materia del Universo a mayores presiones y temperaturas?

—El Universo no está formado por un gas —interrumpió Jesús— sino por estrellas y por galaxias. No veo que tengan que comportarse igual.

—Imaginemos de momento —seguí— que el Universo está formado por gas. Las estrellas nacen a partir del gas. Si en algún lugar del Universo la densidad del gas es mayor por alguna causa, la autogravitación hace que unas moléculas se aproximen más a las otras, aumentando así la autogravitación, lo que hace aumentar aún más el acercamiento, etc., etc. Se produce entonces una estrella, debido al colapso autogravitante inestable del gas. Ya vimos cómo en una estrella este colapso no continúa indefinidamente, porque llega un momento en que el gradiente de presión lo detiene. Otro día tendremos que hablar de este proceso de nacimiento de estrellas, cómo son éstas y cómo evolucionan. De momento nos interesa saber que hay estrellas porque en el Universo había (y hay) gas que las formó. Está bien pues que planteemos esta pregunta estudiando cómo se enfría el gas.

—Cuando estudiamos la Mecánica de Fluidos, vimos cómo el movimiento de un fluido se debía a varias fuerzas que nos enumeraste —decía Francisco—. Si ahora queremos saber si el Universo se calentará o enfriará, sería útil también que nos comentases qué efectos producen calentamientos o enfriamientos en un fluido.

—Un fluido, y un gas en particular, puede calentarse o enfriarse fundamentalmente por cinco causas —respondí al tiempo que me desprendía progresivamente de los dedos de una de mis manos—. Una posible causa es el enfriamiento adiabático, que no hace falta que explique más, porque es el efecto al que Francisco se ha referido anteriormente. Hablemos de los otros.

»*a)* Lo que podríamos llamar el calentamiento inercial. Supongamos que estoy estudiando el calentamiento en una zona del fluido. Si más allá la temperatura es mayor, y el fluido viene hacia aquí, la temperatura de esta zona que estoy analizando aumentará.

—Está claro entonces por qué el nombre de calentamiento inercial. Un observador que viajara con el fluido no observaría ninguna variación de temperatura —comentó Francisco—. Sin embargo este efecto no debe producir ninguna variación de temperatura en el fluido cosmológico. Debido al Principio Cosmológico, no hay variaciones de temperaturas entre unos puntos del Universo y otros. Si no hay gradientes de temperatura, no puede haber calentamiento inercial.

—*b)* Calentamiento por viscosidad.

—Ya vimos que la viscosidad no actuaba en un fluido con expansión pura.

—*c)* Conducción térmica. Incluso cuando el fluido no se mueve, gracias a los choques entre las moléculas el calor puede propagarse de los sitios más calientes a los más fríos, y de esta forma enfriar aquéllos y calentar éstos.

—En el fluido cosmológico, este efecto de la conducción térmica tampoco debe tener influencia. Nuevamente, debido al Principio Cosmológico no puede haber regiones más calientes y regiones más frías.

—*d)* Puede haber procesos fotoquímicos en el seno del fluido. Por ejemplo, puede haber reacciones químicas o algún otro proceso que desprenda calor. El gas que estamos considerando puede ser calentado al absorber la radiación ultravioleta de las estrellas, por ejemplo.

Esta quinta posibilidad detuvo la prisa de Francisco por resolver el problema del balance calorífico del Universo.

—Este calentamiento es importante y tiene una distribución espacial extraña. De hecho, es difícil decir cuál es ahora la temperatura del gas cósmico. Encontramos gas a muy diferentes temperaturas, desde unos pocos grados Kelvin hasta regiones con 10^7 K. Esta diferencia de temperaturas entre unas regiones y otras se debe en gran parte a procesos de calentamiento por procesos estelares, posteriores por tanto a la formación de las galaxias.

—Me gustaría hacer el cálculo siguiente. Imaginemos que estamos en una época del Universo anterior a la formación de las galaxias, de tal forma que se trate de un gas que se enfría porque se expande, sin que los efectos de calentamiento por la proximidad de las estrellas hayan de tenerse en cuenta. En el proceso de formación de una galaxia ha habido también probablemente una contracción que habrá calentado el gas. Por eso quisiera saber cómo se va enfriando la materia del Universo antes de que se formaran las galaxias. Me voy a mi casa a calcular tranquilamente.

—No te molestes, Francisco. No quiero ni te recomiendo que hagas ese esfuerzo, pues sería baldío. Yo te lo digo. Se trata de lo que los físicos llaman una "expansión adiabática". Según va disminuyendo la densidad, va disminuyendo la temperatura, de acuerdo con la llamada fórmula de las "transformaciones adiabáticas". Esta ecuación, para un gas monoatómico (como lo es el hidrógeno), es:

$$\frac{T^{3/2}}{\rho} = \frac{T_0^{3/2}}{\rho_0}$$

»Como ya habéis calculado el otro día cómo varía la densidad con R, se tendrá que la materia del Universo se enfriaría de acuerdo con la fórmula:

$$TR^2 = T_0 R_0^2$$

es decir, la temperatura del hidrógeno del Universo disminuiría con el cuadrado del radio del Universo.

Francisco estaba malhumorado.

—¿Por qué no me has dejado a mí obtener esta conclusión? Estoy seguro de que lo hubiera conseguido.

—Porque probablemente nunca ocurrió esta fase en la historia del Universo. O duró muy poco. La materia «aislada», enfriándose, antes de la formación de las galaxias, fue muy breve —dije mientras enfatizaba la palabra «aislada» con el dedo índice señalando al techo—. Hacedme caso: en lugar de ese cálculo os aconsejo que hagáis algunos otros. Os será más provechoso. ¿Cómo evoluciona la temperatura del sistema de fotones del Universo en là expansión? ¿Y cuándo se formaron las galaxias?

56

La radiación de fondo de microondas

Llegué el primero a la cantina. Julia me saludó.

—He pensado en las dos preguntas de ayer. No sé responder a la primera pregunta, aunque sí a la segunda. ¿Cómo es de grande una galaxia?

—Pues aproximadamente... pongamos que... 60.000 años-luz, o algo parecido.

—¿Y cuál es la separación típica entre galaxias?

—No sé... están relativamente cerca comparado con su diámetro... Pongamos que... 60 millones de años-luz...

Llegaron en ese momento los otros y Francisco me anunció:

—He pensado en las dos preguntas de ayer. No sé responder a la segunda pregunta, aunque sí a la primera.

Nos sentamos, hicimos algunas bromas, bebimos un traguito y finalmente habló Francisco.

—Supongamos que el sistema de fotones está aislado; quiero decir, que no interacciona con la materia. Cuando el Universo se expansiona, el número de fotones no puede cambiar. Siempre habrá los mismos. Cabría la posibilidad de que los fotones fueran emitidos o absorbidos por los átomos, pero hemos partido de que el sistema de fotones estaba aislado. Si los mismos fotones ocupan un volumen mayor, el número de fotones por unidad de volumen debe ser inversamente proporcional al volumen, o en definitiva, inversamente proporcional al cubo del radio del Universo. Es decir, $n \propto R^{-3}$. Calculo el número de fotones por unidad de volumen, porque esta cantidad estará relacionada con la temperatura de los fotones, más que el número total de fotones del Universo. Pero la temperatura dependerá no solamente del número de fotones por unidad de volumen, sino además de la energía que lleven éstos. La energía que llevan los fotones era, según vimos, $E = h\nu$. Los fotones, vengan de donde vengan, proceden de un medio que se va expandiendo. Se producirá un efecto Doppler y los fotones se enrojecerán, o dicho de otra forma, perderán energía. Cuanto mayor sea la expansión, mayor será el enrojecimiento, luego yo creo que la frecuencia de un fotón típico disminuirá proporcionalmente al radio del Universo. En definitiva, la energía radiante en cada unidad de volumen será proporcional a R^{-4}. Pero ya vimos que esta energía radiante por unidad de volumen era proporcional a T^4. Por lo tanto, la temperatura de un sistema de fotones aislado y en expansión es inversamente proporcional al radio: $T \propto R^{-1}$. O bien

$$\frac{T}{T_0} = \frac{R_0}{R}$$

donde R es la distancia a una galaxia típica que actualmente está a una distancia R_0. Y T_0 sería la temperatura del sistema de fotones actualmente.

—Has estado empleando fórmulas válidas para un sistema de fotones en equilibrio termodinámico, es decir, estás considerando un cuerpo negro —dijo Jesús.

—En efecto.

—¿Y cuál sería la temperatura actual de ese cuerpo negro que ocuparía y llenaría todo el Universo.

—2,7 K.

Este sorprendente dato procedía de Julia. No podía creerlo. ¿Cómo podía Julia haber obtenido esta asombrosa conclusión? Cierto es que algunos científicos como Gamow y Peebles habían predicho la existencia de un cuerpo negro a una temperatura muy baja, antes de que Penzias y Wilson lo encontraran experimentalmente.

—¿Por qué lo sabes? —balbuceé.

—Porque tú lo dijiste el otro día, hablando del Principio Cosmológico.

—¡Ah, bueno! Podemos calcular la longitud de onda más probable para un cuerpo negro a 2,7 K, con la fórmula que vimos cuando hablamos del cuerpo negro.

—Por aquí la tengo. —Sacó Jesús una servilleta—. Era: $\lambda_{max} T =$ $= 0,29$ cm K, luego λ_{max} es aproximadamente 1 mm. Hay que observar en ondas milimétricas.

—En efecto, y esta radiación del cuerpo negro se llama radiación de fondo de microondas. Se observa ciertamente, en estas longitudes de onda, el espectro de un cuerpo negro. Y la radiación es casi completamente isótropa. Vayamos entonces a la segunda pregunta.

Julia se acercó con la jarra, y al tiempo que llenaba los vasos iba razonando:

—El diámetro de una galaxia es del orden de 6×10^4 años-luz, y la separación entre galaxias de unos 6×10^7 años-luz. Si las galaxias no han variado de tamaño pero sí el Universo, resulta que las galaxias estaban tocándose cuando el Universo era $6 \times 10^7 / 6 \times 10^4$ veces más pequeño que ahora. Antes de que el Universo fuera 1000 veces más pequeño que ahora, las galaxias estaban juntas, es decir, no se podía hablar de galaxias porque la materia estaba repartida uniformemente por todo el espacio.

Jesús preguntó:

—O sea, que el Universo se expande, pero una galaxia, no. ¿Por qué?

—Porque si todas las dimensiones aumentasen no nos daríamos cuenta de nada —respondió Cristóbal—. Sería equivalente a que el Universo fuera observado por un ángel mirón cada vez más diminuto.

La contestación de Julia fue algo más seria:

—Dedujimos la expansión del Universo a partir del Principio Cosmológico. Por tanto, podemos hablar de expansión solamente para las escalas de longitud grandes, suficientemente grandes como para que el Principio Cosmológico sea válido.

57

Epoca de la Recombinación

—Ayer, en el cálculo de Francisco, era necesario suponer que los fotones interaccionaban poco con la materia. Y actualmente esto es lo que ocurre, los fotones que tienen una longitud de onda de 1 mm, aproximadamente, pueden atravesar las regiones del Universo sin ser absorbidos por ningún átomo. En primer lugar, el espacio intergaláctico está casi vacío. Pero además, un fotón de 1 mm puede atravesar perfectamente nuestra galaxia sin sufrir ninguna interacción con la materia. El Universo actual es transparente para los fotones, especialmente para los fotones de tan larga longitud de onda.

»Pero es previsible que en otro tiempo esto no fue así. Y eso por dos motivos. Cuando el Universo era más pequeño era más denso, por lo que un fotón encontraba en su camino con más frecuencia a un átomo e interaccionaba con él. Pero hay además otra causa importante. Sabemos que en otra época también la materia estuvo más caliente (salvo los esporádicos calentamientos estelares).

»Vimos que cuando la temperatura es superior a unos 3 000 K, el electrón abandona el núcleo del hidrógeno. El electrón y el protón se mueven independientemente. Pues bien, los electrones sueltos interaccionan con mucha más facilidad con los fotones que los átomos de hidrógeno. Un fotón, al encontrarse con un electrón libre, sufre un proceso que se llama *"Scattering* de Thompson". No es tan importante el comprender qué es este proceso como el saber que un sistema de electrones libres es mucho más opaco para los fotones, y especialmente si el sistema de electrones libres es muy denso.

»Así que, probablemente, en otra época el Universo no era transparente. Las interacciones entre materia (electrones) y luz (fotones) eran tan frecuentes que el sistema de partículas y el de fotones estaban condenados a tener un equilibrio termodinámico común. En otras palabras, cuando el Universo era opaco la materia y la luz tenían la misma temperatura. En un Universo así, la expansión producía un enfriamiento de ambas. La temperatura disminuía progresivamente. Esto no es de extrañar. Sabemos que un gas que se expande se enfría, y que un cuerpo negro que se expande se enfría. Así que cuando convivían el gas y el cuerpo negro, en equilibrio termodinámico común, es lógico esperar que la expansión también enfriaría el Universo.

»Llegaría un momento en que la temperatura bajase hasta los 3000 K. En ese momento, los electrones se unieron a los protones formando átomos de hidrógeno, y el Universo bruscamente se volvió transparente. A partir de entonces la temperatura de la materia y la temperatura de la luz evolucionaron de forma independiente.

»A este momento importante en la historia del Universo se le llama Epoca de la Recombinación. El nombre no es muy apropiado: electrones y protones no se re-combinaron, porque anteriormente nunca estuvieron unidos. La pregunta ahora es: ¿cuándo tuvo lugar la Epoca de la Recombinación? ¿Hace cuántos años? O bien: ¿cómo era de grande el Universo?

—Es fácil contestar a esa pregunta —dijo Jesús—. Sabemos que la temperatura de los fotones aislados (los de ahora) varía según $T \propto R^{-1}$. Si ahora la temperatura es de unos 3 K, y en la Epoca de la Recombinación de 3000 K, el Universo era entonces 1000 veces más pequeño que ahora.

—¡Qué casualidad! —dijo Julia—. Prácticamente coincide con la Epoca de Formación de las Galaxias. Eso debió aumentar aún más la transparencia del Universo.

—Se puede concluir, por tanto, que antiguamente la materia estaba uniformemente distribuida, y había una gran cantidad de luz. Al irse expansionando el Universo, su temperatura bajó hasta 3000 K. Entonces se produjo la Recombinación. Se formaron los átomos de hidrógeno; el Universo se volvió transparente. Al mismo tiempo, o un poco más tarde, empezaron a diferenciarse las galaxias. Se formaron las primeras estrellas y los primeros planetas. Desde entonces la temperatura de la materia evolucionó de una forma extraña, mientras que los fotones se enfriaron hasta su temperatura de 2,7 K —dijo Francisco—. ¿Es esto más o menos lo que ha pasado?

—En efecto. Por precisar un poco más, no solamente había protones y electrones que se recombinaron. También había núcleos de helio, aunque en menor proporción.

—¿De dónde había salido este helio?

—¿Y los demás elementos químicos que hoy vemos?

—Ya lo iremos estudiando... —tranquilicé—. Ahora quiero añadir que en la era actual, o Era de las Galaxias, hay muchos otros fotones que, en general, no pertenecen a ningún cuerpo negro y que tienen otras longitudes de onda. Afortunadamente hay pocos con longitudes de onda del milímetro, por lo que aquel cuerpo negro primordial, reliquia del pasado, puede observarse bastante bien. Al observar este cuerpo negro a 2,7 K, estamos en realidad observando el Universo primitivo cuando aún era 1 000 veces más pequeño que ahora.

—¿Cuándo ocurrió este excepcional suceso?

Francisco se aventuró.

—Para convertir el radio del Universo en tiempo transcurrido debemos saber de qué tipo es el Universo: si la expansión será indefinida, si se detendrá, o si estamos en el Universo de Einstein-de Sitter. Supongamos que estamos precisamente en el Universo de Einstein-de Sitter. Sabemos que en él $R^3 \propto t^2$, en otras palabras:

$$(10^{-3})^3 = (t/t_0)^2$$

donde t denotaría el momento de la Recombinación y t_0 el tiempo transcurrido desde el Big Bang hasta ahora, es decir, unos 3×10^{10} años; me sale entonces que la Epoca de la Recombinación tuvo lugar... aproximadamente... ¡un millón de años después del Big Bang!

—Este es el tiempo que se obtiene más o menos cuando se hacen los cálculos más detallados —confesé.

—¿Y cómo era, qué propiedades tenía un Universo lleno de luz? —preguntó Cristóbal, deseando (el infeliz) vivir aquel momento.

58

Era del Plasma

—Situémonos en el Universo antes de los 10^6 primeros años después del Big Bang —recordé—. No había aún galaxias, ni estrellas ni planetas. El Universo era más homogéneo que ahora. El hidrógeno es un átomo formado por un protón y un electrón. Entonces no estaban juntos; había protones y electrones sueltos. ¿Qué más había? Veremos, cuando estudiemos las estrellas, que todos los elementos químicos se han formado en su interior. Antes de la formación de estrellas sólo había dos de ellos: el hidrógeno y el helio. Más concretamente había 73 % de H y 27 % de He. A tan alta temperatura, también los átomos de He estaban ionizados. Luego, además de protones y electrones, debía haber núcleos de helio (que están formados por dos protones y dos neutrones). ¿Qué más había? Muchísimos fotones. Muchísimos más fotones que protones, electrones y núcleos de helio. Era un Universo de luz. También ahora hay muchos más fotones que átomos, pero los fotones de ahora no son tan energéticos como los de entonces. En realidad, había también otro tipo de partículas en grandes cantidades: había neutrinos. Se supone que estos neutrinos siguen poblando nuestro Universo, pero son muy difíciles de detectar. Atraviesan la Tierra entera sin sufrir ninguna interacción. La Tierra es completamente transparente para ellos; de ahí su dificultad de detección. Pero los físicos teóricos piensan que hay muchos neutrinos, y que ya los había entonces, y en tan grandes cantidades como los fotones, a pesar de lo cual pasaban tan desapercibidos como ahora.

—Supongamos que nos acercamos aún más al momento del Big Bang —siguió Francisco—. Anteriormente también debía haber expansión y por tanto enfriamiento. ¿Qué ley seguía el enfriamiento?

—La presión de los fotones, según hemos visto, depende de la cuarta potencia de la temperatura, mientras que si las partículas materiales se comportan como un gas perfecto ($p = nkT$, según hemos visto también), la presión de la materia depende de la primera potencia de la temperatura. Por tanto, al retroceder en el tiempo y tener un Universo cada vez más caliente, la presión de los fotones era mucho mayor que la de la materia. Era un Universo dominado por la luz, en contraposición con el actual, que está dominado por la materia. Aunque materia y luz estaban en equilibrio termodinámico, los fotones eran dominantes, de tal forma que seguirá siendo válido:

$$\frac{T}{T_0} = \frac{R_0}{R}$$

»La temperatura era inversamente proporcional al radio del Universo, aunque seguimos sin conocer perfectamente la relación entre el radio del Universo y el tiempo desde el Big Bang.

»Esta era la situación en la llamada Era del Plasma (llamada así porque en un plasma los electrones no están todos unidos a los núcleos), que duró hasta un millón de años aproximadamente, y que precedió a la Era de las Galaxias.

—¿Qué pasó antes?

—Nada importante hasta que, retrocediendo en el tiempo, llegamos a los tres minutos después del Big Bang. Entonces hubo algunos otros acontecimientos que cambiaron la naturaleza del Universo.

—¡Tres minutos! Me parece que los físicos son un poco atrevidos...

—Sí que lo son, afortunadamente. Pero de todas formas los físicos hablan con exactitud de muy pocas cosas. Sólo sobre cosas que tienen un comportamiento muy sencillo. Y el Universo entonces era muy sencillo.

—¿Cuál es entonces la primera Era que vamos a estudiar?

—La Era precedente, que no es la primera, sino —calculé mentalmente—... quizá la quinta. Es la llamada Era de las Partículas.

Aniquilación de electrones y positrones

—Nos hemos molestado en calcular cuál era la temperatura 3 minutos después del Big Bang y cómo era de grande el Universo en comparación con su tamaño presente. Como $T \propto R^{-1}$ y como $R \propto t^{2/3}$, resulta $T \propto t^{-2/3}$, es decir:

$$\frac{T}{T_0} = \left(\frac{t_0}{t}\right)^{2/3}$$

»Con $T_0 = 2{,}7$ K y con $t_0 = 2{,}4 \times 10^{10}$ años, la temperatura debía de ser de unos 7×10^{10} K. El radio del Universo debía ser aproximadamente ¡2×10^{10} veces más pequeño que ahora!

—Pues mira, Jesús, el cálculo está esencialmente bien. Pero nuestras estimaciones han sido sólo aproximadas. En realidad, la fecha actual suele estimarse en $1{,}5 \times 10^{10}$ años. Al final de los 3 minutos la temperatura debía ser de unos 10^9 K, algo más baja de lo que has calculado. Probablemente el Universo era solamente unas 4×10^8 veces más pequeño que ahora.

—Es que Jesús es un exagerado...

—Entonces, vuelvo a calcular de nuevo la densidad... Pues no era muy alta; todavía... menor que la densidad del agua.

—Está bien; pero toma tus valores sólo a título orientativo, pues en realidad se calcula que era ya ligeramente superior a 1 g cm^{-3}. Los fotones contribuían ya de forma muy significativa a la masa (energía) del Universo.

—Pues más o menos nos hacemos una idea de la situación, en la cual ocurrieron los sucesos que esperamos que nos cuente.

—El proceso del que os voy a hablar ocurrió en realidad algo antes, aproximadamente 14 segundos después del Big Bang. Este proceso es el llamado de "aniquilación" de pares electrón-positrón, aunque posteriormente, hasta después de 4 minutos, pasaron algunas cosas dignas de mención. La "Epoca de la Aniquilación" es en realidad una Epoca repleta de acontecimientos. A los 14 segundos, la temperatura era de 3×10^9 K.

»Como conocéis la fórmula $E = mc^2$, y que energía y masa son una misma cosa, no os puede extrañar que la luz se convierta en materia. Cuando se consigue en un laboratorio una temperatura muy elevada, aparecen fotones con una gran energía. Pues bien, dos de estos fotones pueden desaparecer y en su lugar aparecen dos partículas materiales: un electrón y un "positrón". Un positrón es una partícula igual que el electrón pero con carga eléctrica positiva, y se dice que es la "antipartícula" del electrón, también llamada "antielectrón". Se dice entonces que ha habido una "creación de par", en este caso de un par de positrón-electrón. Para que se produzca la creación de pares electrón-positrón en cantidades apreciables es necesario que la temperatura sea superior a una temperatura umbral, cuyo cálculo es sencillo. La energía de los fotones a una determinada temperatura será aproximadamente kT, mientras que la energía de un electrón en reposo es mc^2, luego la fórmula:

$$kT = mc^2$$

nos dirá la temperatura umbral a la cual las partículas de masa m empezarán a crearse a expensas de los fotones. Este es un conocido fenómeno, estudiado en el laboratorio. No es una experiencia familiar ver cómo la luz se convierte en materia, lo cual se explica porque si calculamos la temperatura umbral para la creación de pares positrón-electrón, obtenemos...

—6 $\times 10^9$ K —terminó en aquel momento Jesús de hacer los cálculos.

—En el Universo la temperatura no fue aumentando sino disminuyendo, de tal forma que «antes» el Universo debió estar repleto de electrones y positrones, y, cuando la temperatura descendió por debajo de la umbral, los electrones y positrones sufrieron el proceso contrario. Se aniquilaron mutuamente creando dos fotones. Este proceso de aniquilación de pares también es conocido en el laboratorio, pero no es un proceso familiar. No vemos frecuentemente que la materia se convierta en luz, porque, a pesar de que se puede producir a bajas temperaturas, en nuestro Universo no hay positrones en abundancia. Lo que debió ocurrir entonces, antes de los 14 primeros segundos, es que había una gran cantidad de positrones y electrones, y más o menos por esa Epoca se aniquilaron de dos en dos. Actualmente, hay algunos electrones. Eso quiere decir que, antes de la Aniquilación, había unos pocos más electrones que positrones. Los positrones desaparecieron todos, y quedaron los electrones que no encontraron pareja. Y afortunadamente no la encontraron, pues si se hubieran aniquilado todos, no estaríamos aquí para contarlo.

—Entonces, antes de la Aniquilación, el Universo contenía grandes cantidades de materia. Luego, más tarde, en la Era del Plasma no tenía casi materia. Y más tarde aún, en la Era de las Galaxias, volvió a estar dominado por la materia.

—En efecto.

—¿Y qué más sucesos ocurrieron por entonces?

—Más o menos, a los tres minutos, se produjo la Nucleosíntesis...

60
Nucleosíntesis del helio

—Es evidente que en el Universo actual hay neutrones. ¿Cuántos? Más o menos los mismos que había cuando empezaron a formarse las galaxias. He prometido que veremos cómo entonces sólo había hidrógeno y helio, y que los demás elementos químicos se produjeron después en el interior de las estrellas. Tras la observación de las estrellas más viejas, puede estimarse, como os dije el otro día, que cuando empezaron a formarse las galaxias había un 73 % de H y un 27 % de He. En el núcleo del hidrógeno hay un protón, y en el núcleo del helio, dos protones y dos neutrones. Así pues, entonces, de cada 100 partículas nucleares (neutrón o protón) había $73 + 27/2 = 87$ protones y $27/2 = 14$ neutrones. Recordad que el neutrón y el protón tienen aproximadamente la misma masa. Estos neutrones estaban todos "en" los núcleos de He.

»Pero los núcleos de He no pueden haber existido siempre. Las moléculas se deshacen en sus átomos al aumentar la temperatura, y lo mismo pasa con los átomos. Al aumentar mucho la temperatura, las colisiones son tan violentas, que los núcleos se deshacen en sus partículas nucleares. Aproximadamente a los 14 segundos, precisamente en la Epoca de la Aniquilación, la temperatura era de 3×10^{29} K. En tiempos anteriores, con temperaturas superiores, los núcleos de helio no pudieron existir. Antes, los protones y los neutrones debían estar sueltos y libres. Claro está que protones y neutrones eran partículas muy raras en comparación con los electrones, positrones, fotones y neutrinos.

»Antes de esta fecha, la proporción de neutrones y protones debió ser diferente de la que hemos calculado. Por una parte hay procesos que alteran esta proporción. Por ejemplo: un neutrón más un neutrino reaccionan, dando un electrón más un protón. También se puede producir la reacción en sentido contrario, y hay también otras reacciones similares. Pero esencialmente hay un proceso del que os quiero informar. El neutrón libre, fuera de su núcleo, es una partícula inestable.

En cosa de un cuarto de hora, se desintegra apareciendo en su lugar un protón, un electrón y un antineutrino (el antineutrino es una partícula tan poco detectable como el neutrino). Claro que 14 segundos es menor que un cuarto de hora. El Universo era tan joven que el proceso de desintegración del neutrón no había tenido tiempo de llevarse a cabo. Aun así, algunos neutrones sí que pudieron desintegrarse, y junto con las reacciones anteriores que os comenté, es seguro que antes de la Aniquilación había más de 14 neutrones por cada 87 protones como hay ahora.

—Pues estamos vivos aquí de milagro. Los neutrones hubieran desaparecido en un cuarto de hora, pero antes la temperatura había disminuido lo suficiente para que se pudiera formar el helio. En su núcleo, los neutrones se salvaron de la desintegración —comentó Cristóbal—. Por poco nos quedamos sin neutrones, y sin neutrones no hubiera sido posible la vida.

—Lo que no entiendo bien —prosiguió el médico— es lo siguiente. Si precisamente a los 14 segundos ya puede haber núcleos de helio, la Época de la Aniquilación y la de la Nucleosíntesis hubieran sido más o menos simultáneas. ¿Por qué entonces dice usted que la Nucleosíntesis se produjo algo más tarde, a los 3 minutos?

—Para que los protones y los neutrones se junten para formar un núcleo de helio tienen que ocurrir procesos intermedios. Un protón más un neutrón forman en primer lugar un núcleo de «deuterio» (se escribe H^2). Un núcleo de deuterio más un protón forman el núcleo del elemento llamado «helio-3» (se escribe He^3). El núcleo de helio-3 con otro neutrón forma finalmente el núcleo de helio normal (se escribe He^4 o simplemente He). También puede seguirse otro camino: un núcleo de deuterio con un neutrón forma el núcleo del «tritio» (se escribe H^3), y éste con un protón forma el helio normal. Aunque el helio hubiera ya sido estable a los 14 segundos, todavía no lo era el deuterio. Hubo que esperar a los 3 minutos y 46 segundos para que el deuterio se hiciera más estable y se continuaran ambas cadenas hasta llegar al helio.

—¿Y por qué no se formaron núcleos más pesados con sucesivas adiciones de protones y neutrones?

—Por una parte no hay núcleos estables con 5 partículas. Esto detuvo el proceso y rápidamente disminuyó la densidad, eliminándose así las posibilidades de que núcleos y partículas se encontraran para reaccionar y formar compuestos más pesados. Los cálculos numéricos son sencillos cuando se conocen las probabilidades de cada reacción en función de la presión y la temperatura.

—¿Por qué se desintegran los neutrones?

—Debido a lo que se llama la «interacción débil».

—¡Ah!

—¿Y qué más ocurrió por aquellas fechas?

—Un poco antes, al cabo de un segundo después del Big Bang se produjo...

—Di, di.

—... el Desacoplamiento de los Neutrinos.

61
La Era de las Partículas

—Al cabo de un segundo, la temperatura era de unos 10^{10} K y la densidad de unos 4×10^5 g cm^{-3}. Recordemos que había muchos electrones, positrones, neutrinos y fotones. Actualmente, los neutrinos atraviesan la Tierra de parte a parte sin enterarse. Pero esto no fue así en aquella época porque la densidad era tremendamente alta. Casi media tonelada en un cm^3 —dije aproximando el índice y el pulgar, y poniendo esa cara desfigurada que hay que adoptar cuando se habla de lo muy pequeño—. Entonces los neutrinos se abrían paso a duras penas a través de tan denso material. Pero cuando la densidad disminuyó, como consecuencia de la expansión, bruscamente el Universo se volvió transparente para los neutrinos. Al haber tan poca interacción entre ellos y el resto de las partículas, evolucionaron de forma independiente, de tal manera que la temperatura de los neutrinos no tuvo la "obligación" de ser la misma que la del resto de las partículas. Los neutrinos se habían "desacoplado".

»Los neutrinos se comportan en este sentido de forma parecida a los fotones, y por tanto su temperatura fue disminuyendo hasta hoy, de forma inversamente proporcional al radio del Universo. Sin embargo, no hay que esperar que los neutrinos actuales tengan la misma temperatura que los fotones, es decir, 2,7 K. Esto se debe a que, en el proceso de Aniquilación, los positrones y los electrones formaron más fotones, lo que equivale a un aumento relativo de su temperatura. No llegó a producirse un aumento temporal de la temperatura de los fotones, pero su rapidez en la disminución se suavizó durante la Aniquilación. Debido a esto, tras la Aniquilación los neutrinos se quedaron algo más fríos que los fotones.

»En el proceso de nucleosíntesis del helio, hubo desprendimiento de calor, de tal forma que los fotones quedaron aún más calientes. Los cálculos detallados indican que actualmente la temperatura de los fotones debe de ser como un 40 % más elevada que la temperatura de los neutrinos. Ya hemos detectado estos fotones, reliquia del Big Bang, pero aún no hemos detectado los neutrinos de entonces. Cuando se descubran, estaremos observando sucesos que ocurrieron 1 segundo después del Big Bang.

»Estos tres procesos: desacoplamiento de los neutrinos, aniquilación de electrones y positrones y nucleosíntesis del helio, ocurrieron en fechas bastante próximas, y podemos englobarlas en una época única, a la que podemos llamar época de la Aniquilación. A la era posterior a esta época ya la habíamos llamado Era del Plasma. A la era anterior podríamos llamarla Epoca de las Partículas. Este nombre se debe a que había muchos electrones y positrones, pero además había muchos otros tipos de partículas en grandes abundancias.

»Así nos podemos remontar hasta un par de centésimas de segundo, con una temperatura de 10^{11} K y una densidad de unos 4×10^9 g cm^{-3}. Había entonces muchos fotones, positrones, electrones, neutrinos y antineutrinos, todos más o menos igual en número. En menores cantidades había protones y neutrones. Algo así como un protón por cada 10^9 fotones y un número de neutrones muy parecido.

—De todas esas tremendas cifras, la que más me preocupa es la de 0,02 segundos —temblaba Cristóbal—. ¿Estás seguro de todo esto?

—Esto es lo que se piensa hoy. Y te aseguro que hay buenas razones para creerlo. Vosotros mismos estáis reconstruyendo esta historia. Mi labor es casi únicamente informaros sobre aspectos de Física Nuclear y de Partículas Elementales, que se han obtenido con trabajos de laboratorio o teóricos. Sin embargo, como es lógico, según nos acercamos a $t = 0$, más nos aventuramos, más riesgo de equivocarnos tenemos y más atrevidos hemos de ser. Estamos alcanzando ya una situación física de densidad y temperatura absolutamente irreproducible en un laboratorio. Hay actualmente una gran ignorancia sobre lo que pasó antes de 0,01 segundos. Y no solamente porque desconozcamos en buena parte el comportamiento de la materia a tan elevadas temperaturas, sino porque por entonces el Universo estaba en un equilibrio termodinámico casi perfecto. Cuando se alcanza este estado, las propiedades son sólo función de la temperatura, de la densidad y de la constitución de la materia, pero no dependen de la historia anterior.

—Pues por una centésima de segundo, yo creo que podríamos dejarlo... —bebió don Celestino.

—Nada de eso —gruñó Cristóbal—. Dinos, por lo menos someramente, qué pasó en esa centésima de segundo.

—Hablaré sólo vagamente, pues para explicar lo que ocurrió en esas dos centésimas de segundo hace falta saber más Física que para el resto. Y Física aún por descubrir.

62

La primera centésima de segundo

—Seguimos retrocediendo en el tiempo y atravesamos esa barrera de confusión e inseguridad que supone la primera centésima de segundo. Hasta ahora hemos hablado de la creación de pares electrón-positrón, pero al ir subiendo la temperatura se pueden crear pares de partículas más pesadas y sus antipartículas. Si recordáis la última fórmula que escribimos, la temperatura umbral para la creación de un par será tanto más elevada cuanto mayor sea la masa de la partícula. Conocéis la masa del protón, ¿cuál será su temperatura umbral? Es decir, ¿a qué temperatura elevadísima se convertirán normalmente dos fotones en un protón y un antiprotón?

Jesús hizo el cálculo con rapidez.

—A unos 10^{13} K. Y para crear un neutrón y un antineutrón prácticamente la misma temperatura, pues las masas del protón y del neutrón son muy parecidas.

—Habría otras partículas no tan pesadas que se formaron «antes». Quiero decir, que se destruyeron «después», ya que vamos retrocediendo en el tiempo. Antes se formaron las partículas llamadas «muones» (a 10^{12} K) y «antimuones». Luego los «mesones» y «antimesones», y así el Universo debió de poblarse de grandes cantidades de partículas diferentes y sus correspondientes antipartículas. Además de las que os he dicho, hay otras muchas.

—Con razón era ésta la Era de las Partículas. Pero al formarse tantas partículas aumentaría la masa del Universo, con lo cual aumentaría el frenado a la expansión.

—Realmente... no cabe distinción entre masa y energía. No por crearse partículas a partir de fotones aumenta la masa del Universo. Continuemos con nuestra invertida historia. Las partículas que aparecen ahora en escena no son tan sencillas como las que había hasta ahora. Los electrones, los neutrinos y los muones pertenecen a un tipo de partículas llamadas "leptones". Pero ahora empiezan a aparecer otras partículas llamadas "hadrones". Este tipo de partículas, al que pertenecen entre otras muchas los protones, los neutrones y los mesones, ejercen entre sí unas fuerzas correspondientes a lo que se llama "interacción fuerte", fuerza que hace que los protones permanezcan unidos en el núcleo a pesar de su repulsión eléctrica. La interacción fuerte complica el estudio de un sistema tan denso de hadrones. Pero quizá pronto el Universo vuelva a hacerse sencillo en tiempos algo anteriores.

»Los hadrones son partículas no tan elementales, sino que al parecer están compuestas de "quarks". Estos quarks serían como las partículas elementales de las partículas elementales, aunque sólo de los hadrones. Los leptones y los fotones serían partículas realmente elementales. Igual que las moléculas se deshacen a una temperatura, y los átomos a otra, los hadrones se deshacen en sus quarks cuando la temperatura llega a ser 10^{12} K. Esto debió ocurrir a la milésima de segundo después del Big Bang. Antes de esta milésima de segundo tuvo lugar la Era de los Quarks; después la de las Partículas.

»Probablemente ésta era es sencilla de estudiar, pues a pesar de la gran densidad, parece ser que los quarks, cuando están muy próximos, se comportan como partículas libres.

»Hay algo más que os diré a título orientativo. Hoy se piensa que hay tres tipos de fuerzas: la electromagnética, la interacción fuerte y la interacción débil. Recordad que esta última intervenía en la desintegración del neutrón. A veces se incluye en esta lista a la fuerza de gravitación, aunque otros prefieren un tratamiento distinto del que hablaremos en Relatividad General. Probablemente, estas fuerzas son en realidad una única fuerza y su "unificación" se pone de manifiesto a altísimas temperaturas. A 10^{-10} segundos, con 3×10^{15} K, deben unificarse la fuerza electromagnética y la interacción débil, y se habla de Era Electrodébil, y antes de 10^{-35} segundos, se unifican las interacciones electrodébil y fuerte y tuvo lugar la Era GUT (del inglés *Grand Unified Theory*). Todo esto os lo cuento con poco detalle, porque lo que pasó en la primera centésima de segundo no se conoce bien, y no merece la pena que profundicemos en una época tan ignota.

—¿Y antes? —preguntó Cristóbal?—. ¿Qué pasó a los 10^{-43} segundos?

—10^{-43} segundos es el llamado tiempo de Planck... ¡¡Un momento!! ¿Por qué me has hecho esta pregunta?

—Un día me puse a pensar si, haciendo operaciones con las constantes importantes de la Física, se podría obtener algo que fuera un tiempo. Y lo encontré, y ahora resulta que se llama «tiempo de Planck»:

$$t_{\text{Plank}} = \sqrt{\frac{Gh}{c^5}}$$

»Al hacer operaciones, obtuve que era un tiempo pequeñísimo, de sólo 10^{-43} segundos. Supuse que esto significaba algo, pero no pude saber qué. Y ahora que íbamos hablando de tiempos cada vez menores, no hacía más que recordarlo y esperar a que llegáramos a los 10^{-43} segundos. ¿Qué pasó entonces?

—Es otro momento clave del Universo. Quizás entonces la temperatura era de...

—¡¡10^{32} K!! —vociferó Cristóbal.

—Pues sí... ¿Cómo lo has sabido tan rápido?

—¡Anda! Pues porque aquella vez me pregunté también si haciendo operaciones sencillas con las constantes importantes de la Física, se podía obtener algo que fuera una temperatura. Y lo conseguí. La fórmula era:

$$T = \frac{1}{k} \sqrt{\frac{c^5 h}{G}}$$

y el valor que se obtiene es 3×10^{32} K.

—Procuraré informaros de lo que pasó. Un observador que contempla el Universo no puede ver más allá de la distancia ct, siendo t el tiempo en que observa después del Big Bang. Lo que está más allá no puede verse, lógicamente, pues la luz no ha tenido tiempo de llegar hasta él. Se llama «horizonte» a la superficie de transición que separa lo que puede verse y lo que no puede verse. Por ejemplo, nuestro horizonte, después de $1,5 \times 10^{10}$ años después del Big Bang, es de $1,5 \times 10^{10}$ años-luz. Pero el horizonte entonces estaba mucho más próximo del observador, obteniéndose su distancia multiplicando la velocidad de la luz por el tiempo de Planck, es decir, a...

—¡¡4×10^{-33} cm!! —rugió Cristóbal con grandes carcajadas y alboroto.

Inútil es que diga cómo lo había obtenido él en otro tiempo. Seguí:

—Solamente los sucesos más cercanos a esta distancia podrían ser apreciados por un ángel mirón del tiempo de Planck.

»Ahora nos preguntamos: ¿cómo puede calcularse el tamaño de una partícula elemental? Cuando se habla de partículas elementales hay que olvidarse un poco de la intuición, en cierto modo. A veces decimos que la luz tiene naturaleza ondulatoria y a veces estamos hablando de fotones. Con las partículas elementales pasa lo mismo. Podemos considerarlas como granitos muy pequeños, o bien como ondas. En este caso no se trata de una onda electromagnética, sino de una onda de probabilidad de que la partícula se encuentre en una determinada posición. Esto puede pareceros un poco raro, pero no puedo profundizar en ello ahora. Aprovecharemos quizás otro viaje mío para hablar de esta parte de la Física que se llama Mecánica Cuántica. Esta onda casi se desvanece más allá de una longitud de onda, por lo que ésta viene a indicarnos el tamaño de la partícula. La energía de la onda hv se iguala a la energía de la partícula, para calcular la longitud de onda. Si la partícula está en reposo su energía es m_0c^2, luego igualamos:

$$hv = m_0c^2$$

y calculamos la longitud de onda de la partícula con $\lambda = c/v$, en donde v se ha deducido de la fórmula anterior.

Mientras hablaba, Jesús había hecho algunos ejercicios.

—Me sale que el electrón tiene un tamaño de $2{,}4 \times 10^{-10}$ cm, y que el protón de $1{,}3 \times 10^{-13}$ cm.

—En efecto. Sin embargo, si la partícula no está en reposo su energía será mayor. Puede incluso que vaya a tan alta velocidad, que su energía en reposo sea despreciable frente a su energía total. Este rápido movimiento puede ser incluso debido a la temperatura, si nuestras partículas están en equilibrio termodinámico. Si la temperatura es suficientemente alta, la energía de la partícula será kT, independientemente de la masa en reposo.

Nos montamos en el coche y los seis nos dirigimos a la estación.

—Cuando la temperatura es de 10^{32} K, esto es precisamente lo que ocurre. Entonces calculamos la frecuencia de la onda de una partícula elemental (cualquiera que sea ésta, con tal de que exista equilibrio termodinámico) con la fórmula:

$$hv = kT$$

y la longitud de onda (que se llama longitud de onda de De Broglie), con $\lambda = c/v$. Cuanto mayor sea la temperatura, más pequeñas son las partículas.

Había escrito esta fórmula en el cristal empañado del coche. En otra ventanilla Jesús estuvo calculando.

—Me sale que a la temperatura de 3×10^{32} K, la frecuencia de la onda de una partícula es de...; luego la longitud de onda de... 5×10^{-33} cm.

—¡Anda!

—En efecto. Prácticamente lo mismo que el horizonte. En otras palabras, en el tiempo de Planck, un observador lo más que pudiera ver sería una partícula elemental. Por otra parte, lo que estuviera más allá de la partícula elemental en la que "viviese" no tendría mucha relación con su mundo, porque la velocidad de propagación causa-efecto no puede ser superior a la velocidad de la luz. ¿Os podéis imaginar una situación física de estas características? Cada partícula sería tan grande como el Universo observable.

»En general, la fuerza gravitatoria no es muy intensa, cuando se consideran partículas elementales. Las otras fuerzas, la de interacción fuerte, la de la débil y la electromagnética, que por entonces estaban ya unificadas en una sola fuerza, eran mayores en tiempos posteriores al de Planck. Pero antes, quarks y leptones estaban tan próximos que la fuerza gravitatoria se hizo tan importante como la otra, la fuerte-electrodébil.

Llegamos a la estación. Los demás viajeros se sorprendían de nuestra animada y extraña conversación. Acercaban disimuladamente una oreja, y al oír algo incomprensible, abrían inexpresivamente los ojos y se alejaban.

Monté en el tren que bramaba.

—¿Y antes? ¿Antes de los 10^{-43} segundos? —gritaba Cristóbal mientras corría a la par que el tren—. ¿Y antes de $t = 0$? ¿Qué pasó antes de que existiera el Universo. —Seguía corriendo, aunque ya inútilmente. Julia levantaba su brazo allá lejos.

—Si no hay materia, no hay tiempo —respondí con medio cuerpo fuera de la ventana.

63
La edad de la Tierra

—Hace quince mil quinientos millones de años tuvo lugar el Big Bang. Unos diez mil quinientos millones de años después se formó la Tierra.

—La edad de la Tierra es entonces cinco mil millones de años —calculó mentalmente Jesús.

—Más exactamente, cuatro mil quinientos millones de años.

—¿Es posible que se tenga tal certeza? ¿Cómo puede calcularse la edad de la Tierra?

—Mirando al reloj. No bromeo; las mismas piedras pueden actuar como relojes, si existe una teoría capaz de interpretar su examen minucioso. Me explicaré. Los núcleos de algunos átomos son inestables. Por ejemplo, pueden emitir un núcleo de helio, con lo cual pierden dos protones y dos neutrones y se convierten en núcleos de otro elemento químico diferente. A este proceso se le llama desintegración α. O también pueden emitir un electrón, con lo cual uno de los neutrones del núcleo se pierde y en su lugar aparece un protón. Con ello se obtiene el núcleo de otro átomo diferente. A este proceso se le llama desintegración β. Cuando en un mineral hay muchos átomos cuyo núcleo es inestable, este proceso se va produciendo gradualmente. Los átomos de núcleo inestable van desapareciendo y en su lugar se van formando los átomos que resultan de la desintegración. Este es el fenómeno llamado de radiactividad natural. Puede ser que los núcleos producidos tras el proceso radiactivo sean a su vez inestables, y que sus productos sean también inestables. Se forma así una cadena de compuestos radiactivos que finaliza en un compuesto estable. Cada átomo de la cadena tendrá un periodo de desintegración diferente. Se llama «periodo de semidesintegración» al tiempo en el que una sustancia radiactiva se reduce a la mitad, lo cual puede ser determinado en el laboratorio. Así que no hay más que saber el número de núcleos inestables cuando la Tierra se formó, contamos los que hay ahora, y ya está.

—Muy sencillo —sonrió escéptico Cristóbal—. ¿Y cómo sabemos la cantidad de núcleos inestables que había al principio?

—Pongamos un ejemplo concreto. Esta determinación suele hacerse con minerales que contienen U^{238}_{92}. Este elemento se llama "uranio-238". El numerito de arriba indica la cantidad de protones más la cantidad de neutrones, y se llama "masa atómica". El numerito de abajo indica el número de protones, también llamado "número atómico". Así pues, el U^{238}_{92} tiene 92 protones y 146 neutrones. El U^{238}_{92} emite por radiactividad un núcleo de helio (también llamado partícula α) y se convierte en Th^{234}_{90} (torio-234). El periodo de semidesintegración de este proceso radiactivo es $4,5 \times 10^9$ años, casual y justamente la edad de la Tierra. Esto es en efecto una casualidad, aunque en todo caso, el periodo de semidesintegración del mineral elegido debe ser parecido al periodo de tiempo que se quiere determinar. Si el periodo fuera muy corto, haría ya mucho tiempo que el uranio-238 habría desaparecido por completo de la Tierra. Si fuera muy largo, la diferencia entre su cantidad inicial y la actual sería inapreciable.

»El Th^{234}_{90} es también inestable. Emite un electrón y se convierte en otro elemento inestable con un periodo de semidesintegración de 24,1 días, que es, claro, mucho más corto. Se va produciendo así toda una cadena de núcleos inestables. Al final de esta cadena radiactiva, que tiene 18 elementos, se encuentra un elemento estable: el Pb^{206}_{82} (plomo-206). El periodo de semidesintegración de los elementos de la cadena es pequeño, por lo que casi puede decirse (siempre que hablemos de grandes periodos de tiempo) que cuando desaparece un núcleo de U^{238}_{92} aparece un núcleo de Pb^{206}_{82}. Sabiendo el uranio y el plomo del mineral actualmente, si suponemos que inicialmente no había plomo, podemos saber el uranio inicial. Y sabiendo el uranio inicial y el que hay ahora, puede calcularse el tiempo desde que el mineral se formó. En estos minerales se encuentran cantidades muy parecidas de plomo-206 y de uranio-238, por lo que se formaron hace $4,5 \times 10^9$ años.

—Pero ¿y si el uranio empezó a desintegrarse antes de la formación de la Tierra? —preguntó Cristóbal.

—Cuando la Tierra se formó, o al menos cuando se hizo sólida, empezó el funcionamiento de este reloj, porque a partir de ese momento el plomo-206 formado se quedó junto a su progenitor, el uranio-238. Antes, en el espacio interestelar gaseoso, el plomo-206 formado se alejaba sin problemas del lugar de su origen. Medimos el momento en que la Tierra se hizo sólida.

—¿Y si ya había al principio plomo-206?

—Cada vez saldría una edad diferente, al emplear minerales de diferentes lugares. Además hay otros métodos parecidos y todos coinciden. También nos podemos fijar en las cantidades de los elementos intermedios de la cadena radiactiva para mayor seguridad en esta interpretación. Uno de ellos es el Ra^{226}_{88} (radio), que se semidesintegra en sólo 1 600 años. Si no se estuviera formando continuamente a partir del uranio-238, habría desaparecido. Sin embargo está presente en los minerales con uranio-238. En definitiva, la radiactividad natural nos permite calcular la edad de la Tierra con notable exactitud.

Era 22 de diciembre. Acababa de llegar de viaje y ni me habían dejado soltar las maletas.

—Pero dime, Cristóbal, ¿qué te ha pasado en la pierna?

Don Celestino contestó en su lugar.

—Nada; que se metió en una cueva para ver si se volvía ingrávido y tropezó con una estalactita.

—Di que no.

—Mañana, si os parece, hablaremos de la edad de las estrellas. Id pensando en ello.

64

La edad del Sol

Julia inició la conversación.

—En una galaxia hay gas y en unos lugares más que en otros. Puede ser que en algún lugar la densidad sea muy grande y los átomos tiendan a juntarse aún más debido a la gravedad. Cuanto más juntos estén, mayor será la gravedad y más se juntarán. Así nace una estrella como colapso gravitatorio del gas interestelar. En principio parece que este proceso debería durar indefinidamente, y acabar concentrando toda la materia de la nube protoestelar en un solo punto.

—¿En un agujero negro...?

—No, porque ya vimos que en el proceso de contracción la materia se va calentando. La agitación térmica acabará haciéndose muy grande y el proceso se detendrá. Al aumentar la temperatura aumentará la presión. Se hará mayor la presión en el interior y la fuerza de la autogravitación quedará finalmente compensada con la fuerza del gradiente. Hasta ahora no creo equivocarme, pues no he hecho más que repetir ideas que han salido en otras charlas. Si en el proceso de colapso del gas, éste se ha calentado tanto, tendrá una emisión térmica, y por esta razón brillan las estrellas. Es una primera idea... En otras palabras, las estrellas brillan porque están calientes, y están calientes porque para formarse fue precisa una contracción, y una contracción está asociada a un calentamiento.

—Esta explicación fue en efecto propuesta inicialmente por el físico alemán Helmholtz y el inglés Kelvin en el siglo pasado. Pero fue desechada. Imaginemos que queremos aprovechar esta teoría para obtener un orden de magnitud del tiempo de vida de una estrella, es decir, del tiempo que dura una estrella brillando.

—Yo creo —cogió el relevo Francisco— que una estrella, al emitir luz, debe de enfriarse un poco. Entonces la gravedad podrá contraer un poco más la estrella, y al hacerlo se calentará un poco. A este calentamiento corresponderá una emisión luminosa, con lo cual seguirá brillando. La estrella se irá poco a poco contrayendo consiguiendo una emisión de luz prácticamente continua. Así, hasta que no pueda contraerse más. En definitiva, la estrella está convirtiendo su energía potencial en luz. Una piedra encima de una mesa tiene más energía potencial que cuando está en el suelo. De igual forma, la estrella tendrá más energía potencial antes de hacerse un poco más pequeña. Debemos calcular la energía potencial de la estrella y sabremos cuál es el máximo de energía expulsable en forma luminosa, gracias a este mecanismo.

—Pero la dificultad está en calcular la energía potencial de la estrella —apoyó Julia, quien, como se apreciaba, había estado reflexionando con su padre—. Vimos que la energía potencial de una piedra en la Tierra se calculaba con *mgh*. Pero ahora la situación es diferente...

Tuve que ayudar un poquito.

—Ya vimos muy al principio de nuestras charlas que la aceleración de la gravedad se calculaba con

$$g = \frac{Gm}{R^2}$$

»Si la altura ahora se toma desde el centro de la estrella, la altura de un átomo de la estrella será como máximo R, el radio de la estrella. Hay que sumar las energías potenciales de cada uno de los átomos de la estrella, y cada uno tendrá una distancia al centro diferente. Esta distancia será algo parecido a R. La energía potencial de un átomo en la superficie de la estrella sería del tipo mgR, siendo m la masa de un átomo de hidrógeno, y como sabemos el valor de g tendremos que

$$m\frac{GM}{R^2}R = G\frac{Mm}{R}$$

—Claro que si el átomo estuviera situado a la mitad del radio —pensaba Francisco—... sería algo mayor. Habría que multiplicar por dos, porque habría que poner $R/2$... Claro que la masa que la atrae sería menor, quizás... en orden de magnitud... algo parecido a $M/2$. Los doses se compensan en parte... Esta fórmula quizá dé el orden de magnitud de la energía potencial de cualquier átomo de la estrella. Sumamos ahora la energía potencial de todos los átomos para obtener la energía potencial total de la estrella entera V, y debe salir...

$$V = G\frac{M^2}{R}$$

»Aunque esta fórmula sea sólo válida para obtener el orden de magnitud.

—En efecto, de este orden es la energía potencial de la estrella —dije con gran satisfacción.

Se pusieron obedientemente a calcular V y resultó tener, en el caso del Sol, el valor de 4×10^{48} erg, como puede comprobarse inmediatamente.

—Es fácil obtener la luminosidad del Sol. Basta medir la luz que llega a la Tierra —seguí ayudando— y tener en cuenta la pequeña parte que le toca. La luminosidad del Sol, que es como ya sabéis la energía radiada en un segundo en todas las direcciones del espacio, es de

$$L_\odot = 4 \times 10^{33} \text{ erg/s}$$

»Si el Sol hubiera estado brillando siempre como ahora, tendría una vida de $(4 \times 10^{48}$ erg/s$)/(4 \times 10^{33}$ erg$)$, unos 10^{15} segundos, que son 3×10^7 años.

—Es poco —protestó Francisco levantándose.

—¿Poco? ¿30 millones de años te parece poco? —decía el médico.

—Es que entonces... la Tierra sería mucho más vieja que el Sol.

—¿Y si es así? ¿Y si la Tierra hubiera sido capturada en fecha tardía por el Sol? —insistía el médico.

—La intuición me dice que no... Probablemente hubiera capturado entonces a los otros planetas también y... ¡qué raro que estén todos dando vueltas en el mismo plano!

—Si no estuviera el Sol junto a la Tierra, es difícil imaginar la vida —intervine—. Los científicos piensan que estas tierras —di un pisotón en el suelo— estaban ya habitadas por hombres hace un millón de años.

—Y el hombre no sale así como así. Mucho antes debió de haber otros animales y plantas —seguía Francisco.

—Se calcula que los fósiles más antiguos tienen una edad de 4×10^9 años —añadí.

—Hace falta más energía...

—De todas formas, este cálculo ha sido muy interesante. Al tiempo de 3×10^7 años se le llama «tiempo de Kelvin». El tiempo de Kelvin es inferior a la edad del Sol. Hace falta más energía. Las estrellas no pueden, para brillar, extraer su energía de una progresiva contracción. El Sol y la Tierra deben tener una edad parecida.

65

Fusión nuclear en las estrellas

—La máxima energía que puede extraerse de una estrella de masa M debe ser Mc^2 —comenzó Francisco—. Materia y energía son una misma cosa, pero la materia se puede «convertir» en luz. Podemos obtener luz de una estrella a costa de consumir su masa. Si calculamos Mc^2 obtenemos 2×10^{50} erg. De esta forma, obtenemos que el Sol puede brillar de la forma que lo hace ahora, a razón de 4×10^{33} erg/s, durante $1,5 \times 10^{13}$ años. Esto es 1 000 veces más que la edad del Universo. No importa que nos salga demasiado, pues el Sol puede durar mucho tiempo todavía, y puede que no se desintegre completamente en luz. Pero como este tiempo es mayor que los 5×10^9 años de vida del Sol, creo que aquí tenemos la fuente de energía. Resumiendo, parte de la masa del Sol, o de cualquier otra estrella, se está convirtiendo en luz. Lo que no sé es cuál es el mecanismo que permite esta transformación. Si el Sol es, o fue en el momento de formarse, casi todo hidrógeno, debemos pensar en un mecanismo que haga desintegrarse a los protones. El proceso de aniquilación protón-antiprotón está descartado, pues según nos dijiste, en sus primeros momentos el Universo se quedó sin antiprotones, si es que los llegó a haber. Quizás haya algún otro mecanismo, del que parece que nos tienes que informar.

Tomé la palabra.

—Existen lo que se llaman "reacciones nucleares". Pongamos como ejemplo una reacción nuclear que explica (aunque de forma resumida) lo que debe ocurrir en el Sol.

$$4H \rightarrow He$$

»El hidrógeno se convierte en helio. Cuatro protones se convierten en dos protones y dos neutrones unidos. En realidad 4 núcleos de hidrógeno pesan más que un núcleo de helio. La diferencia es poca, pero precisamente este defecto de masa es el que se convierte en energía. La diferencia de masa es solamente de unas 3 centésimas de la masa de un protón. Por tanto, cada vez que un protón se convierte en parte de un núcleo de helio según el proceso anterior (en el que intervienen cuatro protones) se pierde una masa de 0,03/4 = 0,007 veces la masa del protón. Según esta reacción nuclear, por lo tanto, y si sólo se produjera ésta, la energía máxima obtenible de una estrella de hidrógeno puro sería 0,007 Mc^2 aproximadamente. Como además había algo de helio inicial que se había formado en el Big Bang, tendríamos algo menos. Si inicialmente había 3/4 partes de hidrógeno y 1/4 parte de helio, habrá que multiplicar 0,007 por 3/4, es decir, 5×10^{-3} veces Mc^2. Menos aún si la combustión no es total. Esto reduce el tiempo de vida de una estrella de los $1,5 \times 10^{13}$ años que calculó Francisco a algo así como entre 10^{10} y 10^{11} años, lo cual empieza a parecerse a la vida del Universo y a la edad de la Tierra. Sale algo más porque el Sol aún no ha muerto.

»Esta reacción nuclear se llama de "fusión", porque cuatro átomos de hidrógeno se combinan para formar un elemento más pesado, el helio. Podríamos considerar otras reacciones nucleares, pero es imposible encontrar una reacción más energética que ésta. Como estas reacciones se pueden en parte reproducir en el laboratorio, los físicos nucleares saben bien la energía que puede extraerse en cada tipo de reacción nuclear. En realidad no es muy difícil echar las cuentas. Si pesamos el núcleo de un elemento, vemos que pesa menos que la suma de sus nucleones (un nucleón, recordad, es o un protón o un neutrón). Si dividimos la masa de los núcleos por la masa de sus nucleones, se observa que hay un mínimo para el hierro. Por lo tanto, para obtener del hierro otro elemento más pesado hemos de invertir energía, en lugar de recibirla. De esto se deducen dos cosas:

»*a)* En las estrellas normales, como el Sol, no se producirán probablemente elementos más pesados que el hierro.

»*b)* La máxima energía que podemos obtener mediante procesos de fusión sería la correspondiente a cuando todo el hidrógeno se convirtiera en hierro. Aun así, en este hipotético proceso, se liberaría muy poca energía más que en la fusión del hidrógeno en helio, muy poco más del 10 %.

»La reacción nuclear que hemos escrito anteriormente, es ciertamente un proceso muy efectivo de producción de energía nuclear. Las estrellas deben obtener su luz a base de la liberación de energía de combustión del hidrógeno para formar helio. Pueden obtenerse otros núcleos más pesados, obteniéndose un poco más de energía, pero muy poco más. Aunque tampoco quiere decir esto que las estrellas acaben siendo totalmente de hierro.

»En realidad, la reacción que hemos descrito es el resultado de una cadena de reacciones más complejas, cuyo resultado efectivo final es ése. Esta nucleosíntesis del helio sólo se produce en condiciones muy elevadas de temperatura, tales como en los interiores estelares y en el Big Bang.

66

Temperatura de una estrella

—Sabemos entonces que el Sol existe desde hace 5×10^9 años y que durará otros tantos. Estos datos, que sospechamos por los cálculos que hemos hecho, están respaldados por los más exactos de la teoría de la evolución estelar. El Sol está más o menos en la mitad de su vida. Y las otras estrellas, ¿cuánto duran?

Invité a mis amigos a que hablaran, y Jesús respondió:

—Según lo visto ayer, el tiempo de vida de una estrella $t_\star$ es proporcional a Mc^2/L, es decir:

$$t_\star \propto \frac{Mc^2}{L}$$

»Sabemos que M y L están relacionadas, aunque todavía no hemos estudiado la justificación de esta relación. Si aceptamos el resultado empírico $L \propto M^3$, se tendrá que:

$$t_\star \propto \frac{1}{M^2}$$

es decir, que el tiempo de vida de una estrella es inversamente proporcional al cuadrado de la masa. Como esta relación ha de cumplirse también para el Sol, obtendremos que:

$$\frac{t}{t_\odot} = \frac{M_\odot^2}{M^2}$$

»Una estrella de 10 masas solares duraría (si $t_\odot = 10^{10}$ años) sólo 10^8 años. En cambio una estrella pequeña, de $0,1\ M_\odot$ duraría 10^{12} años. Las estrellas grandes tienen más combustible, pero lo queman mucho más rápido y duran poco.

—No olvides, sin embargo, que estas relaciones de proporcionalidad son sólo aproximadas —maticé.

—¿Cuál es esa temperatura tan alta en los interiores estelares?

Julia contestó por mí, mientras desplegaba un folio con cálculos previamente realizados.

—Primero pensé cuál podía ser la presión en el interior del Sol, de tal forma que se evitara el colapso gravitatorio. Os aviso que mis cuentas son muy rudimentarias y sólo dan órdenes de magnitud. La fuerza del gradiente de presión debe compensar la fuerza de atracción gravitatoria. Considero un elemento de volumen que está situado a medio radio, por ejemplo. La presión en la superficie valdrá (he supuesto) cero, y en el centro, como es lo que quiero calcular, la llamaré p_c. El gradiente de presión será tanto mayor cuanto mayor sea p_c y cuanto más pequeño sea R. En efecto, si el paso de p_c a la presión cero se produce para un pequeño R, el gradiente de presión será más fuerte.

»Por otra parte, sobre un elemento de volumen situado a $R/2$, se ejercerá una fuerza de gravedad debido sólo a la masa contenida en una esfera de radio $R/2$, que será menos de M, por ejemplo $M/2$ o $M/3$. Pero como estoy haciendo cálculos de órdenes de magnitud, pondré sencillamente M. La fuerza de gravedad sobre ese elemento de volumen será aproximadamente $(GM\rho)/R^2$. Como veis, he puesto R, en lugar de $R/2$; ρ es la densidad, porque es la masa que hay en ese elemento de volumen. Así pues:

$$\frac{p_c}{R} = G\,\frac{M\rho}{R^2}$$

»He despreciado todos los números pequeños como 2, 3, 4, etc., que, además, en parte se compensan. En esta fórmula conozco todo menos la densidad, y suponiendo que la densidad media sea muy parecida a la densidad en el medio (a una distancia $R/2$), tendremos:

$$M = \frac{4}{3}\,\pi R^3 \rho \approx \rho R^3$$

»He vuelto a quitar estos números insignificantes 4, 3, π, etc... De aquí, calculo la densidad, y con la fórmula anterior obtengo:

$$p_c \approx G\,\frac{M^2}{R^4}$$

de tal forma que en el centro del Sol, la presión central es de unas 10^{16} dyn/cm^2. Es decir, unas 10^{10} atmósferas, número tan grande que no me lo puedo ni imaginar.

»Ahora, para tener una idea de la temperatura... considero que el gas de una estrella es... es... un gas perfecto. —Y me miró esperando mi reprobación.

—Es una aproximación tentadora —animé.

—La fórmula de los gases perfectos es

$$p = \frac{\rho}{m} kT$$

donde m es la masa de un átomo de hidrógeno. —Tuvimos que emplear un poco de tiempo en explicar esta fórmula, pero considero que al lector no le hace falta—. En lugar de p pongo p_c y obtengo la temperatura T_c en el centro. Despejo T_c y me sale que la temperatura en el centro de una estrella es... de unos 2×10^7 K, veinte millones de grados.

Me gustó mucho en este cálculo de Julia el que, a pesar de despreciar los valores numéricos como 3, π, 4, etc., efectuaba las operaciones con la meticulosidad que siempre la caracterizaba. Para que pueda el lector apreciar más este rudimentario cálculo, informaré que los valores para el Sol que hoy se consideran más correctos, obtenidos con desarrollos muy sofisticados y soberbios instrumentos de cálculo, son: $p_c = 3,4 \times 10^{17}$ dyn/cm^2, $T_c = 1,5 \times 10^7$ K. La densidad central es de 160 g/cm^3 (y a ella le salía 1 g/cm^3). Como ven, la presión y la densidad que obtuvo eran valores muy bajos, pero aun así sus cálculos eran muy elogiables. La fórmula final para calcular la temperatura de cualquier estrella era (como pueden comprobar inmediatamente):

$$T_c = \frac{GM}{R} \frac{m}{k}$$

—A tan altas temperaturas, los electrones abandonan sus núcleos. Electrones y núcleos están separados, ¿no? —preguntó Francisco.

—Así es. Las estrellas están formadas por lo que se llama un plasma.

67
Relación entre masa y luminosidad

Eran aproximadamente las dos de la Nochevieja. Estábamos de fiesta en la casa de don Celestino, los amigos de siempre y muchos otros más. Había el natural alboroto con música, champán, serpentinas, baile...

Se acercó Julia y volvió a brindar conmigo.

—Estoy tratando de justificar la relación masa-luminosidad, $L \propto M^3$, para una estrella normal, es decir, para una estrella de la secuencia principal —explicó Julia—. Pero no lo puedo resolver. L, la luminosidad, dependerá de la energía liberada en las reacciones nucleares de fusión del interior de la estrella, y me faltan datos sobre cómo se producen estas reacciones. ¿Me podrías dar alguna pista? Porque toda la energía que se libere tendrá que salir fuera. Si no, ¿dónde se va a quedar? No sé cómo sale, pero tiene que salir. Yo diría que sale directamente en forma de luz. Las reacciones de fusión mantienen una alta temperatura en el interior. Si más o menos es un cuerpo negro, en cada parte del interior de la estrella habrá más fotones en las partes más profundas que en las más externas, que estarán más frías. Luego los fotones tenderán a salir y acabarán saliendo por la superficie de la estrella.

—Lo siento, Julia; con este ruido no soy capaz de hablar de Astrofísica.

Se alejó y se acercó don Celestino.

—Hasta ahora he estado de oyente en nuestras charlas, pero pronto voy a dar el golpe. He encontrado el espacio absoluto de Newton.

—Lo dudo, pero oiré sus argumentos en otra ocasión.

Se alejó bailando y se volvió a acercar Julia.

—Pero la materia absorbente de la estrella dificultará que salgan los fotones...

—Es verdad... Pero $L \propto M^3$ es sólo una relación aproximada...

Me echó champán en la copa y se fue. Se acercó Cristóbal.

—He encontrado el espacio absoluto de Newton.

—Pues díselo a don Celestino, que tambén lo ha encontrado.

Luego se acercó Francisco.

—Quiero brindar contigo, buen amigo. ¿Sabes? Tengo muchas ganas de que hablemos de Relatividad General, sobre lo que estoy pensando cosas que te van a gustar.

Más tarde, a eso de las tres, se acercó Julia de nuevo.

—Ya lo tengo. La luminosidad se debe al gradiente de energía térmica de los fotones, que como sabemos es proporcional a T^4. Si en la superficie la temperatura es despreciable frente a la que hay en el interior, el gradiente será proporcional a T^4/R. Pero como la densidad de la materia dificulta el flujo luminoso, a esto lo divido por la densidad. Estoy haciendo un cálculo de órdenes de magnitud, claro, de los que a ti te gustan tanto. Así obtendré lo que sale por cada cm^2 de la estrella. Para obtener la luminosidad L, en cualquier dirección, multiplico por la superficie de la estrella $4\pi R^2$. Por lo tanto obtengo:

$$L \propto \frac{T_c^4 R}{\rho}$$

»¿Está bien?

—Sí, sí, está perfecto. No siempre la energía sale gracias a los fotones. En algunas capas hay movimientos convectivos, masas que suben y bajan permitiendo otro mecanismo de extraer la energía. Pero como en general la energía sí que sale gracias a la radiación... el cálculo está muy bien.

Se alejó guapísima, riéndose. Se acercó Jesús:

—Pero ¿por qué demonios la materia en el interior de una estrella va a ser un gas perfecto?

Le soplé con un matasuegras y se fue. Al cabo de un tiempo, me acerqué a Julia, que estaba sentada a una mesa escribiendo fórmulas.

Me dijo al verme:

—¡Ya lo tengo! Con la fórmula que te he dicho antes, y con la que vimos el otro día para calcular la temperatura central, no tengo más que eliminar T_c; el radio R se elimina solo, cosa que me ha parecido muy curiosa, y me sale que:

$$L \propto M^3$$

Me dio un beso y se perdió en la fiesta. Soplé estruendosamente mi matasuegras y me incorporé a un tren de personas, que en bullicioso baile, salía en aquel momento a la blanquísima nieve de la calle.

68
Radio de una estrella

Absorto en la fórmula de Julia, Jesús añadió:

—Todavía hay relaciones interesantes en las fórmulas que rigen el estado del interior de una estrella. Cuando hablábamos del Big Bang, vimos que para que se produjera la nucleosíntesis era preciso que el Universo alcanzara una determinada temperatura. Hacía falta, según mis notas, que la temperatura fuera superior a 3×10^9 K. ¿Por qué esta diferencia?

—En realidad, para que se produzcan reacciones nucleares no hace falta solamente especificar la temperatura, sino también la presión —contesté—. Esta es diferente en el Sol y en el Big Bang. Además, en una estrella puede haber otros compuestos como carbono, nitrógeno y oxígeno, que actúan como «catalizadores», es decir, que su sola presencia favorece las reacciones. En estas condiciones, se producen cuando la temperatura es algo superior a unos 10^7 K.

—Entonces, pienso yo: si tenemos una estrella de masa M, lucirá con una luminosidad L, fija y determinada. Si la estrella se contrajera, vemos en esta fórmula que nos da T_c, que la temperatura central aumentaría. Si la temperatura central aumenta, se producirá mayor combustión del hidrógeno... —me miró y asentí—, y al haber mayor producción de energía, que debe salir fuera, aumentará la luminosidad.

»Inversamente, si la estrella se expansiona, la luminosidad disminuirá. Pero hemos dicho que L depende sólo de M, y no de R. Por lo tanto el radio debe ser fijo. ¿Cómo puede lograrse esto?

La pregunta fue analizada por Francisco.

—La estrella se defiende de una casual contracción, pues el aumento de temperatura que supondría originaría una expansión, restituyendo el valor inicial del radio. Entonces, la temperatura central será constante, para que pueda serlo el radio.

—Claro que al irse consumiendo el combustible, la estrella se contraería un poco, para seguir manteniendo la temperatura central —siguió don Celestino—. Esta pequeña disminución del radio correspondería a la masa perdida por radiación.

—En efecto, entonces, la temperatura central de la estrella tiende a ser constante —concluyó Jesús—. Probablemente será poco más de 10^7 K, pues la energía debida a las primeras reacciones tenderá a expansionar la estrella. En otras palabras, la liberación de energía nuclear frena la contracción indefinida. Y así, la temperatura central del Sol es muy poco más de 10^7 K, temperatura mínima de ignición de los procesos nucleares.

Julia tomó el relevo.

—Incluso este razonamiento podría servir para calcular el radio de la estrella. En la fórmula que daba T_c, en lugar de T_c podríamos poner 10^7 K como temperatura típica del comienzo de la ignición, y despejar el radio.

—Hazlo, hazlo —rogó Cristóbal—, hazlo en el caso particular del Sol.

—¿Para qué? Ya hicimos el cálculo inverso el otro día. Con el radio del Sol calculamos T_c, y salía bien. Ahora, si partimos de T_c, con la misma fórmula, obtendremos el radio del Sol correctamente.

—Es verdad, ¡qué bobada de cálculo has propuesto!

—No es una bobada —se indignó Julia—. Ahora pensamos que 10^7 K debe ser la temperatura del interior de cualquier estrella normal, y por tanto podemos calcular el radio de cualquier estrella, sea cual sea su masa.

—¡Ah!

—Calculo el radio de la estrella despejando:

$$R = \frac{GMm}{kT_c}$$

donde ahora T_c sería una constante, algo superior a 10^7 K. O sea, que el radio es directamente proporcional a la masa. Las estrellas más masivas son más grandes.

—¡Qué perogrullada! —opinó don Celestino.

—No crea usted —intervine—. Eso no pasa en todas las estrellas. Sólo ocurre en las estrellas de la secuencia principal, a las que de momento nos referimos. Pero esto lo veremos otro día.

69
Enanas blancas

—Las estrellas tienen tendencia a disminuir su radio —comencé—. Normalmente lo hacen de forma gradual, aunque otras veces lo hacen a saltos y en ocasiones pasan por etapas de gran expansión poco duraderas. Por ejemplo, cuando en su núcleo se ha consumido ya todo el hidrógeno, la estrella se contrae bruscamente, al no haber de pronto una energía que contenga el colapso. Debido a esta contracción brusca se alcanza una temperatura de unos 10^8 K. En ese momento, el helio empieza a ser el combustible, de forma que tres núcleos de helio proporcionan uno de carbono. Y a unos 2×10^8 K empiezan a formarse núcleos más pesados, hasta llegar al hierro. Pero en estas últimas etapas hay separaciones bruscas del equilibrio que pueden consistir en expansiones transitorias. El Sol, dentro de unos 5×10^{10} años, sufrirá una gran expansión, con lo cual se enfriará y se convertirá en una «gigante roja». En ese momento su radio será tan grande que la Tierra quedará dentro del Sol, de la misma forma que una gran ciudad se tragó los pueblos que antiguamente la circundaban. Pero la fase de «gigante roja» durará poco, y por esta razón vemos pocas gigantes rojas actualmente. Es una fase normal, pero breve. Posteriormente, ya sin combustible nuclear, el Sol se convertirá en una diminuta estrella, del tipo llamado «enana blanca».

—¿Qué es una «enana blanca»? —preguntó don Celestino.

—El otro día me preguntaba Jesús que por qué el gas de una estrella era perfecto. No siempre podemos calcular la presión de una forma tan sencilla como

$$p = \frac{\rho}{m} kT$$

»Cuando la densidad se hace muy alta, la materia se comporta de forma muy diferente. Se llega a un estado que se llama "degenerado". Sabéis que los electrones son fermiones. Dos electrones no pueden ocupar la misma posición. A esto se le llama "Principio de exclusión de Pauli". Si la materia se hiciera indefinidamente densa, nos veríamos obligados a meter electrones en la misma posición, pues éstas tienen, como la energía que representan, carácter discreto. Como esto no puede ser, parece como si la materia se opusiera a la contracción con 0una especie de presión, llamada "presión de Fermi". Cuando la estrella está completamente degenerada, resulta que la presión es independiente de la temperatura y proporcional a la potencia 5/3 de la densidad, es decir, proporcional a $\sqrt[3]{\rho_5}$. Cuando las estrellas llegan a este estado, hay ya muchos núcleos pesados que tendrían muchos electrones. Pero como los electrones están sueltos, formando un plasma según vimos, hay muchos más electrones que núcleos, y la presión es casi exclusivamente debida a los electrones. Los electrones se degeneran antes, por lo que puede decirse que una enana blanca es una estrella de electrones degenerados.

—Mucho nos gustaría aprender por qué la materia a tan altas densidades se comporta así, pero será mejor que sigamos nuestro esquema, tomando como dato lo concerniente a los átomos y partículas elementales, para reflexionar con ello lo que ocurre con los astros —se lamentó don Celestino—. ¿A qué densidades se produce la degeneración?

—Depende de la temperatura. Cuanto mayor es la temperatura, más dificultades hay para que la materia se degenere. Para una temperatura de 10^7 K, debe haber unos 10^{26} electrones en cada cm^3. Ayer os decía que no en todas las estrellas el radio es proporcional a la masa. En efecto, en las enanas blancas no ocurre eso. Los razonamientos que nos llevaron a la fórmula

$$p_c = G \frac{M^2}{R^4}$$

siguen siendo válidos, pero ahora

$$p_c \propto \rho^{5/3} \approx \left(\frac{M}{R^3}\right)^{5/3} = \frac{M^{5/3}}{R^5}$$

—Entonces —calculó Jesús—, igualando, se deduce que

$$M^{1/3} \propto \frac{1}{R}$$

»Sorprendente, en efecto. ¡Cuanto más masiva es una enana blanca, más pequeña es! Ahora la temperatura no juega ningún papel y la estrella no puede reaccionar frente a la contracción. Y si vamos añadiendo más masa a una enana blanca, se hace más y más pequeña...

—Pero el proceso no puede ser indefinido, pues cuando los electrones están mucho más comprimidos, la materia empieza a tener otro comportamiento aún más raro. Cuando hay exactamente $5,87 \times 10^{29}$ electrones por cm^3, se encuentran en un estado que se llama «degenerado-relativista». Las posiciones que pueden ocupar los electrones corresponden a diversos estados energéticos. Cuando hay muchísimos electrones, se hace necesario que muchos de ellos tengan tanta energía (las posiciones de baja energía estarán completamente ocupadas) que sean precisas correcciones relativistas. Ahora hacen falta menos electrones (puesto que son más masivos) para causar el mismo efecto. La presión sigue siendo independiente de la temperatura, pero ahora es proporcional a la potencia 4/3 de la densidad. Esto fue calculado con detalle por el astrónomo de origen indio Chandrasekhar.

—Pues yo me encargo de deducir ahora la relación entre la masa y el radio. —Cogió Jesús el bolígrafo—. Si escribimos:

$$p = K_R \, \rho^{4/3}$$

siendo K_R la constante de proporcionalidad en el caso degenerado-relativista, obtengo con las deducciones de antes... ¡anda! ¡El radio se simplifica! Obtengo...:

$$M^{2/3} = \frac{K_R}{G}$$

»¿Cómo puedo interpretar esta fórmula?

—La masa de una enana blanca degenerada-relativista es una constante. ¿Cuánto vale K_R? —preguntó Francisco.

—No recuerdo, pero $(K_R/G)^{3/2}$ es aproximadamente $1,4 \, M_\odot$.

—Una estrella enana blanca puede tener una masa inferior a $1,4 \, M_\odot$, pues entonces dejará de ser degenerada-relativista, pero no puede tener un valor superior a $1,4 \, M_\odot$ —seguía cavilando Francisco.

—En efecto, a esta masa límite que puede tener una enana blanca se le llama «masa de Chandrasekhar».

—¿Qué pasará entonces cuando una estrella de masa superior a la de Chandrasekhar agota su combustible...?

—¿Hay un límite inferior para la masa de una enana blanca? —preguntó Cristóbal.

—No se observan enanas blancas de menos de $0,3 \, M_\odot$.

—¿Cuál es el radio característico de una enana blanca? —preguntó Jesús.

—Recuerdo que cuando hablamos del diagrama *H-R* nos lo dijiste —contestó Julia—. Las estrellas enanas blancas son de grandes como la Tierra, más o menos. Y ahora pregunto yo: si no hay reacciones nucleares en una enana blanca, ¿de dónde sacan la luz para que podamos verlas?

—Todavía no les ha dado tiempo a apagarse del todo. Pero en efecto, una enana blanca va apagándose y su destino final será una «enana negra».

Enanas morenas

—Me he estado preguntando —empezó Francisco— por qué no existen enanas blancas de masa menor que 0,3 $M_\odot$. Supongamos una estrella así de pequeña. La contracción que es capaz de producir su autogravitación quizá no llegue a producir una temperatura en el centro de 10^7 K, necesaria para que comiencen las reacciones nucleares. Entonces, aquellos procesos evolutivos que condujeron a la formación de la enana blanca no se pueden producir. Estas estrellas tan pequeñas brillarían muy poco, aunque pudieran brillar algo, de acuerdo con el mecanismo de Kelvin, es decir, si la energía de contracción puede elevar la temperatura, provocando una emisión.

—Pues sí, estas estrellas existen y se llaman «enanas morenas».

—Imaginemos la más grande de las enanas morenas, que será lo mismo que la más pequeña de las estrellas de la secuencia principal. Esta estrella, por pertenecer a la secuencia principal, tendrá un radio que podrá ser calculado con la fórmula que dijo Julia el otro día. En ella pongo la mínima temperatura de ignición, 10^7 K. Su radio sería, como antes, proporcional a la masa. Con ello puedo calcular su energía potencial, con la fórmula que propuse cuando hablamos del tiempo de Kelvin. Hago una sencilla deducción y obtengo que la energía potencial de las enanas morenas es:

$$V = k\,(10^7\ \text{K})M/m$$

»Os recuerdo que M era la masa de la estrella y m la de un átomo. Esta es la energía que puede convertirse en luz. Si esta explicación es correcta, y no veo ninguna mueca de desaprobación en Alberto, la masa de esta estrella es 0,3 $M_\odot$, con lo cual la luz que en toda su vida puede dar es de unos 5×10^{47} erg. Si la estrella ha durado 5×10^9 años, y su luminosidad ha sido más o menos constante, ésta ha debido ser de $L = 3 \times 10^{30}$ erg/s, algo así como la milésima parte de la luminosidad del Sol. Me imagino que debe de ser difícil observar una estrella tan débil. Recordemos que este valor es el máximo que puede tener una enana morena.

—En efecto, su observación es difícil, pero recientemente, con grandes telescopios, se han detectado varias —comenté—. ¿Cuánto te sale el radio de la más grande de las enanas morenas?

—Con la fórmula de Julia, me sale... unos 5×10^5 km, unas 100 veces más pequeña que el Sol y unas 100 veces más grande que la Tierra. Las enanas morenas son como grandes planetas. Su radio es inferior a 5×10^5 km, y su luminosidad, inferior a la milésima parte de la luminosidad del Sol.

—Con ese radio y esa masa —meditó Jesús— obtengo como valor característico de la densidad media unos $0,5$ g cm^{-3}, lo que dividido por la masa de un protón nos da unos 3×10^{23} protones/cm^3. Este debe ser el número de electrones por cm^3 que hay más o menos a una distancia de $R/2$ del centro. En el centro habrá más todavía. ¿Llegará a los 10^{26} electrones/cm^3 necesarios para que se produzca la degeneración?

—En efecto, los núcleos de las enanas morenas están parcialmente degenerados, de la misma forma que los núcleos de algunas estrellas y de los planetas gigantes como Júpiter y Saturno. El estado de degeneración es bastante frecuente en el Cosmos y no es exclusivo de las enanas blancas.

71

Estrellas de neutrones y agujeros negros

—Ya nos habías dicho que una enana blanca tenía un radio similar al de la Tierra —comenzó Julia—, pero también el radio de una enana blanca puede calcularse con las fórmulas anteriores. En la estrella degenerada relativista hay una concentración de electrones de $5{,}87 \times 10^{29}$ cm^{-3}. ¿A cuántos protones equivale esta concentración? Al irse formando núcleos más pesados, se van formando protones y neutrones que ahora estarán formando parte de esos núcleos. Pero si la estrella antes era en conjunto eléctricamente neutra, ahora en su fase de enana blanca tendrá también carga eléctrica total nula. Así que habrá tantos protones como electrones. Examinando la tabla periódica de los elementos, se ve que los núcleos tienen, más o menos, una cantidad de protones y neutrones parecida. Así que habrá tantos neutrones como electrones también. Por lo tanto, la concentración de nucleones será el doble que la de electrones, de unos 10^{30} en cada cm^3. Entonces puedo calcular la densidad de la enana blanca con

$$\rho = mn$$

siendo m la masa del protón o del neutrón, que son prácticamente iguales, y n el número de nucleones, o sea 10^{30} cm^{-3}. La densidad de una enana blanca en el límite de Chandrasekhar será entonces de $1{,}7 \times 10^6$ g cm^{-3}...

—Es increíble —interrumpió Perantúnez.

—Una vez conocida la densidad es fácil calcular el radio, que me sale del orden de 10^4 km, ligeramente más grande que la Tierra —concluyó Julia.

—¡Toda la masa del Sol metida en el volumen de la Tierra! —se alarmaba Perantúnez, asombrado de que los demás no mostraran ningún estremecimiento.

—¿Qué pasa con una estrella de, digamos, $2\,M_\odot$? ¿No podrá morir como enana blanca, porque su máxima masa es $1{,}4\,M_\odot$? —se preguntó Francisco.

—Es frecuente que antes de convertirse en enana blanca expulse materia al espacio, formando una nebulosa de gas en expansión en torno a la estrella que se llama "nebulosa planetaria". Estas nebulosas planetarias de hecho son abundantes en nuestra galaxia. Si esto no sucede, las temperaturas y las presiones pueden ser tan altas que los núcleos se deshagan en sus nucleones, y que los protones y los electrones formen neutrones, como ocurría en el Big Bang. Se forma entonces una estrella de neutrones. Como los neutrones son fermiones, también pueden degenerarse. También hay una masa de Chandrasekhar para las estrellas de neutrones. Estas estrellas tienen un radio de unos 20 km y una densidad de unos 2×10^{14} g cm^{-3}. También se las llama "púlsares".

»Los procesos que llevan a la formación de una estrella de neutrones no son bien conocidos, pero están asociados a expulsiones de materia con carácter explosivo que constituyen las "supernovas". Las supernovas son estrellas que estallan y que en ese momento sus elevadas temperaturas permiten la formación de núcleos más pesados que el hierro, que son lanzados a grandes velocidades al medio interestelar. Los desechos de la explosión forman otra nebulosa que se llama "Resto de Supernova". En el centro de esta nebulosa suele haber una estrella de neutrones.

»Pero a veces la presión de Fermi de los neutrones no puede detener tampoco el colapso, y entonces se forma un agujero negro.

—... Y toda la masa de la estrella queda confinada en un punto —dijo Jesús—. ¿Eso es un agujero negro?

—Todas las partículas se atraen y cuanto más cerca están más se atraen, luego tienen que acabar en un punto —respondió Francisco.

—No es para tanto —comenté—. La gravitación se hace tan intensa que es preciso recurrir a la Relatividad General de Einstein, de la que pronto hablaremos. Pero antes de que lo hagamos podemos obtener una idea de su tamaño, mediante un razonamiento aproximado. La gravitación es tan intensa que la velocidad de escape es superior a la velocidad de la luz. La luz no puede escapar tampoco (de ahí el nombre de agujero negro). Se establece un «horizonte», como hablamos en Cosmología. De las cercanías del centro de la estrella no nos llega ni la luz ni ningún tipo de información. A la posición de este horizonte se la identifica con la superficie del agujero negro. Recordad que la velocidad de escape de cualquier astro es

$$v_e = \sqrt{\frac{2GM}{R}}$$

y el horizonte se produce cuando $v_e = c$, por lo tanto podremos admitir como radio del agujero negro (en el sentido de que lo que ocurre dentro nos es inaccesible)

$$R = \frac{2GM}{c^2}$$

que se llama «radio de Schwarzschild».

—Vamos a calcular —propuso Jesús—. ¿Cuál es la masa del agujero negro?

—Las estrellas que terminan así son grandes. Pon algo más que la masa del Sol.

—Me sale que no es mucho más pequeño que una estrella de neutrones.

—Pero los agujeros negros no tienen exclusivamente este origen. En el centro de las galaxias pudo producirse una concentración tal de masa, que pueden haberse formado agujeros negros de 10^8 $M_\odot$ o más.

—Un agujero negro de 10^8 $M_\odot$ tendría un radio de... 3×10^8 km.

—Y puede que existan agujeros de todos los tamaños.

—Si yo me convirtiera en agujero negro, ¿qué tamaño tendría? —preguntó Cristóbal.

—6×10^{-24} cm —calculó Jesús—. Pero era lo que te faltaba.

Se desprende que Cristóbal no era muy masivo.

72

Masa de Jeans

Aquel mismo día nos reunimos los seis junto a la ventana, en un rincón de la taberna. Julia estaba sentada con nosotros y encauzó la discusión.

—¿Por qué todas las estrellas tienen una masa tan parecida? Desde luego hay unas mayores y otras menores, pero, acostumbrados ya a las grandes diferencias de temperatura y de densidad en diferentes lugares y épocas, sorprende que las estrellas tengan tan escasas diferencias con respecto a la masa del Sol. Es más, estaba yo preguntándome por qué la masa de una estrella es de unos 2×10^{33} gramos, como el Sol. Esta es una pregunta que nos hicimos al principio.

La respuesta a esta pregunta implicaba que yo hablase de algo muy conocido por los astrónomos: las ondas de Jeans. Medité un momento para introducir de una forma sencilla este concepto y balbuceé:

—En una galaxia, en el espacio interestelar pueden propagarse unas ondas, muy parecidas al sonido, que se llaman ondas de Jeans...

—No me interrumpas —dijo amablemente Julia—. Supongamos el gas interestelar, que no estará uniformemente repartido. Debido a la turbulencia, en algunos momentos, en alguna parte de la galaxia habrá mayor densidad que en otras. Puede ocurrir que casualmente, en alguna región, la densidad se haga tan grande que se produzca el colapso del gas por el efecto de autogravitación. Como ha dicho Francisco, la propia gravedad generada por las partículas atrae a estas partículas entre sí, y al estar más cerca más se atraen. Y así sucesivamente. Esto es el colapso gravitatorio, y de esta manera, el gas forma una estrella.

Me miró y siguió:

—Esto no ocurre siempre, porque puede que las partículas "no se dejen". Bien porque estén girando, bien porque al tener una temperatura, las partículas se muevan con velocidades altas y no será posible "atraparlas". Pero si, por algún casual, la densidad se hace muy alta, el efecto de autogravitación prevalecerá sobre la agitación térmica. Eso sí, una vez iniciado el colapso nada lo detendrá. ¿Cómo calcular la densidad mínima que acarrea el colapso?

»Yo me imagino una región de gas que puede colapsar o no, rodeada de gas también en parecidas condiciones. Supongo un átomo en la superficie de esa región, que de momento es imaginaria y de forma esférica. Su centro coincidiría con el centro de la futura estrella, si el colapso efectivamente se produce.

Y dibujó la servilleta n.º 21.

—Mi átomo, uno como otro cualquiera, estará sometido a una fuerza hacia el centro O, y tendrá una energía potencial gravitatoria dada por

$$G\frac{Mm}{R}$$

siendo M la masa de la esfera y R su radio. Por otra parte, debido a su agitación térmica, tendrá una energía igual a kT. Si estamos en la situación crítica, tal que si la densidad fuera un poco mayor se produciría el colapso, ambas energías serán iguales. Luego para la situación crítica tendremos

$$G\frac{Mm}{R} = kT$$

»Pero la masa, el radio y la densidad están relacionados mediante

$$M = \frac{4}{3}\pi R^3 \rho$$

»De esta fórmula despejo R; su valor lo llevo a la anterior, y me sale que la masa mínima que puede colapsar es

$$M = \left(\frac{kT}{Gm}\right)^{3/2}\frac{1}{\sqrt{\rho}}$$

»Aquí están los desarrollos. He despreciado el 3, el 4 y el π. Una masa menor no tendría autogravitación suficiente, y no podría colapsar. También pienso que el valor de la masa de una estrella vendrá dado por esta fórmula. Aunque en principio es sólo un límite inferior, una vez alcanzadas las condiciones de colapso, las irregularidades más pequeñas tenderán a producir el colapso con mayor rapidez, y se formarán varias estrellas con la masa más pequeña que pueden tener.

»Así pues, esta fórmula me da la masa de una estrella.

Tal es la fórmula que proporciona la masa de Jeans. (Salvo que un

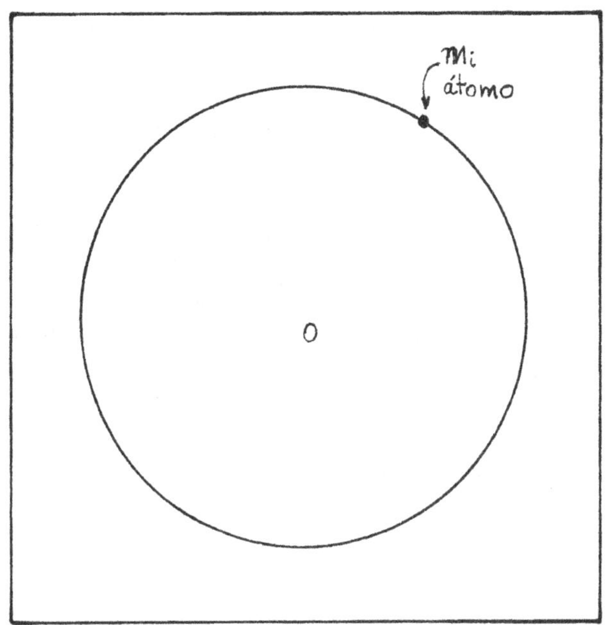

Servilleta n.º 21

factor π debe acompañar a kT.) Los escasos conocimientos de Julia habían conseguido una divulgación de la masa de Jeans mucho mejor que la que yo nunca hubiera podido hacer. Y, efectivamente, la masa de Jeans da la masa del objeto que colapsa.

—Así pues —comentó Jesús—, la masa de las estrellas depende de la densidad del gas en la región que nacen. Donde es mayor la densidad, la masa de las estrellas que se forman es más pequeña. La densidad será más o menos igual por toda la galaxia, pero, como no será exactamente igual, no todas las estrellas tendrán exactamente la misma masa...

—En realidad —respondió Julia—, el cálculo es sólo aproximado, de forma que, incluso si la densidad fuera siempre exactamente la misma, habría que esperar también masas diferentes de las estrellas recién nacidas.

—A la función que dice la probabilidad de que una estrella tenga una determinada masa se le llama técnicamente «función inicial de masa» —dije, aunque no me debieron oír.

—Pero a lo que vamos —interrumpió don Celestino—. Si sabemos la temperatura y la densidad del gas interestelar, vamos a calcular de una vez cuál sería la masa de una estrella típica.

—Ya lo he hecho —dijo Julia compungida—, y... no me sale muy bien. He tomado valores típicos de densidad y temperatura del medio interestelar, que en alguna ocasión nos ha dicho Alberto. Para la temperatura he tomado 100 K...

—¡Qué frío! Unos 173 grados bajo cero. Casi como aquí —dijo don Celestino.

—... y he supuesto que hay unos 7 átomos de hidrógeno por cm^3. Aquí están las cuentas. Me sale que la masa de la estrella es de unos 10^{37} gramos, equivalente a 5000 veces la masa del Sol. Ya sé que este valor es excesivo... Y sin embargo, estoy convencida de que el cálculo es correcto.

—El cálculo es perfectamente correcto —tuve que intervenir—. Se observa que las estrellas nacen en grupos de... ¡unas 5000 estrellas! Estas asociaciones de estrellas recién nacidas se llaman «cúmulos abiertos», y creo que ya hemos hablado en alguna ocasión de ellos. Lo que Julia ha calculado es la masa de un «cúmulo abierto». Lo que ocurre es que la nube de gas que inicia el colapso se va fragmentando según éste va transcurriendo. El resultado de este proceso de «fragmentación» es un conjunto de unas 5000 estrellas de 1 $M_\odot$, aproximadamente.

73
Por qué el Sol tiene la masa que tiene

—La fragmentación... —comencé.

—Un momento —dijo amablemente Julia—. Según se va produciendo el colapso, la densidad va aumentando, y según la fórmula que dedujimos antes, la masa de Jeans es cada vez menor. Por lo tanto, al contraerse la nube inicial se subdivide en nubecillas más pequeñas en su seno. Así se explica que nazcan las estrellas juntas.

—Pues sí, la nube se divide en nubecillas, las nubecillas en nubecillas aún más pequeñas, y así sucesivamente... Este proceso de fragmentación no dura, sin embargo, indefinidamente. En los primeros momentos del colapso, al aumentar la densidad también habría una tendencia a que aumentara la temperatura. Pero, como la nube es aún muy transparente, los átomos emiten fácilmente. No se produce aumento de temperatura, porque la nube expulsa, con fotones, el calor que gana en la contracción. En sus primeros momentos, el colapso es isotermo.

»Pero los últimos fragmentos son ya tan densos y el colapso tan rápido, que la radiación no puede escapar de la nube. Esta se va calentando. La temperatura aumenta al aumentar la densidad. Se dice entonces que el colapso es adiabático, es decir, que se produce sin pérdida de calor. Si en la fórmula que da la masa de Jeans la temperatura puede ir variando, la conclusión de que se van produciendo fragmentaciones indefinidamente ya no es correcta. Y la serie de colapsos se detiene.

—Y las estrellas nacen —concluyó Cristóbal.

—Al hablar de la expansión del Universo —siguió Jesús— nos dijiste cómo variaba la temperatura en función de la densidad, en los procesos adiabáticos. —Sacó un montón de servilletas del bolsillo—. Ocurría que

$$T^{3/2} \propto \rho$$

»Ahora también, supongo.

—En efecto, en efecto.

—Entonces —siguió Jesús—, si tengo en cuenta esta dependencia en la fórmula de Julia, resulta que

$$M \propto \rho^{1/2}$$

»Ahora, la masa que colapsa es mayor cuanto mayor es la densidad.

Dibujó una gráfica en la servilleta n.º 22, donde se mostraba la masa de Jeans en función de la densidad. Pintó un primer tramo, correspondiente al colapso isotermo, y otro, al colapso adiabático.

—Entre el colapso isotermo y el colapso adiabático, el colapso será de un tipo intermedio entre los dos, y, como no conocemos su ecuación, lo pinto con una línea discontinua. Aunque no conocemos su ecuación es seguro que en esta zona habrá un mínimo. Supongamos que éste tiene lugar en el punto P. Este punto P nos dirá cuál es la masa del último fragmento, y según lo que se observa, debe corresponder, más o menos, a la masa del Sol.

—¡Estupendo! —resumí—. Esto es lo que ocurre. Las estrellas na-

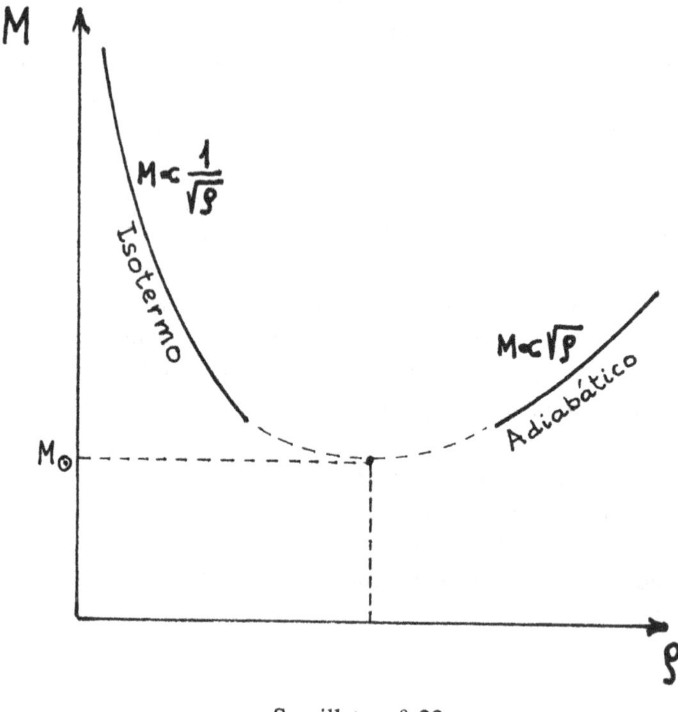

Servilleta n.º 22

cen en grupos de unas 5000, llamados cúmulos abiertos. Nacen estrellas más masivas y menos masivas, aunque una masa típica es la masa del Sol. Julia, ¿por qué pones esa cara de enfadada?

—Pues porque me hubiera gustado obtener este último resultado numéricamente. Me hubiera gustado demostrar que la masa del último fragmento es aproximadamente 1 $M_\odot$.

—Mira, Julia, hay cosas que no se pueden calcular tan fácilmente... Hacen falta grandes ordenadores para resolver el difícil problema de la fragmentación...

—¡Bah! —Y se fue enfadada.

Seguimos los demás conversando de otros temas durante un buen rato. Estuve hablando de J.H. Jeans, astrónomo inglés, más conocido por defender una teoría catastrofista de la formación del Sistema Solar, hoy parcialmente abandonada, según la cual una estrella pasó próxima al Sol y le arrancó parte de la materia que hoy forma los planetas. Jeans fue un magnífico divulgador de la Astronomía.

Probablemente han sido los propios científicos los que han escrito obras de divulgación de mayor calidad. Además de Jeans pueden destacarse muchos otros. Eddington, astrónomo inglés, analizó los interiores estelares; ya hemos hablado de él en alguna ocasión. F. Hoyle, también inglés, fue uno de los que propusieron la Teoría del Estado Estacionario del Universo, y profundizó en los mecanismos de combustión en los interiores estelares. Hoyle es incluso autor de interesantes obras de ciencia-ficción. El ruso G. Gamow se destacó en sus contribuciones a la teoría del Big Bang, y fue uno de los iniciadores de la teoría del Código Genético. Estos son algunos de los clásicos de la divulgación de la Astrofísica.

Entonces volvió a aparecer Julia.

—Ya lo tengo. Es un cálculo aproximado, pero... a ver qué os parece. Para que el colapso pase de ser isotermo a ser adiabático, hace falta que los fotones encuentren dificultades en salir. Un fotón típico recorrerá una longitud antes de encontrarse con un átomo que lo absorba.

—A esta longitud se la llama «camino libre medio» del fotón —puntualicé.

—Supongo que cuando la densidad sea muy alta, el camino libre medio será muy pequeño. La intuición me dice que el camino libre medio será inversamente proporcional a la densidad.

—Así es, en efecto. Esta relación se escribe

$$\lambda = \frac{1}{\chi\rho}$$

donde χ es llamado «coeficiente de opacidad». Depende de la naturaleza de los átomos absorbentes y de la longitud de onda de los fotones. Su valor, en nuestras condiciones y en el sistema de unidades que venimos utilizando, es del orden de la unidad, para la luz visible. Una estrella tan fría, en las primeras fases de su nacimiento, emite más bien en infrarrojo, para el cual la materia es más transparente. No sé exactamente cuál sería el valor adecuado en este caso. Creo que se podría adoptar $\chi = 0,1$.

—Los fotones empezarán a tener dificultades para salir de la nube cuando su camino libre medio sea aproximadamente igual al radio de la nube —siguió Julia—. Como éste es del orden de $M^{1/3}\,\rho^{-1/3}$, escribiré

$$\frac{1}{\chi\rho} = M^{1/3}\rho^{-1/3}$$

»Supongo que por entonces el colapso es aún isotermo. Escribo la densidad en función de la masa aprovechando la fórmula de Jeans, hago esta pequeña deducción que veis aquí, y obtengo la masa del último fragmento con esta fórmula

$$M = \chi \left(\frac{kT}{Gm} \right)^2$$

»Hago operaciones. Considero que la temperatura es aún de 100 K. Finalmente me sale que

$$M \approx 1{,}6\ M_\odot$$

¡que es prácticamente la masa del Sol!

74

Evolución galáctica

A mi vuelta en primavera, pedí a Julia el cuaderno en el que iba resumiendo nuestras charlas. Tenía detalladas bastantes de ellas y frecuentemente acompañadas de sabrosos comentarios. En relación a las últimas del pasado invierno había anotado:

«Alberto dijo una vez que la temperatura en el medio intergaláctico es de unos 10^5 K, y que había unas 10^{-5} partículas por unidad de volumen. Calculé la masa de Jeans para el espacio intergaláctico con objeto de ver si obtenía la masa de una galaxia. Obtuve 10^{11} $M_\odot$, que es, en efecto, del orden de magnitud de la masa de una galaxia».

Yo anoté al margen: «Perfecto». Sin embargo, seguía ella:

«Pero el resultado creo que es engañoso, pues las galaxias no se forman ahora. Se formaron cuando la densidad era de unos 5×10^{-22} g cm^{-3}, y la temperatura de unos 3000 K, como vimos el otro día al estudiar Cosmología. Si calculo la masa de Jeans en estas condiciones, resulta 10^5 $M_\odot$, que no es la masa de una galaxia, sino más bien, y curiosamente, la masa de un cúmulo globular».

Y anoté al margen: «Pues es verdad». Seguía el cuaderno:

«Ahora la densidad del medio interestelar es de 10^{-23} g cm^{-3}. Si las galaxias más que formarse se separaron, esta densidad debería coincidir con la densidad del Universo en la época de formación de galaxias; o, si posteriormente se contrajeron algo, la densidad del gas galáctico debería ser mayor que 5×10^{-22}. Y sin embargo es bastante menor; ¿por qué?».

No sabía qué anotar al margen y seguí leyendo.

«Porque el gas se ha consumido, en parte para formar estrellas. Según esto, debe haber en nuestra galaxia una densidad de gas inferior al 10 % de la densidad debida a la materia metida en las estrellas.»

Claro, claro. Anoté:

«En nuestra galaxia, al menos en la vecindad del Sol, hay, en efecto, sólo el 10 % de materia en forma de gas, en relación a la materia estelar. Pero hay otras galaxias con diferente proporción. Las llamadas galaxias elípticas no tienen gas (quizá lo han perdido, por un mecanismo no muy bien conocido, al espacio intergaláctico). Las galaxias espirales, como la nuestra, tienen un 10 %, y las galaxias irregulares, bastante más».

Seguía Julia:

«Entonces, ¿por qué las galaxias tienen la masa que tienen? O, en definitiva, ¿qué es lo que evita su colapso? Debe ser el giro. Si igualo la fuerza de atracción de la galaxia sobre un átomo a la fuerza centrífuga, obtendría así la masa de la galaxia. Dice Jesús que Alberto dijo que la velocidad de rotación en nuestra galaxia es del orden de 200 km/s. Con lo cual obtengo que la masa de la galaxia es del orden de $4 \times 10^{11} M_\odot$, lo que está cerca de la realidad.

»¿Y si en las condiciones del Universo cuando se formaron las galaxias, calculo la "masa del último fragmento", es decir, la correspondiente a cuando se produce la transición isoterma-adiabática, tal como cuando calculamos la masa que debería tener una estrella? Claro que entonces el camino libre medio de los fotones debería ser mucho mayor, puesto que una galaxia es casi transparente. ¿Cómo saber el camino libre medio? Podemos hacer un cálculo arriesgado, suponiendo que el camino libre medio es tanto como el diámetro de una galaxia. Debe ser algo parecido pues a 3000 K, la luz es fundamentalmente infrarroja, y dijo Alberto que con infrarrojo se podía ver incluso el centro de nuestra galaxia. Claro que en aquel entonces no había polvo y la transparencia sería algo más. Pongamos que el camino libre medio (después de la recombinación) era 10^{23} cm, más o menos el diámetro de nuestra galaxia. Entonces obtengo una masa de $4 \times 10^{14} M_\odot$. Esto coincide, más o menos, con la masa de un Cúmulo de Galaxias».

Anoté: «Ya comprobaré si este último cálculo está bien». Aunque todavía no lo he hecho. Seguía ella:

«Si las galaxias se formaron todas a la vez, se irán apagando. No lo han hecho aún porque se van formando nuevas estrellas y porque muchas de las pequeñas no se han apagado todavía».

Continué escribiendo yo:

«En efecto. Cuando se produce un nacimiento de estrellas, se forman unas que son masivas, azules y efímeras, y otras poco masivas, rojas y duraderas. Las estrellas devuelven al medio interestelar parte del gas con que fueron formadas, especialmente algo después de su nacimiento y algo antes de su muerte. Pero la cantidad de gas en el medio interestelar es cada vez menor, por lo que cada vez habrá menos formación estelar, y cada vez menos estrellas azules. Por otra parte, inicialmente sólo había hidrógeno y helio. Pero en los procesos de combustión estelar se van formando elementos más pesados, hasta el hierro. Y en las estrellas "supernovas" se forman también elementos más pesados que el hierro. Cuando la estrella devuelve gas al medio interestelar lo enriquece de elementos pesados y de metales, de forma que las nuevas generaciones de estrellas nacen ya con metales. En el Sol, actualmente, sólo hay básicamente combustión de hidrógeno para formar helio. Sin embargo, hay metales. Se supone además que la Tierra y los otros planetas se formaron de la misma nube gaseosa que formó el Sol. Como en la Tierra hay metales, podemos saber que el Sol no fue una estrella formada al principio, sino que su materia, y la materia de nuestros propios cuerpos, ha formado parte de la materia de otras estrellas precedentes. Es más, como en la Tierra hay elementos más pesados que el hierro, podemos saber que parte de nuestros átomos se formaron en la explosión de una o más supernovas. Nuestros átomos han "conocido" acontecimientos escalofriantes del Cosmos.

»Resumiendo, una galaxia como la nuestra, poco a poco se va apagando, se va enrojeciendo y se va enriqueciendo en metales.

»Observando objetos muy lejanos, podemos saber algo de cómo fue la infancia de las galaxias. Así los "cuásares" son galaxias en una etapa muy primitiva de su evolución. Su nombre viene del inglés "quasar", contracción de las palabras "quasi" y "star", porque observadas con un telescopio tienen la apariencia puntual de una estrella, en lugar de una mancha extensa característica de las galaxias. Las líneas de sus espectros están enormemente desplazadas hacia el rojo, por lo que su velocidad de alejamiento es enorme. La forma de medir distancias de objetos tan lejanos consiste en aprovechar la ley de Hubble que ya vimos: $v = H\,r$. Midiendo la velocidad de alejamiento podemos conocer la distancia. Así pues, los cuásares son objetos muy lejanos, y por tanto muy primitivos. Claro que hay otras posibles interpretaciones. Si están tan alejados y sin embargo pueden verse, es que son muy luminosos, unas 100 veces más que nuestra galaxia. Así pues, en el periodo de formación, transcurrieron acontecimientos mucho más energéticos que posteriormente».

75

El espacio absoluto de don Celestino

—Hablemos de Relatividad General. Don Celestino y Cristóbal me anunciaron en cierta ocasión que habían encontrado el espacio absoluto. Creo que podríamos empezar por aquí. Cuéntenos, don Celestino.

Tardó como cinco minutos en empezar a hablar.

—Un sistema inercial es aquel que se mueve con velocidad constante con respecto al «espacio absoluto» de Newton. En el espacio absoluto de Newton únicamente las fuerzas «reales» afectan al movimiento de los cuerpos; no aparecen las «imaginarias» fuerzas de inercia. En particular, si sobre un cuerpo no se ejerce ninguna fuerza «real», para un observador inercial su trayectoria será rectilínea y recorrida con velocidad constante. Ya vimos cómo un sistema que se mueve con velocidad uniforme respecto de un sistema inercial es a su vez inercial. En particular, el espacio absoluto de Newton constituirá un sistema inercial. Dado un sistema inercial primero, podremos encontrar, a partir de él, tantos sistemas inerciales como queramos. La dificultad está en encontrar este primer sistema inercial, capaz de engendrar a los demás, al que podemos denominar «espacio absoluto» de Newton.

Esperó nuestros comentarios, pero no los hubo.

—Hay que buscar ciertos criterios objetivos, efectos que se produzcan en un sistema inercial, pero que no se produzcan en cualquier sistema acelerado. Si conseguimos encontrar una diferencia entre fuerza real y fuerza de inercia, habremos logrado nuestro objetivo. Si las fuerzas de inercia aparecen "por culpa" de adoptar sistemas de referencia acelerados, los cuerpos "no podrán enterarse" de esta "travesura sutil" del observador, por lo que en ausencia de otras fuerzas, todos los cuerpos deben seguir las mismas trayectorias. Por lo tanto, una propiedad que delata el carácter inercial de una fuerza es que tienen efectos iguales para todos los cuerpos, independientemente de sus propiedades físicas y, en particular, independientemente de sus masas. ¿Por qué no decís nada?

»Como $F = ma$, y la aceleración es lo que caracteriza la trayectoria, una fuerza de inercia ha de tener una expresión matemática del tipo Km, siendo K una constante que no dependa de la masa. De esta forma, la masa se eliminará en la fórmula de Newton, y la aceleración no dependerá de ella.

»Las fuerzas "reales" no cumplen, en general, esta propiedad. Así, por ejemplo, la fuerza eléctrica de Coulomb es del tipo qq'/r^2. No aparece la masa, lo que significa que la aceleración ejercida sobre un cuerpo cargado dependerá de la masa de éste. Por tanto, empezamos a esbozar un criterio para reconocer cuándo una fuerza es inercial: si su expresión matemática es del tipo Km.

»Solamente existe una excepción: la fuerza de la gravedad, que es del tipo mg, por lo tanto, proporcional a la masa. Como vimos, debido a esta coincidencia el movimiento de un cuerpo en el seno de un campo gravitatorio es independiente de su masa, como ocurre con las fuerzas de inercia. Pensamos que la gravedad es una fuerza "real" que sin embargo tiene un gran parecido físico con las fuerzas de inercia. Ambas son del tipo Km.

»El criterio sería entonces: fuerzas de inercia son aquellas del tipo Km, exceptuando la gravedad; fuerzas reales son aquellas que no son del tipo Km, añadiendo la gravedad. Para que el criterio fuese completo, ya no habría más que buscar una diferencia entre gravedad y fuerzas de inercia.

»Si nos alejamos de la Tierra, de las estrellas, de las galaxias, etc., no habrá gravedad. La gravedad se anula en el infinito, infinitamente lejos de todos los cuerpos. Esta propiedad no la cumplen las fuerzas de inercia. Por ejemplo, si yo (como hacía Francisco) me alejo acelerándome marcha atrás de los objetos de esta mesa, la aceleración que apreciaré en ellos será independiente de la distancia a la que yo esté, incluso si estoy infinitamente alejado de la mesa.

»Con la fuerza centrífuga, claro ejemplo de fuerza de inercia, la situación está más aún a mi favor. La fuerza centrífuga es tanto mayor cuanto mayor es la distancia a mí, pobre observador que gira sobre sí mismo. Incluso la fuerza centrífuga se hace infinita en el infinito.

»Resumiendo mi criterio. Me alejo hasta el infinito, allí me muevo de tal forma que desaparezcan todas las fuerzas del tipo Km, y entonces estaré sentado en el espacio absoluto de Newton.

Francisco, ceñudo, me miró, y tuve que hablar:

—Me parece correctísimo. Cristóbal, dinos tú ahora cómo has encontrado el espacio absoluto.

—Yo lo he encontrado experimentalmente. Tengo mis aparatos en la era, y cuando oscurezca un poco más podremos ponerlos en marcha.

76

El espacio absoluto de Cristóbal

Precedidos por Cristóbal, nos dirigimos a la era en la que, en otro tiempo, llevamos a cabo el experimento del coche de las ruedas cuadradas. Allí no había ningún aparato de ninguna clase. Cristóbal nos pidió que nos sentáramos en semicírculo, en cuyo centro se situó él, de pie.

Miró al zenit con los brazos caídos. Empezó a girar sobre sí mismo, cada vez más deprisa, siempre mirando al zenit, y sus brazos iban paulatinamente separándose del cuerpo.

Cuando se cayó, no pudimos aguantar la risa.

—¿Qué os ha parecido? Ha ocurrido algo extraordinario. Si me pongo a girar con respecto a vosotros y a la era, diréis que no pasa nada, porque a lo mejor sois vosotros y la era los que os movéis. Sin embargo, yo sé que las estrellas se han puesto todas a girar en torno a mi nariz, y en ese momento, misteriosamente, mis brazos, que había dejado muertos, se han separado de mi cuerpo; se han levantado.

»Me pregunto cómo podemos explicar tal coincidencia. Las estrellas se ponen a girar cuando mis brazos se levantan. Prescindamos de mi voluntad. Las estrellas están demasiado lejos para ejercer ningún tipo de fuerza sobre mis brazos. Y, por otra parte, el hecho de que yo levante mis brazos no puede desencadenar un movimiento de todo el Universo.

»La explicación debe de ser que al principio yo estaba en reposo absoluto; el Universo también, porque no giraba en torno a mi nariz. Cuando giré estaba "absolutamente" girando, porque apareció la fuerza centrífuga. Quien giraba era yo, no la era.

—Correcto —dije al fin—. Tengo que decirte además que este experimento fue propuesto por el físico teórico Weinberg.

—Pero sabemos que la Tierra gira —dijo Jesús.

—Debido a ello, mis brazos caídos se levantarían un poquito. Si yo fuera un aparato sensible —se defendió Cristóbal— podría reconocerlo, y con un giro muy ligero que yo consiguiera con respecto a la Tierra, podría anularlo. No tendría más que dar una vuelta cada veinticuatro horas en sentido contrario al movimiento de giro de la Tierra para que mis brazos quedaran completamente caídos. De igual forma, podría anular el giro del Sol respecto al centro de la galaxia, y cualquier otro tipo de giro. Entonces no giraría "en absoluto".

»Y si ahora corro cada vez más deprisa, mis brazos muertos se me quedarán atrás. Cuando, acelerándome adecuadamente, consiga que mis brazos caigan verticales, habré conseguido anular la aceleración absoluta de la era, y estaré en reposo absoluto.

Y volvimos silenciosos.

77

La manzana de Newton no se cayó...

Llegó el turno de Francisco.

—Insisto en que las leyes de la Naturaleza deben ser independientes de todos los observadores inerciales. Naturalmente me baso en que los observadores inerciales son tan imaginarios como queramos, es decir, son ángeles mirones que se mueven con velocidad constante los unos con respecto a los otros. Y extrapolando la idea, si un observador espíritu puro, un ángel mirón, contempla el Universo animado de una aceleración, ¿qué sabe la Naturaleza de las rarezas en la forma de observación de un espíritu puro que no pertenezca a ella? En otras palabras, debe haber una expresión de las leyes de la Naturaleza que sea independiente completamente de los ángeles mirones, ya se muevan éstos con velocidad constante o con movimiento acelerado. Y si las leyes son las mismas, los experimentos se comportarán de la misma manera, y si todo se comporta exactamente igual no podrá conocer nuestro observador nada sobre su movimiento absoluto ni si está en reposo, ni si está en movimiento, ni cuál será su velocidad, ni cuál su aceleración. Por lo tanto no puede haber ni espacio absoluto ni velocidad absoluta.

—Así más o menos, aunque con palabras ligeramente diferentes, enunció Einstein su Principio General de Relatividad.

—Algo me atrae en este principio, y es que no es más que una generalización del Principio de Relatividad de Galileo —seguía Francisco—. Decía éste que «las leyes de la Mecánica son las mismas para todo observador inercial». Einstein, al enunciar el Principio de Relatividad Restringida, no hizo más que tachar una palabra de esta interesante frase. Tachó la palabra «Mecánica»: «Las leyes de la ~~Mecánica~~ son las mismas para todo observador inercial». Y por lo que entiendo que es el Principio General de Relatividad, Einstein volvió a tachar la otra palabra superflua de la frase de Galileo. Tachó la palabra «inercial»: «Las leyes de la ~~Mecánica~~ son las mismas para todo observador ~~inercial~~».

—Sí —dije yo—, pero de alguna forma habrá que combinar esta idea con lo que nos dijeron ayer don Celestino y Cristóbal. Por otra parte, ya vimos que la tachadura de la palabra «Mecánica» fue relativamente sencilla, pero luego acabamos concluyendo cosas tan aparentemente extrañas como la contracción de longitudes, dilatación de los intervalos de tiempo, equivalencia entre masa y energía, etc., etc. Me imagino que la tachadura de la palabra «inercial» nos llevará también a conclusiones insospechadas.

—Si fuerzas de inercia y fuerzas gravitatorias tienen un comportamiento tan parecido —siguió Francisco, rogando calma con una mano a don Celestino— es que SON LO MISMO. El viajero montado en el coche con el loco conductor que acelera indefinidamente se vería empujado hacia atrás, y vería que los objetos "caen" hacia atrás, pero podría imaginarse perfectamente que había una "gravedad" hacia atrás.

Servilleta n.º 23

»Esta gravedad desaparecería si el conductor se vuelve juicioso y mantiene una velocidad regular en el coche. También es muy fácil hacer que la gravedad de la Tierra desaparezca.

—No veo cómo —protestó don Celestino—. Sería como un sueño, poder flotar en el espacio.

—Imaginemos que nos subimos a lo alto de un precipicio, me metéis en una caja cerrada y me dejáis caer por el precipicio. ¿Qué me pasaría? Yo no pesaría sobre la caja; podría soltar bolas en el recinto, y no vería que éstas se cayeran a ningún sitio; flotarían dentro de la caja, como yo. Estaría igual que un astronauta en su cohete fuera de la gravedad. Habría anulado la gravedad. ¿Y cómo? Sencillamente cambiando de sistema de referencia, y adoptando uno que se moviera con una aceleración de 9,8 m/s^2 con respecto al vuestro (servilleta n.º 23).

—Pero te matarías...

—Me mataría, claro, pero por culpa de que alguien habría lanzado contra mí la Tierra entera con una aceleración de 9,8 m/s^2.

Hubo un cierto silencio, que interrumpió Jesús:

—Supongamos un peso en una balanza, todo ello metido en un cohete quieto en el espacio. De pronto se conectan los motores, y el cohete comienza a subir «hacia arriba». El astronauta vería que el peso sobre la balanza es ahora mayor. El astronauta, observando el aumento de peso, sabría que se está acelerando, que alguien habría conectado los motores.

Francisco lo pensó un poco:

—Imagínate que el cohete no estaba en reposo al principio, y que estaba moviéndose aceleradamente «hacia abajo». De pronto alguien conecta los motores y el cohete «se para». El astronauta mío observaría el mismo aumento de peso del objeto sobre la balanza que el astronauta tuyo. ¿Quién podrá decir entonces cuál de los dos estaba realmente en reposo? ¿Y cuándo?

—Me has convencido.

... fue la rama la que siguió subiendo

—Lo que tendríamos que hacer es ver la forma de que las ideas de don Celestino y Cristóbal encajen con la teoría de los ángeles mirones de Francisco —propuso Jesús.

—O al revés —gruñó don Celestino—. Voy a poner un argumento en contra, relativo a la caja que se cae con Francisco dentro. El, cayéndose, ha creído flotar sin gravedad, con la misma facilidad que se puede prescindir de las fuerzas de inercia, con un simple cambio de sistema de referencia. Supongamos que el precipicio es enorme y que el ingrávido Francisco deja flotar dos ingrávidas bolas. Estas dos bolas, pensamos los que estamos fuera, se dirigen hacia el centro de la Tierra (servilleta n.º 24), de modo que la distancia entre las bolas será cada vez menor.

»El pobre Francisco, ignorante de su caída, observará que las bolas, que él colocó separadas, se van juntando. En cambio, si él está quieto en el espacio interplanetario, y nosotros nos movemos con respecto a él, con aceleración de 9,8 m/s^2, las bolas nunca se juntarían. Por lo tanto, en este caso, la gravedad no es una fuerza de inercia.

—Es que mi hipotético ataúd era demasiado grande, y las bolas demasiado separadas. Con un cambio de sistema de referencia yo puedo anular la gravedad en sólo un punto del espacio.

—Ahí está la diferencia. Para anular una fuerza de inercia, con un solo cambio de sistema de referencia, consigues la anulación en todos los puntos del espacio —se defendió don Celestino.

—Pero eso no es una diferencia esencial. Eso quiere decir que algunas fuerzas de inercia (las que antes llamábamos gravedad) se anulan en un solo punto del espacio, y otras se anulan en todos. Yo puedo buscar un cambio de referencia para cada punto que anule la fuerza de inercia. Basta «dejar caer» el sistema de referencia. No me importa si el sistema cayente de referencia de mi punto coincide con el sistema cayente de referencia del punto del vecino.

—Entonces... no me parece que estemos esencialmente en desacuerdo.

—Lo importante —seguía Francisco— es que localmente, en un solo punto, puedo hacer que desaparezcan las fuerzas de inercia. Localmente, entonces, obtengo un sistema inercial. En este sistema inercial, en el sistema cayente, serán válidas las leyes de la Naturaleza para sistemas inerciales, es decir, las leyes de la Relatividad Restringida. Como estas leyes son ya conocidas, si queremos conocer las leyes correspondientes para sistemas acelerados, incluyendo los sometidos a una gravedad, bastará deshacer el cambio de sistemas de referencia.

»Es decir, ¿queréis saber las leyes para sistemas no-inerciales, incluyendo los sometidos a una gravedad? Nada más fácil. Me metéis en una caja, me tiráis por el precipicio. Mientras caigo hago los experimentos oportunos. Incluso no hace falta efectuar experimentos, pues sé el resultado: lo que diga la Relatividad Restringida. Os digo a

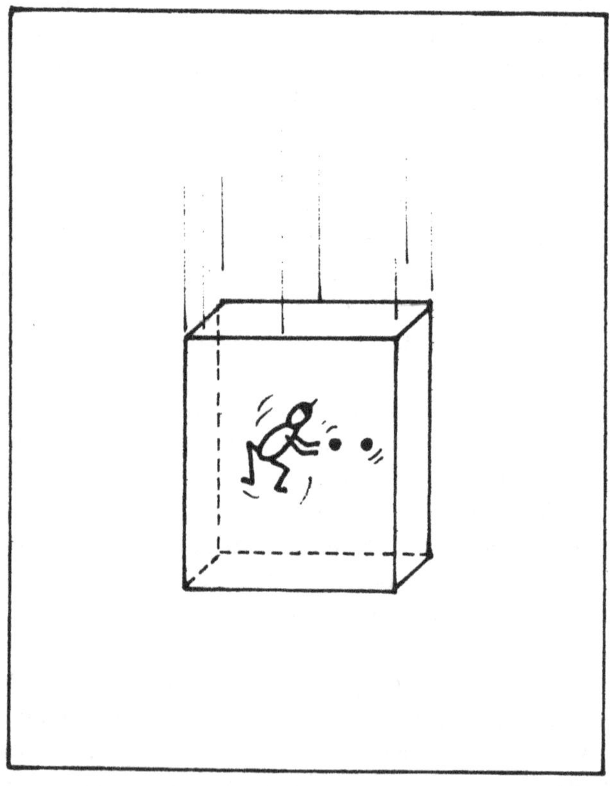

Servilleta n.º 24

voces lo que veo o lo que sé, y obtenéis las leyes para vosotros, pobres observadores acelerados.

—Esto es lo que Einstein propuso como Principio de Equivalencia —intervine yo.

—¿No parece todo esto un juego de palabras? —preguntó Jesús.

—Yo ya me voy acostumbrando a que de los juegos de palabras salgan conclusiones extrañas —temió don Celestino.

—No son juegos de palabras. De esta forma, conociendo las leyes válidas para sistemas inerciales, conoceremos las leyes para sistemas no-inerciales (o sometidos a gravedad) con un simple cambio de sistema de referencia. En otras palabras, no son distintas leyes. Todos los ángeles mirones, cualquiera que sea su movimiento, obtienen las mismas leyes. Es además la base de la teoría de la Gravitación, consistente en decir que la gravitación tiene una existencia tan artificial como la tienen las fuerzas de inercia. Está inventada por un caprichoso ángel mirón. La manzana de Newton no se cayó; fue la rama la que siguió subiendo.

»Y además es cierto: tengo preparadas unas conclusiones sorprendentes.

79

Relatividad y Geometría

—La Relatividad utiliza un lenguaje geométrico, con el cual las ideas de Francisco resultan más claras, y del que algo os voy a contar. Imaginemos la superficie de un papel. —Cogí una servilleta—. Decimos que sólo tiene dos dimensiones. Si sobre esta superficie vivieran habitantes, infinitamente aplastados, que no fueran conscientes en absoluto de que existe algo fuera del papel, necesitarían dos «coordenadas» para localizar un punto P. Bien si pudieran indicar los valores «x» e «y», bien los valores de r y el ángulo α, bien cualquier otra pareja de coordenadas (servilleta n.º 25).

—Así que decimos que estos seres, los «chatoides», viven en dos dimensiones. Nosotros no los podemos imaginar, porque vivimos en un espacio de tres dimensiones, y nada hay infinitamente chato. De igual modo los chatoides no pueden sospechar nuestra existencia, porque para ellos la tercera dimensión (hacia fuera del papel) es inimaginable —me apoyó don Celestino.

—Esta superficie de la servilleta sería un espacio bidimensional "plano". Por ejemplo, si los chatoides trazaran un triángulo, midieran sus ángulos y los sumaran, verían que la suma sería de 180º. Si doblo el papel —hice con él una superficie cilíndrica (servilleta n.º 26)—, los triángulos seguirán teniendo igual propiedad. A pesar de que ahora el papel esté doblado, seguimos hablando de un espacio bidimensional plano.

»En cambio, podemos obtener otras superficies que no sean "planas" sino "curvas". El ejemplo más sencillo que puede ponerse es el de una superficie esférica. Pensad que aunque nos imaginamos esta superficie inmersa en tres dimensiones, los chatoides lo ignoran, y su mundo es tan bidimensional como antes.

»Si estos chatoides dibujan un triángulo verán que la suma de sus ángulos ya no es 180º. Se trata de un espacio bidimensional "curvo" (servilleta n.º 27). Si los chatoides son mucho más pequeños que las dimensiones del mundo en que viven, dibujarán triángulos pequeños

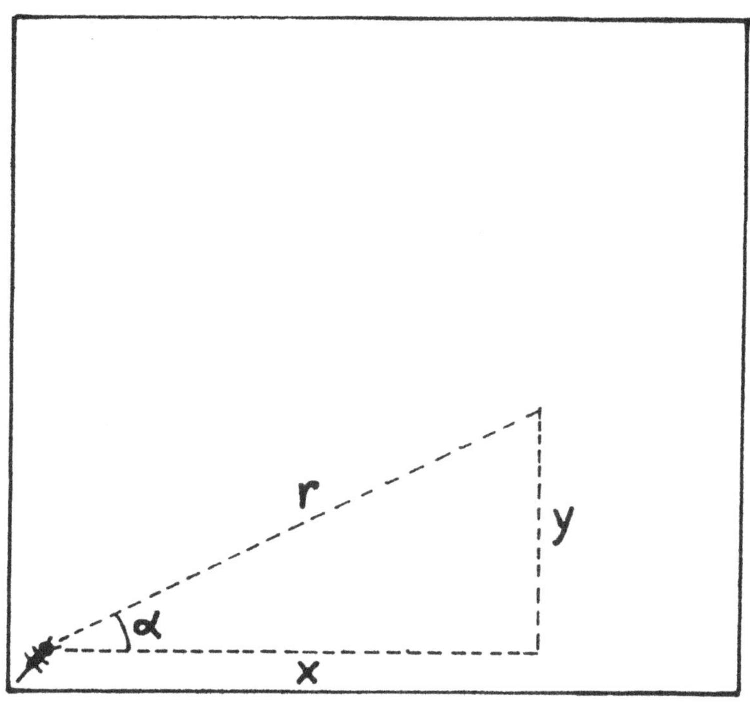

Servilleta n.º 25

y, a no ser que sean extremadamente precisos en sus medidas, no apreciarán fácilmente que su espacio es curvo.

»Es fácil ver que la servilleta en forma de cilindro corresponde a un espacio plano, porque con una sola operación, consistente en desdoblar el papel, volvemos a obtener la servilleta en su forma inicial. Esto no lo podemos hacer con la "servilleta esférica", de la misma forma que torciendo la servilleta inicial no podemos conseguir una superficie esférica. Esto lo saben muy bien los constructores de pelotas y de mapas.

»Hay muchas otras superficies curvas, muchas de las cuales ni nos las podemos imaginar ni representar de forma alguna. Podéis ir viendo la relación con la Relatividad. En el caso del cilindro, con una sola transformación puedo conseguir la forma inicial, y esta transformación es la misma para todos los puntos del espacio. En cambio, si tengo una superficie esférica, puedo solamente en un punto "alisar" la superficie. La operación, o cambio de coordenadas, que "alise" el espacio en un punto no "alisará" el punto vecino. En

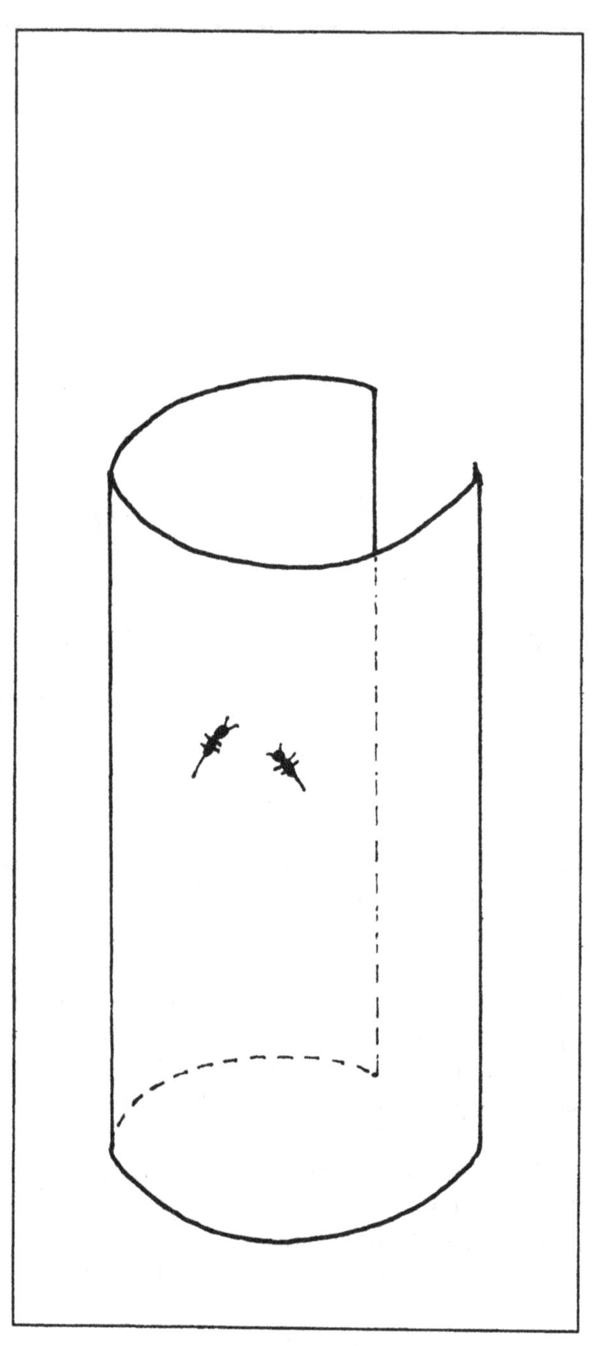

Servilleta n.º 26

este caso la operación de alisamiento es diferente en cada punto del espacio.

»Pero no somos chatoides. Vivimos en un espacio de tres dimensiones. Y los sucesos pueden representarse en un espacio de cuatro dimensiones, llamado espacio-tiempo. En él las coordenadas de un suceso podrían ser x, y (como antes), z (hacia el papel) y t (el tiempo en que ocurre tal suceso).

»Gauss, científico alemán que fue uno de los pioneros en estudiar la Geometría de los espacios curvos, y uno de los mayores genios de todos los tiempos, propuso precisamente que con un cambio de coordenadas podía "alisarse" en un solo punto de un espacio curvo. En cambio, en un espacio plano, un solo cambio de coordenadas era capaz de "alisar" todos los puntos del espacio. Notemos el paralelismo con el Principio de Equivalencia de Einstein. Un cambio de sistema de referencia no es más que un cambio de coordenadas en el espacio-tiempo. Si en el lenguaje pre-relativista había una gravedad, con un cambio de coordenadas podemos conseguir, en un solo punto, un sistema inercial equivalente a un alisamiento. Si había una fuerza de inercia, con un solo cambio de coordenadas conseguimos que todos

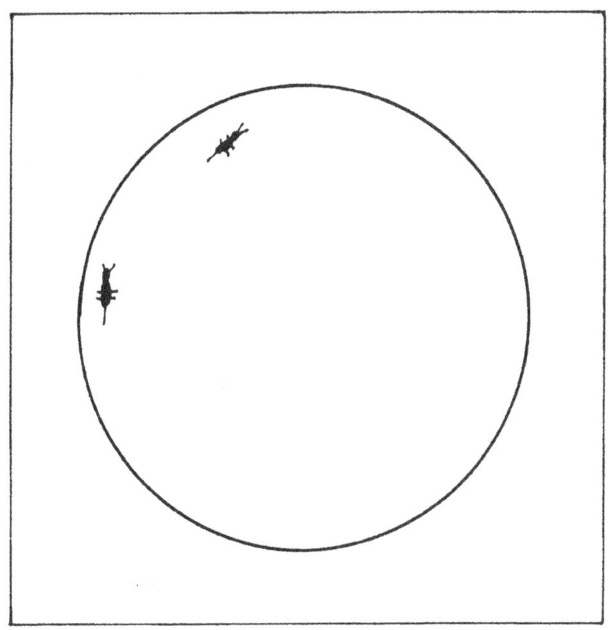

Servilleta n.º 27

los puntos del espacio-tiempo queden inmersos en el mismo sistema inercial.

»Así pues, cuando antes hablábamos de sistemas acelerados, ahora diremos que la Geometría del espacio-tiempo es plana. Cuando antes hablábamos de gravedad, ahora diremos que la Geometría del espacio-tiempo es curva. Cuando antes decíamos que una masa ejercía una atracción gravitatoria, ahora diremos que una masa "curva" el espacio-tiempo en su entorno. Cuando antes decíamos que la trayectoria de una masa sometida a la gravedad es curva, ahora diremos que sobre la masa no se ejerce ninguna fuerza, y que, por lo tanto, sigue una trayectoria rectilínea en un espacio-tiempo curvo. Las líneas rectas en espacios curvos (líneas que suponen la distancia más corta entre dos puntos) se llaman "geodésicas", y los cuerpos siguen geodésicas en el espacio-tiempo.

»De esta forma, Einstein redujo la gravitación a meras propiedades geométricas. La introducción de los conceptos geométricos en la Teoría de la Relatividad facilita a los físicos un lenguaje, y pueden aprovecharse resultados geométricos conocidos desde hace más tiempo, aunque tampoco es estrictamente necesaria.

80
La gravitación y la marcha de los relojes

—Nos volvemos a subir a lo alto del precipicio, me volvéis a meter en la caja y me tiráis —seguía Francisco—. En realidad no hace falta la caja; me tiráis sencillamente. Ahora Jesús está en el fondo del precipicio esperando mi llegada. En el momento del empujón Jesús y yo ponemos en marcha nuestros cronómetros. Yo contemplo a Jesús, pobre mortal sometido a la gravedad, mientras disfruto de mi ingravidez provisional, en mi privilegiado sistema de referencia, puesto que me encuentro como en un confortable espacio-tiempo plano. El reloj de Jesús marca el tiempo propio τ, y el mío marca t, en el momento en que nos cruzamos, un poquitín antes del porrazo. En ese momento, Jesús, el pobre, sigue sometido a la gravedad (servilleta n.º 28), o lo que es lo mismo, se mueve con velocidad hacia arriba respecto a mí, con $v^2 = 2gh$. Y yo, que por estar en un espacio-tiempo plano, tengo derecho a aplicar los resultados de la Relatividad Restringida, deduzco que

$$\frac{\tau}{t} = \sqrt{1 - \frac{v^2}{c^2}} = \sqrt{1 - \frac{2gh}{c^2}}$$

»El reloj de Jesús va más lento que el mío, por lo tanto.

»Esta cantidad es inapreciable porque $2gh$ es muchísimo menor que la velocidad de la luz al cuadrado. Sin embargo, esto prueba que los relojes sumergidos en una región con un campo gravitatorio marchan más lentos.

Jesús fue quien inició los esperados comentarios.

—Pero como tú te alejas aceleradamente de nosotros, la Relatividad Restringida nos dice que también tu reloj irá, desde nuestro punto de vista, más lento.

—No. Es cierto que me alejo de vosotros, pero vosotros no sois comparadores adecuados. Vosotros estáis sometidos a la gravedad, o mejor dicho, vosotros estáis en un espacio-tiempo curvo, y yo, no. Vo-

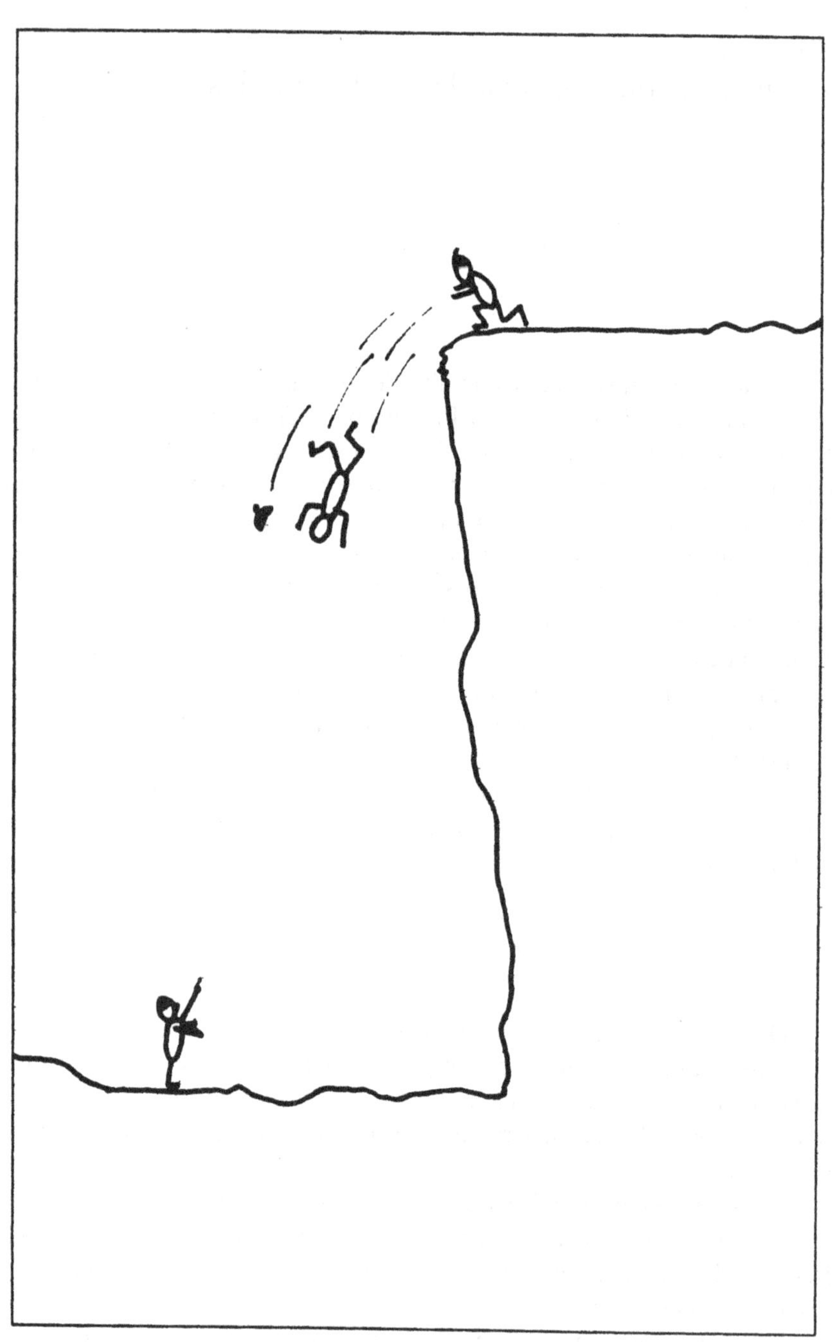

Servilleta n.º 28

sotros no tenéis derecho a aplicar las leyes de la Relatividad Restringida. Yo, sí.

—Es cierto, claro. De todas formas tú has utilizado las leyes de la Relatividad Restringida sólo en parte. Has utilizado la ley de dilatación de los intervalos de tiempo correctamente, pero la fórmula «$v^2 = 2gh$» no es válida tras las correcciones de Einstein a la Mecánica de Newton.

—Estoy de acuerdo, pero las correcciones de Einstein eran despreciables cuando la velocidad, v, era muchísimo más pequeña que la velocidad de la luz. Así que el error de mi fórmula debe ser muy pequeño. Si el campo gravitatorio fuera muy intenso, probablemente mi fórmula no serviría.

—Lo malo es que no podemos comprobar tu fórmula, y probablemente no puedan tampoco aparatos muy sofisticados, puesto que $2gh$ es muchísimo menor que c^2 —dijo don Celestino.

—Ese fue el problema de Einstein —repliqué—. Hemos de buscar un objeto celeste en el que la gravedad sea mucho más grande, por lo cual el sabio de Ulm propuso realizar el experimento en una enana blanca.

—Claro; nos vamos a una enana blanca, buscamos un desnivel, tiramos a Francisco y ya está. Nada más fácil.

—Lo que propuso Einstein fue algo parecido. En la Tierra la gravedad es muy débil, por lo que podemos confiar en que nuestro espacio-tiempo es prácticamente plano. Bastaría, pues, observar un reloj que ya estuviera en la superficie de la enana blanca. Afortunadamente hay muchos relojes, pues los átomos emiten luz, que está caracterizada por su frecuencia. Si el tiempo allí transcurre más despacio la frecuencia debe ser menor, o lo que es equivalente, las rayas del espectro de las enanas blancas deben estar desplazadas al rojo. Francisco, ¿puedes calcular el desplazamiento al rojo de las rayas espectrales en una enana blanca?

—Para mañana.

81

Desplazamiento al rojo gravitatorio

El cálculo había sido efectuado por Francisco y su hija, que tenía más facilidad aritmética. Comenzó el padre:

—Yo estoy en el infinito, en el espacio-tiempo plano. Me dejo caer en la enana blanca. Como estoy tan lejos y soy tan poco atraído por ella, tardaré en llegar a su superficie un tiempo infinito, pero eso no importa.

Cristóbal se echó a llorar.

—Cuando llegue llevaré una velocidad v. ¿Cómo calcularla?

Julia cogió el relevo.

—Dibujo la situación en la servilleta n.º 29. Cuanto más alto está un objeto, mayor es su energía potencial. Si decimos que empezamos a contar la energía potencial cuando el objeto está infinitamente alejado, es decir, que es nula cuando estamos en el infinito, la energía potencial en la superficie será negativa. Cuando Francisco estaba en el infinito, no tenía ni energía cinética ni potencial, luego su energía total era cero. Por la conservación de la energía, ésta seguirá siendo nula cuando llegue a la superficie. Luego:

$$\frac{1}{2}mv^2 - \frac{GMm}{R} = 0$$

de aquí despejo v^2 y lo introduzco de nuevo en la fórmula de la dilatación de los intervalos de tiempo:

$$\frac{\tau}{t} = \sqrt{1 - \frac{2\,GM}{Rc^2}}$$

Siguió Francisco:

—El tiempo marcado por el reloj del habitante de la enana blanca vuelve a ser menor. Ese reloj va muy lento. Y si en lugar de un reloj es un átomo emisor, emitirá fotones de frecuencia muy baja. Llamemos v a esta frecuencia baja que observo en las rayas espectrales de la es-

Servilleta n.º 29

trella, y ν_0 a la frecuencia normal, como emiten los átomos situados en el infinito. Será también

$$\frac{\nu}{\nu_0} = \sqrt{1 - \frac{2\,GM}{Rc^2}}$$

»El corrimiento al rojo se definirá como el desplazamiento relativo, es decir

$$z = \frac{\nu_0 - \nu}{\nu_0}$$

»Y por lo tanto se calcularía fácilmente

$$z = 1 - \frac{\nu}{\nu_0} = \sqrt{1 - \frac{2\,GM}{Rc^2}}$$

»Pero para hacer cálculos precisos con esta fórmula hemos tenido dificultades, pues hay que calcular la raíz cuadrada con muchos decimales, y no hemos podido obtener el valor de z.

—Yo os lo puedo facilitar —sugerí—. Cuando la cantidad x es mucho más pequeña que la unidad, podéis comprobar inmediatamente que

$$\sqrt{1 - 2x} \approx 1 - x$$

Naturalmente no se lo creyeron. Probaron haciendo $x = 0{,}01$, y comprobaron con asombro que el primer miembro era $0{,}98995$ y el segundo $0{,}99$. La diferencia era pues de sólo $0{,}00005$. Se sorprendieron de mi memoria cuando en realidad sólo había hecho algo que los matemáticos llaman un «desarrollo en serie», y notifiqué que la aproximación era tanto más buena cuanto menor era el valor de x.

—Entonces —se precipitó Jesús— la fórmula sería

$$z = 1 - 1 + \frac{GM}{Rc^2} = \frac{GM}{Rc^2}$$

Sacó de su manojo de servilletas los datos de M y R para una enana blanca y, tras calcular, obtuvo que el corrimiento al rojo debía ser 2×10^{-4}. Para luz amarilla de unos 5000 Å, las rayas estarían pues desplazadas sólo 1 Å. Les informé que había instrumentos muy precisos capaces de detectar este pequeño desplazamiento al rojo.

—Sin embargo —razonó el médico—, ¿cómo pudo saber Einstein que era el efecto de la gravitación lo que producía el desplazamiento al rojo, y no un sencillo efecto Doppler debido al alejamiento de la enana blanca?

—Hay que elegir una enana blanca que forme un sistema doble con otra estrella grande. En una estrella normal, R es muy grande y el efecto de corrimiento gravitatorio muy pequeño. El corrimiento por alejamiento puede deducirse con la compañera normal. Además, en un sistema doble puede calcularse muy bien M, la masa de la enana blanca que hace falta en la fórmula anterior. Las estrellas Sirio y otra enana blanca compañera, llamada Sirio B, forman un sistema doble; aunque la enana blanca con la que se hizo la primera comprobación se llama 40-Eridani B. Cuando Einstein desarrolló la Teoría de la Relatividad no se conocía este efecto, sino que constituyó una predicción teórica. Propuso esta observación como posible prueba de su teoría y las observaciones coincidieron numéricamente (dentro del margen de error experimental) con las previsiones teóricas. El éxito fue pues tan clamoroso que trascendió incluso a los periódicos.

82

Pruebas de la Relatividad General

—Einstein propuso tres pruebas experimentales para comprobar la Teoría de la Relatividad General —informé—. De una de ellas ya hemos hablado: el corrimiento al rojo de las rayas espectrales de los emisores en un campo intenso de gravedad. Además, propuso la observación de la "deflexión de la luz" por un campo gravitatorio, y explicó el "avance del perihelio de Mercurio".

»Según la Relatividad General, la luz procedente de una estrella, al pasar cerca del Sol en su camino hacia nosotros, debería desviarse. Por lo tanto, cuando una estrella tiene una posición muy cercana angularmente al Sol, debe verse ligeramente cambiada de lugar en el cielo. ¿Puedes explicar esto, Francisco?

—Sobre un fotón no actúa ninguna fuerza, y por tanto debe seguir una trayectoria rectilínea en un espacio-tiempo curvo, o una geodésica (la curva que supone la distancia más corta entre dos puntos) en un espacio-tiempo curvo. Una geodésica, vista desde nuestro espacio-tiempo prácticamente plano, no es una línea recta. Como en el Sol, o cerca de él, la gravitación es intensa, el espacio-tiempo estará más curvo, y el fotón se tiene que desviar (servilleta n.º 30).

—Pero no puedes saber cuánto se desvía, porque aún no hemos hablado de cómo un cuerpo curva el espacio-tiempo que lo rodea.

—Procuré así despertar el interés por el próximo tema; lo conseguí, pues todos permanecieron profundamente sumergidos en un mar de reflexiones.

—¿Cuánto fue la deflexión?

Como sabía que él quería estimar su valor, con sus humildes cuentas de la vieja, no le respondí, aun previendo que no podría conseguirlo. Cristóbal cambió de tema.

—Un pequeño detalle. Si hay que observar estrellas que se vean próximas al Sol, hay que hacer las observaciones cuando el Sol se vea. Cuando el Sol se ve, naturalmente, es de día, y de día no se ven las estrellas.

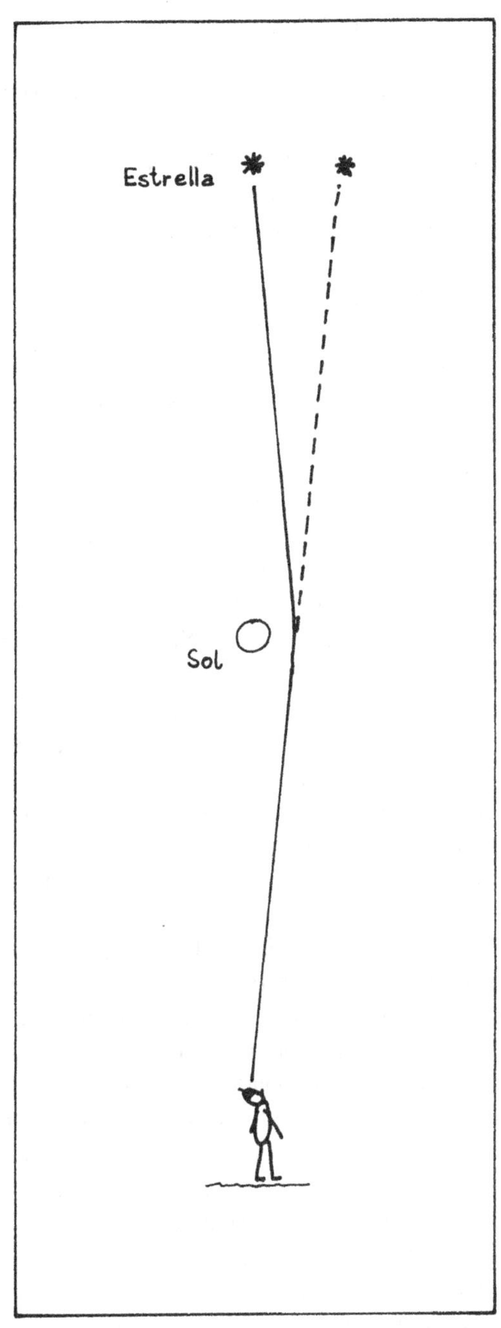

Servilleta n.º 30

—En efecto. Hubo que esperar a que se produjera un eclipse total. El primero que se produjo fue en el Sahara y allí se encaminó una expedición científica encabezada por el famoso astrónomo inglés Eddington. Todo el mundo estaba pendiente de la expedición, que algo antes del eclipse tenía ya a punto todos sus instrumentos. Cuando estaba a punto de producirse el eclipse total... vino una tormenta de arena que sepultó los aparatos. En el eclipse de 1919 hubo mejor suerte. Se organizaron dos expediciones, una a las islas Sobral en la costa del Brasil y otra al golfo de Guinea. Observaron unas 12 estrellas que, efectivamente, habían cambiado de posición de acuerdo con el ángulo de deflexión previsto por Einstein.

—¿Y puedes decirnos cuál fue la otra prueba experimental propuesta por Einstein?

—El "avance del perihelio de Mercurio". A diferencia de las otras dos pruebas, referentes a observaciones nunca realizadas, este efecto ya se conocía anteriormente, pero no tuvo explicación adecuada antes de la formulación de la Relatividad. Según la Mecánica de Newton, los planetas describen alrededor del Sol una órbita consistente en una elipse, en uno de cuyos focos está el Sol. —Tuve que explicarles lo que es una elipse, naturalmente—. Se llama "perihelio" al punto de la órbita más próximo al Sol. Como la elipse es una curva cerrada, el planeta, concretamente Mercurio, debía volver exactamente después de una vuelta al punto en el que se encontraba el perihelio en la vuelta anterior. Esto es lo que se observaba en el resto de los planetas, y Mercurio no podía ser una excepción.

»Pero lo era. El perihelio "avanzaba" (servilleta n.º 31). Cada vez estaba más allá. La órbita no era cerrada. En efecto, aunque es muy pequeño este "avance", se conocía desde el siglo anterior. Se pretendió su explicación suponiendo un hipotético planeta entre el Sol y Mercurio que produciría perturbaciones sobre la órbita de éste. Este planeta hipotético llegó a tener un nombre, Vulcano, e incluso llegó a ser "visto" por un astrónomo aficionado. Tras el anuncio de su descubrimiento, el astrónomo profesional Le Verrier, consciente de las dificultades de su observación, se presentó de incógnito en la casa del aficionado, quien convenció a Le Verrier. El descubrimiento se hizo público y oficial, aunque su existencia fue desmentida por un cúmulo de observaciones posteriores sin éxito.

»La explicación de Einstein era sencilla. Mercurio en su perihelio pasaba muy cerca del Sol, en donde éste ya producía una curvatura apreciable. Debido a esta curvatura, la trayectoria de Mercurio se "torcía" más de la cuenta.

—¿Y de cuánto era el avance del perihelio? —inquirió Francisco.

—Tampoco voy a contestarte, porque sé que no quieres que lo haga. Mañana te contesto, aunque te vas a romper la cabeza inútilmente. Todavía no hemos hablado de cómo los cuerpos curvan el espacio-tiempo.

—¿A qué distancia está Mercurio del Sol en el perihelio, y a qué distancia está el punto más alejado de la órbita? —preguntó Francisco preparado con servilleta y lápiz.

—A este punto se le llama «afelio». Pero es igual, no me acuerdo ni del perihelio ni del afelio. La distancia de Mercurio al Sol es...

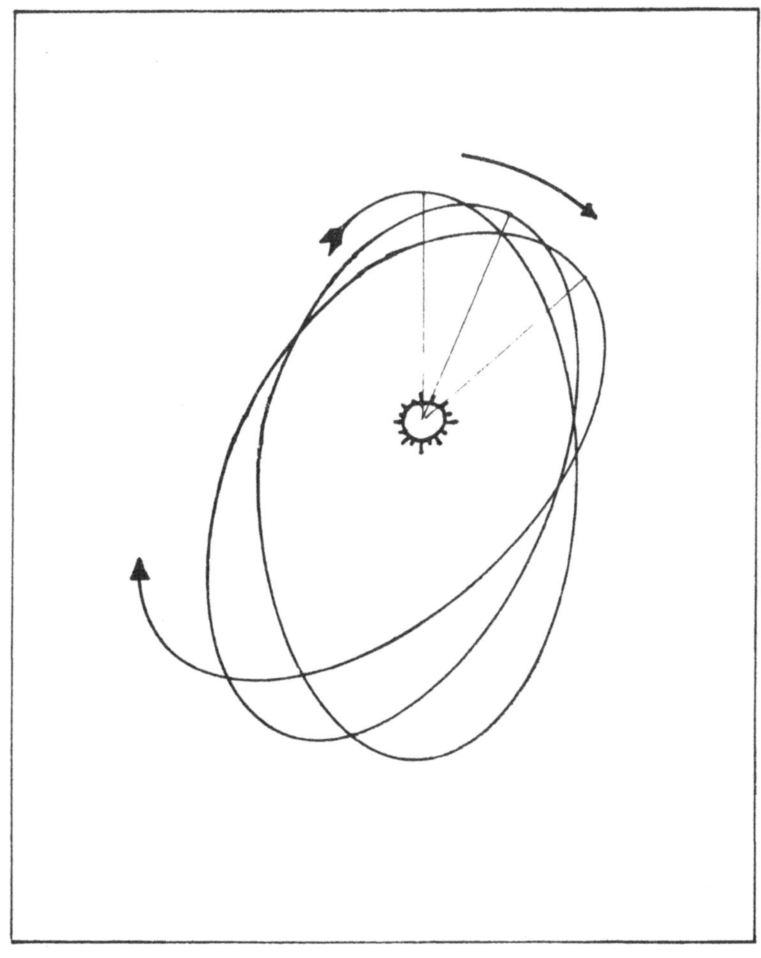

Servilleta n.º 31

¡bueno!, tampoco me acuerdo. Está del Sol, aproximadamente, a la tercera parte de la distancia Sol-Tierra...

—¿Y cuánto dura el año de Mercurio?

—¿Crees que soy un archivo de datos? Aproximadamente, la cuarta parte del nuestro.

83
La deflexión de la luz

—Ayer me asustaste, Alberto, al prevenirme de la dificultad de los cálculos, cuando en realidad son bien fáciles —me espetó Francisco.

—¿No me digas? —me asusté yo.

—Bueno, he hecho muchas aproximaciones, te advierto. Además no sé cuál debe ser el resultado correcto; quizá no salga ni parecido. Para colmo tú no te acuerdas nunca de nada.

—Veamos, veamos...

—Empezaré por un cálculo más sencillo. Vosotros estáis más altos que lo que a mí me parece. Yo miro a Cristóbal. Pero Cristóbal está sometido a la gravedad, o lo que es lo mismo, está desplazándose hacia arriba con una aceleración de 980 cm/s^2 (servilleta n.º 32). Cuando la luz partió de Cristóbal hacia mis ojos, Cristóbal estaba más abajo que lo está cuando yo le veo, siendo este efecto debido a la aceleración de Cristóbal. ¿Cuál es la altura real de la boina de Cristóbal? Cristóbal está a 1 m de mí, luego la luz tarda en llegar a mis ojos un tiempo

$$t = \frac{d}{c}$$

siendo $d = 100$ cm. (Sería algo más, porque la luz no se va a propagar en horizontal, pero la corrección es despreciable.) En este tiempo, debido a su "aceleración", Cristóbal ha subido una longitud

$$s = \frac{1}{2} g t^2$$

es decir, ha subido

$$s = \frac{1}{2} g \frac{d^2}{c^2}$$

»Esta longitud es lo que debo aumentar, para conocer la posición real de su nariz. Hago las cuentas y me sale que s es igual a 5 $\times$

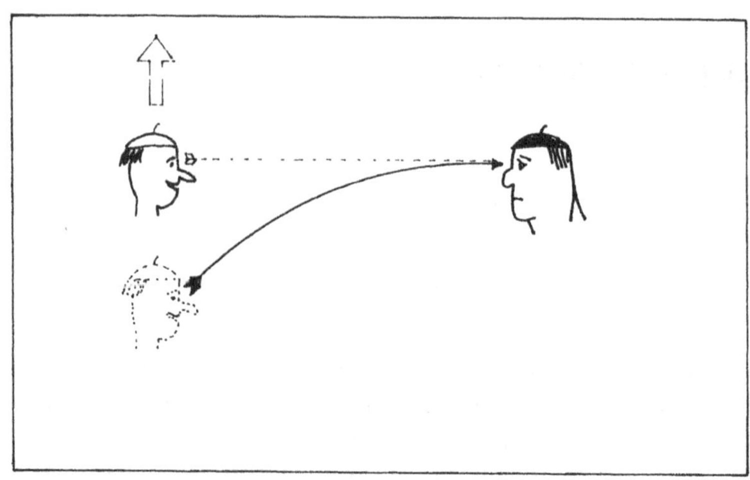

Servilleta n.º 32

10^{-15} cm. Desde luego, esta cantidad es insignificante, pero en los problemas de la "deflexión de la luz" y del "perihelio de Mercurio", un efecto parecido debe ser más apreciable.

»Comencemos por estudiar la deflexión de la luz de las estrellas producida por el Sol. Imaginemos una estrella cuya luz llega a nosotros precisamente rozando la superficie solar. Allí la gravedad g no es igual a 980 cm/s², sino que se calculará con la fórmula

$$g = \frac{GM}{R^2}$$

siendo M y R la masa y el radio del Sol. Para mayor dificultad en los cálculos, la gravedad en los distintos puntos de la trayectoria no es la misma, pero como sólo quiero hacer una aproximación rudimentaria, voy a suponer que sí lo es, y que el rayo luminoso está atravesando esta zona de gravedad intensa y constante durante una distancia aproximadamente igual al diámetro del Sol; es decir, que en este caso sería $d = 2R$, siendo R el radio del Sol. Tenemos entonces que

$$s = \frac{1}{2} \frac{GM}{R^2} \frac{4R^2}{c^2}$$

»Como podéis ver, curiosamente, R se simplifica. Obtengo $s = 3 \times 10^5$ cm, aproximadamente. Esta es la distancia que, a la salida del

270

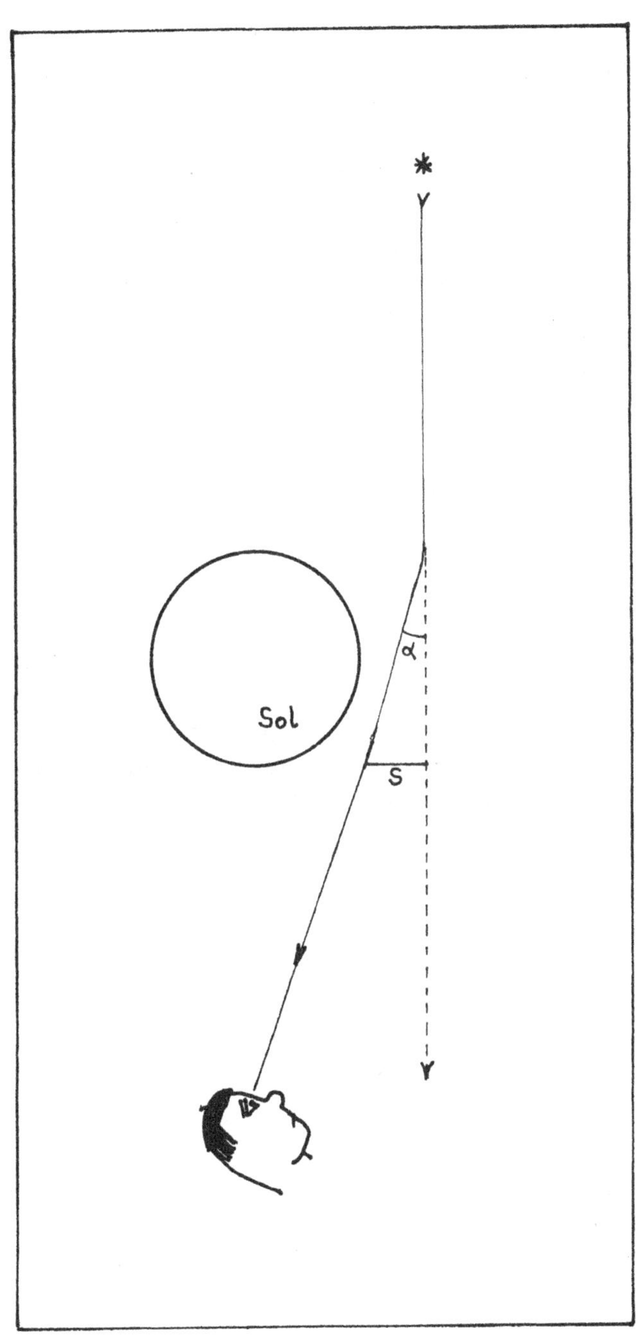

Servilleta n.º 33

Sol, el rayo se ha alejado desde la posición en que hubiera emergido de no haberse desviado. ¿A qué ángulo corresponde? (servilleta n.º 33).

»Julia me dijo que para calcular el ángulo debía dividir

$$\frac{s}{2R}$$

con lo cual obtenía su valor tomando como unidad el radián. Resulta ser de unos 2×10^{-6} radianes. Y que para convertirlo en segundos de arco debía multiplicar por $360 \times 60 \times 60$ y dividir por 2π. Así lo hice y me salió 0,4 segundos de arco. Ya me doy cuenta de que el valor no puede ser muy bueno, con todas las aproximaciones que he hecho, pero... ¿qué fue lo que le salió a Einstein?

—No me acuerdo.

Pero, naturalmente, comprobé el resultado posteriormente. El ángulo calculado correctamente era

$$\alpha = 1{,}75\,\frac{R}{b}$$

en segundos de arco. En esta fórmula, b era la distancia más corta entre el centro del Sol y la trayectoria de los fotones. En las condiciones del cálculo de Francisco, en la que éstos pasaban rozando la superficie solar, $b = R$, por lo que el valor de α era en realidad de 1,75 segundos de arco. Dados los planteamientos y cálculos rústicos de Francisco, su valor era notoriamente preciso.

El avance del perihelio de Mercurio

Pero Francisco me deparó una sorpresa mayor cuando siguió:

—Vamos entonces con el problema del avance del perihelio de Mercurio. Aquí mis hipótesis simplificatorias han sido aún más arriesgadas, y como te acuerdas de los datos, los resultados pueden diferir más de los obtenidos por Einstein.

»A diferencia del fotón que pasaba junto al Sol, y sólo se desviaba cuando pasaba cerca, Mercurio está siempre junto al Sol, y "se está desviando" siempre, respecto de su trayectoria elíptica newtoniana. Adoptaré, para calcular la longitud de desviación en una órbita, la fór-

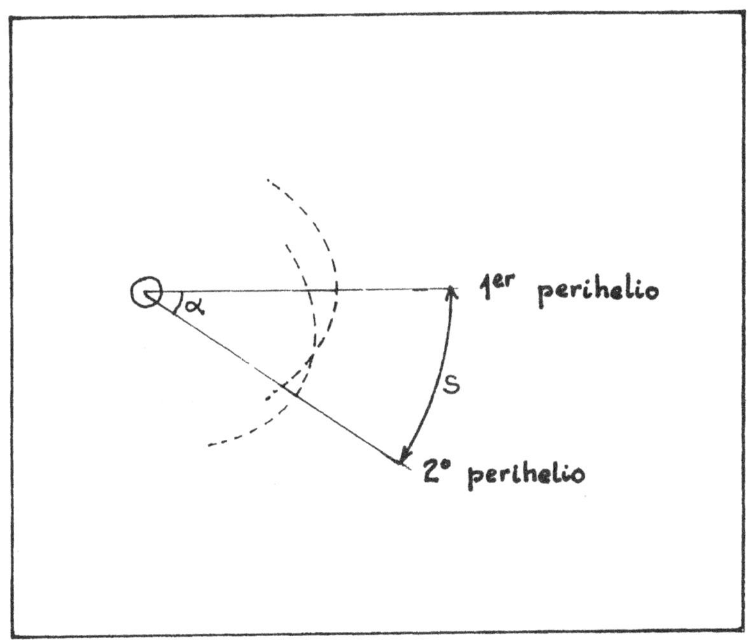

Servilleta n.º 34

mula anterior, con la diferencia de que ahora el trayecto recorrido será la longitud de la órbita, es decir, $2\pi r$, aproximadamente, siendo r la distancia de Mercurio al Sol (servilleta n.º 34).

$$s = \frac{1}{2} \frac{GM}{r^2} \frac{(2\pi r)^2}{c^2}$$

»Para calcular el ángulo α en radianes, como se aprecia en la servilleta, no tengo más que dividir s por el radio de la órbita. Cuando expreso este ángulo en segundos de arco, obtengo que es de 0,125. Es decir, que el avance del perihelio es de 1/8 de segundo de arco, aproximadamente, en cada vuelta de Mercurio. Como el año de Mercurio es la cuarta parte de un año nuestro, el avance será de 1/2 segundo de arco al año, es decir, 50 segundos de arco/siglo.

»Llega pues el momento de comparar con el cálculo de Einstein, o con el resultado de las observaciones. ¿Te acuerdas?

—Sí. Lo que calculó mi tocayo fue... ¡43 segundos de arco/siglo!

Cuanto más pasa el tiempo desde que esto ocurrió, más aprecio y admiro este cálculo de Francisco, y más respeto me produce su excepcional intuición científica.

85

Ecuaciones del Campo de Einstein

Salimos fuera de la bodega y contemplamos una inolvidable perspectiva de Astudillo. Allá abajo dormía el pueblo, aunque sus habitantes parecían estar todos despiertos, en las vetustas bodegas del castillo.

—Pero lo que no me pasa por la cabeza —refunfuñó Jesús— es cómo Francisco mezcla fórmulas clásicas con ideas relativistas...

—Estoy aplicando la Relatividad a situaciones que no se alejan mucho de las clásicas. Si para estas situaciones las fórmulas clásicas son una buena aproximación, ¿por qué no voy a aplicarlas? Eso sí, de esta forma sólo se podrán obtener resultados aproximados, y no fórmulas generales válidas para grandes velocidades e intensos campos gravitatorios.

—¿Y cómo son las fórmulas generales?

—Para los problemas de la deflexión de la luz estelar por el Sol y del avance de los perihelios, prácticamente las mismas, pues se trata de casos en que se utilizan teorías aproximadas. En general, sería difícil que os explicara las fórmulas correctas, pues se expresan en el lenguaje de la geometría de los espacios curvos, que es bastante compleja.

—¿Son fórmulas largas? Escríbenos la fórmula de transformación del tiempo..., la relación entre el tiempo propio y nuestro tiempo...

—Esta fórmula no es larga, pero no la vais a entender.

—A mí me gustaría verla, aun sin entenderla, aunque sólo fuera para ponerla en un marco en la taberna, como recuerdo...

—Como quieras:

$$d\tau = \sqrt{-g_{00}}\, dt$$

dt es nuestro tiempo, si es que es muy pequeño; $d\tau$ el tiempo propio, también muy pequeño; g_{00} es la componente cero-cero del tensor métrico, una de las 16 funciones de un ente que caracteriza las propiedades geométricas del espacio-tiempo...

—No sigas, no sigas... —renunció Jesús.

—Si las leyes son las mismas para todos los ángeles mirones, debe haber una forma de que se expresen matemáticamente igual todos ellos. Una forma única que sea equivalente a las fórmulas de la Relatividad Restringida, para el caso particular de espacio-tiempo plano. Esto es lo que Einstein llamó el Principio de Covariancia, muy eficaz para encontrar las fórmulas generales válidas para todo observador.

»Un cuerpo material, o un fotón, o un neutrino... siguen trayectorias geodésicas en el espacio-tiempo curvo. Y son los cuerpos materiales los que curvan el espacio-tiempo. ¿Cómo? En realidad, los cálculos de Francisco implicaban determinaciones de trayectorias, para lo cual implícitamente estaba obteniendo previamente la curvatura que el Sol producía en su entorno. Como masa y energía son una misma cosa, también la energía, el movimiento, produce curvatura. Las ecuaciones generales que sirven para determinar la curvatura del espacio-tiempo se llaman Ecuaciones del Campo de Einstein. Estas ecuaciones representan uno de los logros más admirables de la Física.

—Escríbelas...

—No las vais a entender...

—Para ponerla en mi bodega —dijo ahora don Celestino—. Para que nos hagamos una idea de lo que no sabemos...

—Dame un bolígrafo. Ciertamente, tengo veneración por esta fórmula... Son 16 ecuaciones...

$$R_{\mu\nu} - \frac{1}{2} g_{\mu\nu}R = -8\pi T_{\mu\nu}$$

»$T_{\mu\nu}$ es el llamado "tensor impulso-energía", y es un conjunto de 16 funciones que determinan la distribución de materia y energía en un punto del espacio-tiempo; $g_{\mu\nu}$ es el tensor métrico del que antes os hablé; R es una función de $R_{\mu\nu}$; y R es un conjunto de 16 funciones que especifican la curvatura del espacio-tiempo. Los subíndices μ y ν son números que pueden tomar los valores 0, 1, 2 y 3, y al combinar sus distintos posibles valores, se obtienen las 16 ecuaciones. Como veis entonces, la distribución de materia y energía decide la curvatura. En realidad, aunque inconscientemente, Francisco ha estado utilizando esta fórmula en casos simplificados.

—¿Y qué hará el número π en todas las fórmulas? —comentó Cristóbal.

El Principio de Mach

La conversación aún no había terminado.

—Hace poco, don Celestino y yo propusimos la forma de encontrar el espacio absoluto de Newton —dijo Cristóbal—. Mientras que la idea de don Celestino quedó aclarada, pues en definitiva suponía la posible identificación del espacio-tiempo plano, la mía no ha sido contestada.

—Efectivamente hay una conexión entre el conjunto de las estrellas en nuestro entorno y tus brazos muertos que se levantan. Pero no es la única explicación la consistente en el espacio absoluto. El conjunto de la materia que nos rodea, según nos informaba la fórmula anterior, decide las propiedades geométricas del punto del espacio-tiempo en que nos hallamos. Y las propiedades de inercia están implícitas en esta geometría. La fórmula anterior explica tu conexión, y está de acuerdo con el principio del físico Mach. El Principio de Mach afirma que «la masa de los objetos celestes que nos rodea determina las propiedades de inercia de nuestro sistema de referencia». Las Ecuaciones del Campo de Einstein están en consonancia con este principio.

¡E = hv!

—Un día nos escribistes una fórmula —me dijo Julia— cuya explicación dejabas para más adelante. Se trata además de una fórmula que hemos aplicado incesantemente. Me refiero a la relación entre la energía y la frecuencia de un fotón.

$$E = hv$$

siendo h la constante de Planck. ¿Para cuándo vas a dejar este problema pendiente?

—Verás, Julia, no podemos explicarlo todo. Nuestra intención ha sido explicar el Universo macroscópico. Hemos tomado las propiedades de las partículas elementales como hechos sin demostración, y creyéndoos vosotros lo que yo os comunicaba sobre la Física de las Partículas, hemos reflexionado entre todos sobre el Cosmos. Cómo se ha llegado a conocer los rincones de un átomo es algo de lo que hasta ahora no nos hemos preocupado. Lo hemos tomado como dato.

—Pues se me ha ocurrido una idea que, si no demuestra esta fórmula, por lo menos tiene algo que ver con la posible relación entre energía y frecuencia del fotón, partiendo de la Relatividad.

—No puede ser, Julia. Te has equivocado. Einstein desarrolló la Teoría de la Relatividad de forma que fuera completamente independiente de la Mecánica Cuántica... No te quiero escuchar.

—El otro día —siguió sin hacerme caso— estudiábamos el corrimiento al rojo de las rayas espectrales de los emisores sumergidos en un campo gravitatorio. Recuerdo que

$$z = 1 - \frac{v}{v_o} = \frac{GM}{Rc^2}$$

»Pues bien: ahora voy a plantearme un caso perfectamente clásico. Tenemos un cuerpo en la superficie de la estrella donde su energía potencial es $(-GMm/R)$, siendo m la masa del cuerpo, y se dirige a nosotros con una energía cinética E_0. Nosotros estamos en el infinito, donde la energía potencial es cero, y supongamos que el cuerpo cuando llegue a nosotros todavía tiene una energía cinética E. Por el principio de conservación de la energía:

$$E_0 - \frac{GMm}{R} = E$$

»Supongamos ahora que se trata de un fotón. Su energía cinética será simplemente su energía, y su masa será su energía E_0 dividida por la velocidad de la luz al cuadrado. Entonces, obtengo

$$1 - \frac{E}{E_0} = \frac{GM}{Rc^2}$$

»Y si ahora lo comparo con la fórmula del desplazamiento al rojo, obtengo

$$\frac{E}{v} = \frac{E_0}{v_0}$$

»Si esto se cumple para cualquier estrella, es que la energía del fotón debe ser proporcional a la frecuencia. Si llamo h a la constante de proporcionalidad resulta

$$E = hv$$

»Los experimentos se encargarían de obtener entonces la constante de proporcionalidad, que como sabemos se llama constante de Planck. Y claro, que debe ser muy pequeña, porque sólo un fotón...

—Está mal.

—Está bien.

—Como quieras.

—Vente conmigo...

—¿Adónde?

—No sé... fuera de la página... donde no puedan vernos los lectores...

Cosmología Relativista

—Anteriormente hemos hablado de Cosmología Newtoniana. Las galaxias se alejaban unas de otras, aunque esta expansión era frenada por la gravitación creada por la materia del Universo. Para un Universo finito, esta imagen es incompatible con el Principio Cosmológico. No todos los puntos del Universo pueden ser equivalentes, pues la observación en el lugar donde se inició la expansión no sería equivalente a la observación desde una galaxia situada en el frente de expansión de la materia en un espacio preexistente.

»Ahora, con la Relatividad General, estamos en condiciones de plantear el problema cosmológico de forma más correcta. Los elementos del fluido cosmológico siguen trayectorias geodésicas en un espacio-tiempo curvado por la materia y la energía del Universo. Como antes, partimos del Principio Cosmológico. Vivimos en una galaxia cualquiera, y el observador que estuviera situado en cualquier otra galaxia vería lo mismo que nosotros. El Universo es homogéneo e isótropo.

»Cuando se plantean las ecuaciones de Einstein en estas condiciones, no nos vemos obligados a cambios transcendentales en nuestra concepción del Universo. Las ecuaciones que finalmente se deducen son las mismas que nosotros obtuvimos con la Mecánica de Newton. De nuevo se obtienen tres posibilidades: el Universo es "abierto" (o en expansión indefinida); o "cerrado" (la expansión se tornará en contracción); o correspondiente a la transición abierto-cerrado (Universo de Einstein-de Sitter).

»En el primer caso el Universo sería finito (aunque limitado). Pero ahora no tenemos una imagen imposible. Ahora no tiene por qué haber "bordes" del Universo, ni tiene por qué haber un "centro". La curvatura puede ser tan fuerte que las geodésicas se tuerzan y no se abran hasta el infinito.

»Recordemos a los chatoides viviendo en la superficie bidimensional de una esfera tridimensional, y obtendremos una imagen relativamente adecuada de lo que puede ocurrir. Si un chatoide lanza un rayo luminoso en cualquier dirección, éste no se iría al infinito; daría la vuelta a la superficie esférica y acabaría encontrándose con la espalda del chatoide. En la superficie de esta esfera todos los puntos son iguales y todas las direcciones son equivalentes.

»Normalmente se suele aprovechar esta misma imagen para representar la expansión. Imaginemos ahora que los chatoides viven sobre la superficie esférica de un globo que se hincha. Si él observara las galaxias, 1, 2 y 3, vería que se alejan, y que la más lejana se alejaría más deprisa, aunque la relación dejaría de ser lineal para galaxias muy alejadas de su entorno (servilleta n.º 35).

»Pero si el Universo no es cerrado, como efectivamente parece que no lo es, la imagen de una esfera no es adecuada, y la forma del espacio-tiempo adquiere unas figuras imposibles de imaginar.

»Aunque las ecuaciones son las mismas que las de la Cosmología Newtoniana, y la división en las diferentes Eras permanece inalterada, el lenguaje y la interpretación de la Cosmología Relativista son radicalmente diferentes.

»Ahora no son las galaxias las que se alejan. Es el mismo espacio

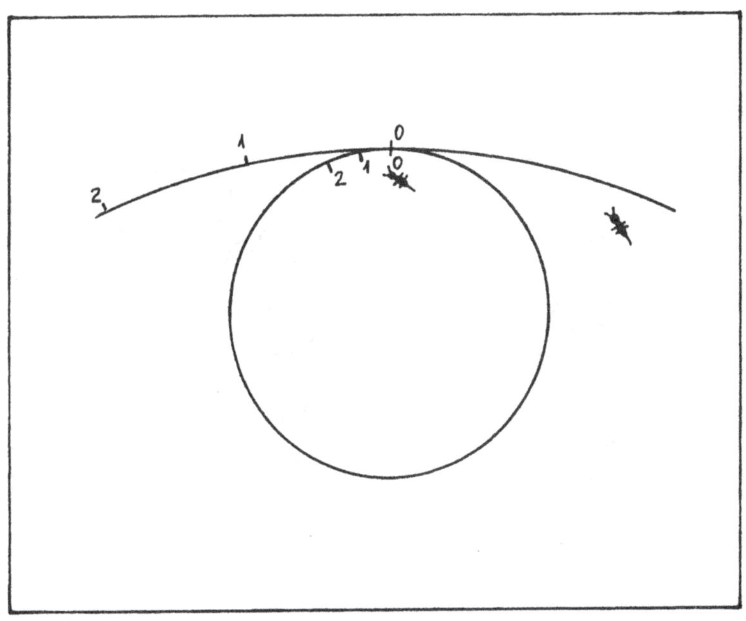

Servilleta n.º 35

el que se "alarga". Si una galaxia se encuentra más lejos que antes, no es porque se haya ido, sino porque el espacio entre ellas ha "crecido".

»Y si hay un corrimiento al rojo en las galaxias que vemos, no se trata de un corrimiento Doppler producido por la velocidad de alejamiento; no es un efecto Doppler, sino otro tipo de efecto llamado "Corrimiento Cosmológico al Rojo", cuya explicación encontraréis evidente cuando habráis esta caja, que es además mi regalo de despedida.

Entonces coloqué sobre una mesa una caja, envuelta en papel de regalo y una hermosa cinta con un aparatoso lazo.

Mis amigos permanecieron inmóviles por el efecto de la sorpresa. Fue Cristóbal quien primero liberó su ansiedad, desató el lazo, rasgó el papel y abrió la caja. Una cabezota sonriente surgió bruscamente de la caja chocando con la mandíbula del inocente.

—¿Qué significa esto? —dijo cuando se repuso.

—Lo que significa es que el rayo luminoso tenía un número determinado de crestas entre la galaxia y nosotros. Al alargarse el espacio, este número permaneció constante, por lo que la separación en-

Servilleta n.º 36

tre dos crestas, la longitud de onda, debió aumentar, haciéndose más roja (servilleta n.º 36). En esto consiste el Corrimiento Cosmológico al Rojo.

Y con esta explicación concluyó mi última visita a Astudillo, donde espero regresar pronto para reencontrar a mis amigos y continuar nuestras charlas.

—Adiós.

—Adiós —contestaron mis amigos.

—Adiós —contestaron los lectores.

Epílogo

Ya en el autobús, todavía inquieto por una despedida corta, como lo son siempre las despedidas no deseadas, iba meditando y diciéndome que volvería pronto. Pero la vida toma a veces las decisiones por nosotros, según su aleatorio y caprichoso gusto, y tardé cierto tiempo en regresar. En mi segunda visita, Astudillo había cambiado bastante; hasta la taberna —que ahora se llama «Ve, Ve y Bebe»— había cambiado de tabernero. Sin embargo, se reprodujo el ambiente de discusiones científicas de aquel «Instituto de Astrofísica Teórica de Astudillo», dicho sea burlona pero cariñosamente. Parte de lo que se dijo en este retorno quedó reflejado en otro libro, *Un físico en la calle*, en el que, nuevamente, la vida y la idea se entremezclan.

Pero decía que iba en el autobús, pensando cuándo volvería, y pensando también en algunos temas que se habían quedado en los tinteros (tinteros, de tinta y de tinto) y que debería plantear en mi próxima visita.

No les había hablado de que en el universo no sólo están las partículas bariónicas más comunes, como el protón y el neutrón, además de los familiares electrones y fotones. Hay además una «materia oscura» y una «energía oscura». La energía oscura no es la materia oscura multiplicada por la velocidad de la luz al cuadrado. Pensaba que sería muy difícil hablar de estas cuestiones usando el vocabulario de Astudillo, tan sabio y rico, pero tan alejado de la algarabía matemática.

La energía oscura es algo que constituye hoy algo así como el 70% de los constituyentes del universo, al que dota de una capacidad expansiva. En el futuro, incluso, su fracción irá aumentando hasta llegar al 100%, en cuyo caso la expansión del universo será tan vertiginosa que será exponencial. Es decir, la expansión será tanto mayor cuanto más expandido esté el universo, y todo acabará en un «gran desgarrón» donde casi todo quedará aislado de casi todo, llegándose a un gran e inhóspito vacío.

Y debería hablarles de «materia oscura», formada por partículas, en su mayoría no bariónicas, de naturaleza no bien conocida, de modo que la materia que vemos no sería más que una pequeña parte de la materia existente. La materia oscura podría constituir el 25% de los componentes del universo y sólo el 5% correspondería a la materia común, bariónica, con la que están hechos las estrellas, nosotros y el mismo Astudillo. Pensándolo bien, ¿por qué habríamos de verlo todo? Si estas partículas de materia oscura no interaccionan con la luz, no podrían verse.

Y debería hablarles de una época en la infancia del universo denominada «Inflación», durante la cual también hubo una expansión exponencial que lo llevó a la homogeneidad y a la planitud casi completas. ¿Por qué parece hoy que vivimos en el más sencillo de los universos posibles, matemáticamente hablando?

Y debería hablarles de la vida desde el punto de vista de un físico, pues, si este Universo es capaz de albergar seres vivos, la vida debe entenderse, además, como un problema cosmológico.

Pero ¿y ellos?, ¿qué me contarían ellos a mí?